畜禽遗传资源普查与测定技术方法

全国畜牧总站　组编

中国农业出版社
北　京

图书在版编目（CIP）数据

畜禽遗传资源普查与测定技术方法 ／ 全国畜牧总站
组编. —北京：中国农业出版社，2022.5
　　ISBN 978-7-109-29355-7

　　Ⅰ.①畜…　Ⅱ.①全…　Ⅲ.①畜禽－种质资源－资源
调查－测定法－中国　Ⅳ.①S813.9

中国版本图书馆CIP数据核字（2022）第070082号

中国农业出版社出版
地址：北京市朝阳区麦子店街18号楼
邮编：100125
责任编辑：张艳晶
版式设计：杨　婧　责任校对：吴丽婷
印刷：北京中兴印刷有限公司
版次：2022年5月第1版
印次：2022年5月北京第1次印刷
发行：新华书店北京发行所
开本：700mm×1000mm　1/16
印张：27.25
字数：550千字
定价：98.00元

FOREWORD 前言

　　农业现代化，种子是基础。资源保护是种业振兴五大行动的首要行动，资源普查是首要行动的首要任务。为贯彻落实党中央、国务院关于打好种业翻身仗、推进种业振兴的决策部署，2021年3月23日，全国农业种质资源普查电视电话会议在国务院小礼堂召开，同期农业农村部印发《全国农业种质资源普查总体方案（2021—2023年）》，标志着第三次全国畜禽遗传资源普查全面启动。这是新中国历史上规模最大、覆盖范围最广的全国性行动，要求区域全覆盖、品种全覆盖，不漏掉一个村，不落下一个种。从2021年起，计划利用三年时间，摸清我国畜禽遗传资源家底，发掘鉴定一批新资源，抢救性收集保护一批珍稀濒危资源，实现应收尽收、应保进保。

　　这次普查涉及畜种多，测定指标参数多，专业性强，技术要求高，需要统一技术路线，统一标准方法，统一测定行为，实行"一张图作业"，确保全国普查测定"一个标准"，一把尺子量到底。根据工作需要，第三次全国畜禽遗传资源普查工作办公室（设在全国畜牧总站）依托全国畜禽遗传资源普查技术专家组，成立了编委会和编写组。所有编写人员牢记使命，发扬专业精神，分畜种开展调查研究，全面梳理现行有关标准规范，同时吸收借鉴第一次和第二次全国畜禽遗传资源调查和青藏高原区域畜禽遗传资源调查的成功经验和做法，历时半年多，编写完成了《畜禽遗传资源普查与测定技术方法》，并经专家组论证通过，为接续启动 2022 年畜禽、蜂和蚕性能测定工作提供了方法支撑。

　　本书既涵盖猪、牛、羊、鸡等 17 种传统畜禽，又包括梅花鹿、貂、貉、狐等 16 种特种畜禽，还涉及 9 种蜂和 6 种蚕遗传资源。在指标设置方面，本着科学性、合理性、可操作性的原则，每个畜种明确了调查测定性状、测定指标、测定参数、测定数量、测定方法，满足测定工作需要即可，避免贪大求全、科研化。同时制订了一整套统一规范的测定表格及填表说明，每个畜（禽）种大体包括概况调查表、体型外貌个体登记表、群体特征表、体尺体重登记表、生长性能登记表、屠宰性能登记表、繁殖性能登记表等，以及品种照片和影像资料拍摄要求，力求一看就懂，普查测定使用方便。鉴于时间紧、任务重、指标多，书中难免有疏漏之处，敬请广大读者和普查测定人员不吝指正和赐教。

编　者

2022 年 2 月

CONTENTS 目录

第六部分　附　　录

第一部分

普查什么

一、普查时间

2021 年 3 月启动，至 2023 年 12 月 31 日结束，共 3 年。

二、普查区域

全国 31 个省（自治区、直辖市）分布有畜禽和蜂、蚕遗传资源的所有县（市、区、旗）。

三、普查范围

《国家畜禽遗传资源目录》列入的所有畜禽，以及依照《中华人民共和国畜牧法》管理的蜂和蚕，包括地方品种、培育品种及配套系、引入品种及配套系。其中，地方品种是本次普查的重点。

四、主要目标

利用 3 年时间，摸清我国畜禽和蜂、蚕遗传资源数量，评估其特征特性和生产性能的变化情况，发掘鉴定一批新资源，加大珍稀濒危资源的收集保护力度，实现应收尽收、应保尽保。

分年度实现以下目标。

2021 年，全面启动第三次全国畜禽遗传资源普查，基本完成畜禽群体数量和区域分布情况普查；研发全国畜禽遗传资源数据库并投入使用；加快推进青藏高原区域 6 省（自治区）畜禽遗传资源普查，鉴定发布一批新资源；国家基因库保存遗传材料新增 5 万份。

2022 年，完成数量发生重大变化畜禽品种的现场核查；完成已有遗传资源和新发现资源的性能测定、特征特性专业普查；鉴定发布一批新资源；完善濒危等级标准，收集保护一批珍稀濒危资源，国家基因库保存遗传材料新增 5 万份，各省（自治区、直辖市）制作保存遗传材料合计 15 万份。发布 2022 年版国家畜禽遗传资源品种名录。

2023 年，完成全部普查任务，第三次全国畜禽遗传资源普查数据存入国家畜禽遗传资源数据库；国家基因库保存遗传材料新增 5 万份，各省（自治区、直辖市）制作保存遗传材料合计 20 万份；推动修订国家级畜禽遗传资源保护名录，发布国家畜禽遗传资源状况报告和 2023 年版国家畜禽遗传资源品种名录。

五、重点任务

主要有五项：

一是开展全面普查。查清原有品种资源是否还存在，存在的品种资源群体数量和区域分布情况，发掘一批新资源，抽查核实普查数据。

二是开展系统性专业调查。调查品种资源的保护利用情况，挖掘其文化价值，收集整理研究领域的新成果，开展品种评价，拍摄品种照片。开展品种资源特性评估，主要包括体型外貌描述，测定体尺体重、生产性能、繁殖性能等系列指标。提交品种资源调查报告。

三是开展新资源鉴定。对各地发现的新资源，根据有关规定报国家畜禽遗传资源委员会进行鉴定，鉴定通过后由农业农村部统一公布。

四是开展抢救性保护行动。评估品种资源状况和珍稀濒危程度，完成省级畜禽遗传资源保护名录制修订工作，推动修订国家级畜禽遗传资源保护名录。依托国家和省级畜禽保护单位，加大活体保种和遗传材料保存力度，加快推动遗传材料入库并长期保存，确保资源不灭失。

五是全面完成普查工作。完成全国畜禽遗传资源数据库建设，开展数据录入、审核和分析，编写国家畜禽遗传资源状况报告，编纂畜禽和蜂、蚕遗传资源志书。

六、进度安排

2021 年 3 月—2021 年 12 月，印发第三次全国畜禽遗传资源普查方案，成立部省两级技术专家组，制定普查技术规范，研发全国畜禽遗传资源数据库，开展技术培训，全面启动普查。年底前各县（市、区、旗）完成基本情况普查，数据录入全国畜禽遗传资源数据库。国家和省两级对县域内普查情况进行重点督导检查。组织国家畜禽遗传资源委员会专家赴西藏、青海、四川、云南、甘肃、新疆等 6 省（自治区）青藏高原区域开展重点普查，鉴定发布一批新资源。

2022 年 1 月—2023 年 5 月，各省（自治区、直辖市）完成畜禽遗传资源基本信息登记和性能测定等工作，相关数据录入全国畜禽遗传资源数据库。珍稀和濒危资源得到有效保护，相关遗传材料入库长期保存。相关数据（纸质版）报全国畜牧总站，电子版录入全国畜禽遗传资源数据库。鉴定发布一批新资源。发布 2022 年版国家畜禽遗传资源品种名录。

2023 年 6 月—2023 年 12 月，完成全国畜禽遗传资源数据库内数据审核和入库工作。编写国家畜禽遗传资源保护状况，推动修订国家级畜禽保护名录，编纂畜禽和蜂、蚕资源志书。鉴定发布一批新资源。发布 2023 年版国家畜禽遗传资源品种名录。适时召开总结表彰大会。

第二部分

谁来普查

一、全国农业种质资源普查工作领导小组

农业农村部成立全国农业种质资源普查工作领导小组，分管部领导任组长，种业管理司、办公厅、人事司、计划财务司、科技教育司、种植业管理司、畜牧兽医局、渔业渔政管理局、农垦局、全国畜牧总站、全国水产技术推广总站、中国农业科学院、中国水产科学院等单位有关负责同志任成员。负责对全国农业种质资源普查工作的组织和领导，制定普查总体方案，构建全国统一的农业种质资源大数据平台，强化对各地普查工作的督导检查，汇总形成统一普查成果，统一对外发布。领导小组办公室设在种业管理司，种业管理司主要负责同志任主任。

二、第三次全国畜禽遗传资源普查工作办公室和技术专家组

在全国农业种质资源普查工作领导小组的领导下，在全国畜牧总站设立第三次全国畜禽遗传资源普查工作办公室，成立全国畜禽遗传资源普查技术专家组，具体负责第三次全国畜禽遗传普查工作的组织实施、日常管理、技术支撑和服务。

根据全国农业种质资源普查总体方案，制定畜禽遗传资源普查实施方案以及配套技术文件；研发普查信息系统，组织编写培训教材，组织开展技术培训，指导并参与各省（自治区、直辖市）畜禽遗传资源普查工作；完善畜禽濒危等级评定标准，评估畜禽珍稀程度和濒危等级，组织实施抢救性保护行动；建设全国畜禽遗传资源数据库，编写国家畜禽遗传资源状况报告，更新畜禽遗传资源品种名录，编纂畜禽和蜂、蚕资源志书等。

根据工作需要，全国畜禽遗传资源普查技术专家组下设猪、牛、羊、马、驴、骆驼（包括羊驼）、兔、鸡（包括鸽、鹌鹑和火鸡、珍珠鸡、雉鸡、鹧鸪、鸵鸟、鸸鹋）、水禽（包括番鸭、绿头鸭）、特种家畜、蜂、蚕等专业组。

三、省级畜禽遗传资源普查领导小组和技术专家组

各省（自治区、直辖市）农业农村（农牧、畜牧兽医）厅（局、委），新疆生产建设兵团农业农村局（以下简称省级畜禽遗传资源普查机构），要成立相应的领导小组和技术专家组，编制本省畜禽遗传资源普查实施方案，并指定技术支撑单位负责具体组织实施。各省将省级畜禽遗传资源普查实施方案和领导小组、技术专家组报第三次全国畜禽遗传资源普查工作办公室（全国畜牧总站）。

四、市级畜禽遗传资源普查机构

市（州、盟）级主管部门负责组织协调本辖区内畜禽遗传资源基本情况普查的审核填报工作，发掘一批新资源。成立普查工作队伍，根据需要可临时聘用专业技术人员，组织动员社会力量积极参与普查工作，配合做好数据的审核上报等相关工作。

五、县级畜禽遗传资源普查机构

县（市、区、旗）级主管部门以县域为单位，具体负责本辖区内所有行政村的畜禽遗传资源基本情况普查，组织相关技术人员全面开展普查，发掘一批新资源。成立普查工作队伍，根据需要可临时聘用专业技术人员，同时充分发挥基层畜牧兽医站（中心）和村级防疫员作用，组织动员社会力量积极参与普查工作，按时填报相关数据，努力完成各项任务，保证工作质量。

六、第三次全国畜禽遗传资源普查技术路线图

见图 2-6-1。

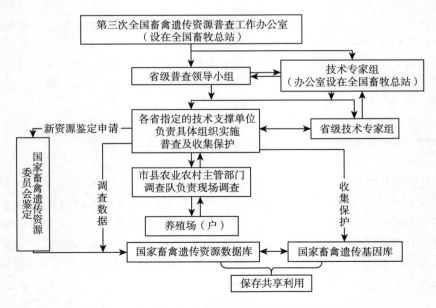

图 2-6-1　第三次全国畜禽遗传资源普查技术路线

第三部分

怎么普查

一、畜禽遗传资源全面普查

（一）组织实施

省级普查机构安排部署，市级普查机构组织协调，县级普查机构具体实施，以行政村为单位，组织开展畜禽遗传资源普查，逐级上报、逐级审核。

（二）普查范围

《国家畜禽遗传资源目录》列入的 33 种畜禽。其中，传统畜禽 17 种，包括：猪、普通牛、瘤牛、水牛、牦牛、大额牛、绵羊、山羊、马、驴、骆驼、兔、鸡、鸭、鹅、鸽、鹌鹑等；特种畜禽 16 种，包括：梅花鹿、马鹿、驯鹿、羊驼、火鸡、珍珠鸡、雉鸡、鹧鸪、番鸭、绿头鸭、鸵鸟、鸸鹋、水貂（非食用）、银狐（非食用）、北极狐（非食用）、貉（非食用）等。

每个畜种分为地方品种、培育品种及配套系和引入品种及配套系。其中，地方品种是本次普查的重点。

（三）主要内容

1. 县级普查机构　要成立专业普查队伍，可依托基层畜牧兽医站、村级防疫员等力量，以行政村为单位，对照"《国家畜禽遗传资源品种名录（2021 年版）》统计表"（附录 1），参考《国家畜禽遗传资源品种名录》及其品种介绍（图 3-1-1），普查畜禽遗传资源数量和区域分布情况，经普查确认存在的品种，填报"畜禽和蜂资源普查信息入户登记表"（附表 4-1），按村分品种汇总，以乡镇为单位审核填报"畜禽和蜂资源普查信息登记表"（附表 4-2），形成并提交"县级畜禽和蜂资源普查信息汇总表"（附表 4-3）。经普查，未发现的或初步判定为灭绝的品种，如实上报有关情况。同时发掘一批新资源，以乡镇为单位审核填报"新发现资源信息

图 3-1-1　《国家畜禽遗传资源品种名录》及其品种介绍二维码

登记表"（附表4-7），形成并提交"县级新发现资源信息汇总表"（附表4-8）。新发现资源是指未列入畜禽品种名录的地方品种。

县级普查机构要积极配合上级机构开展数据核实和抽查工作。

2. 市级普查机构　要加强组织协调，对县级普查人员进行技术指导和培训，对辖区内普查的数据进行审核，上报"市级畜禽和蜂资源普查信息汇总表"（附表4-4）。对县级普查机构上报的可能灭绝品种进行核实确认，并如实上报有关情况；普查到的新发现资源，审核填报"市级新发现资源信息汇总表"（附表4-9）。积极配合上级部门开展数据核实和抽查工作。

3. 省级普查机构　要牵头抓总、加强动员部署，统筹安排全省的普查工作，加强技术指导和培训，对市级上报的普查数据进行汇总核实，开展监督检查和随机抽查，填报"省级畜禽和蜂资源普查信息汇总表"（附表4-5）；对新发现资源信息进行筛选和初步鉴定，填报"省级新发现资源信息汇总表"（附表4-10）。对各地上报的可能灭绝的品种，组织省内专家和有关单位进行核实，确认已灭绝的，将有关材料加盖省级主管部门公章后，报第三次全国畜禽遗传资源普查工作办公室（全国畜牧总站）。同时配合做好核实抽查工作。

（四）有关要求

1. 各地要重点普查"《国家畜禽遗传资源品种名录（2021年版）》统计表"中的地方品种（附表1-1），主动对号入座，加强沟通协调，细化责任分工，层层压实责任，层层抓好落实。

2. 对"《国家畜禽遗传资源品种名录（2021年版）》统计表"收录的培育品种及配套系（附表1-2），省级普查机构要组织协调本辖区内的培育单位，积极配合做好普查工作。培育品种只普查其种畜禽群体结构、数量及区域分布，配套系普查至祖代。

3. 对"《国家畜禽遗传资源品种名录（2021年版）》统计表"收录的引入品种及配套系（附表1-3），各地要组织协调有关引种单位配合开展普查工作，重点摸清其引种来源、种畜禽（配套系为祖代以上）群体数量和区域分布。

4. 畜禽名称应与畜禽品种名录等保持一致。通过信息系统填报的，可从品种名称下拉菜单中选填其规范名称。一个品种有多个类群的，按类群逐一普查、逐一填报。比如，海南猪有临高猪、屯昌猪、文昌猪和定安猪四个类群，需要逐一普查、逐一填报，并在备注栏中注明该类群的具体信息。

5. 符合有关规定的遗漏品种，按新发现资源和其他品种进行填报。比如，在国家引种审批制度实施前经合法渠道引进的，且引种证据确凿的；《中国畜禽品种志（1986年版）》曾收录的，但未列入《国家畜禽遗传资源品种名录（2021年版）》的品种等情形。

6. 建立监督抽查机制。省级普查机构，对群体数量发生重大变化的地方品种，应组织专家逐一现场核实；对其他地方品种，应抽查核实上报数据的准确性。

7. 对于省市直管的单位，可以委托所在地的县级普查机构组织实施。

8. 普查采取纸质表格和信息系统填报并行，普查人员签字后的纸质表格应统一存档备查。"畜禽和蜂资源普查信息入户登记表""畜禽和蜂资源普查信息登记表""县级畜禽和蜂资源普查信息汇总表""市级畜禽和蜂资源普查信息汇总表""省级畜禽和蜂资源普查信息汇总表"和"新发现资源信息登记表""县级新发现资源信息汇总表""省级新发现资源信息汇总表"等表格见附录4，电子版可从中国畜牧兽医信息网（www.nahs.org.cn）下载。除"畜禽和蜂资源普查信息入户登记表"外，其他表格均需进行系统填报。

二、蜂遗传资源全面普查

（一）组织实施

省级普查机构安排部署，市级普查机构组织协调，县级普查机构具体实施，以行政村为单位，组织开展畜禽遗传资源普查，逐级上报、逐级审核。

（二）普查范围

以中蜂和西蜂为主，兼顾生产中使用的熊蜂、切叶蜂等其他蜂种，包括地方品种、培育品种及配套系和引入品种。其中，地方品种是本次普查的重点。配套系只普查祖代。

（三）主要内容

1. 县级普查机构　要成立专业普查队伍，可依托基层畜牧兽医站、村级防疫员等力量，以行政村为单位，对照《中国畜禽遗传资源志·蜜蜂志》收录的、农业农村部批准引进和公告的蜂遗传资源（附录2），普查蜂遗传资源数量和区域分布情况，经普查确认存在的品种，填报"畜禽和蜂资源普查信息入户登记表"（附表4-1），按村分品种汇总，以乡镇为单位审核填报"畜禽和蜂资源普查信息登记表"（附表4-2），形成并提交"县级畜禽和蜂资源普查信息汇总表"（附表4-3）。经普查，未发现的或初步判定为灭绝的品种和配套系，如实上报有关情况。

同时发掘一批新资源，以乡镇为单位审核填报"新发现资源信息登记表"，形成并提交"县级新发现资源信息汇总表"（附表4-8）。新发现资源是指未列入《蜂遗传资源统计表》(附录2)的地方品种。

县级普查机构要积极配合上级机构开展数据核实和抽查工作。

2. 市级普查机构　要加强组织协调，对县级普查人员进行技术指导和培训，对辖区内普查的数据进行审核，上报"市级畜禽和蜂资源普查信息汇总表"（附

表4–4）。对县级普查机构上报的可能灭绝的品种及配套系进行核实确认，并如实上报有关情况；普查发现的新资源，审核填报"市级新发现资源信息汇总表"（附表4–9）。积极配合上级部门开展数据核实和抽查工作。

3. 省级普查机构　要牵头抓总、加强动员部署，统筹安排全省的普查工作，加强技术指导和培训，对市级上报的普查数据进行汇总核实，开展监督检查和随机抽查，填报"省级畜禽和蜂资源普查信息汇总表"（附表4–5）；对新发现资源信息进行筛选和初步鉴定，填报"省级新发现资源信息汇总表"（附表4–10）。对各地上报的可能灭绝的品种及配套系，组织省内专家和有关单位进行核实，确认已灭绝的，将有关材料加盖省级主管部门公章后报第三次全国畜禽遗传资源普查工作办公室（全国畜牧总站）。同时配合做好核实抽查工作。

（四）有关要求

1. 为确保普查数据可溯源，普查采取纸质表格和信息系统填报并行，普查人员签字后的纸质表格应统一存档备查，同时通过信息系统填报普查情况。"畜禽和蜂资源普查信息入户登记表""畜禽和蜂资源普查信息登记表""县级畜禽和蜂资源普查信息汇总表""市级畜禽和蜂资源普查信息汇总表""省级畜禽和蜂资源普查信息汇总表"和"新发现资源信息登记表""县级新发现资源信息汇总表""省级新发现资源信息汇总表"等表格见附录4，电子版可从中国畜牧兽医信息网（www.nahs.org.cn）下载。除"畜禽和蜂资源普查信息入户登记表"外，其他表格均需进行系统填报。

2. 系统填报时，蜂品种名称可从品种名称下拉菜单中选填；菜单里没有该品种名称的，可按新资源填报。

3. 建立监督抽查机制。省级普查机构，对群体数量发生重大变化的地方品种，需组织专家逐一现场核实；对其他地方品种，应抽查核实上报数据的准确性。

4. 对于省市直管的单位，可以委托所在地的县级普查机构组织实施。转地蜂场的普查，由蜂场归属地的普查机构负责组织实施普查填报工作。

■ 三、蚕遗传资源全面普查

（一）组织实施

省级普查机构负责本辖区内蚕遗传资源普查。

（二）普查范围

以家蚕和柞蚕为主，兼顾生产中使用的其他蚕种，包括地方品种、培育品种和引入品种。培育品种包括国家和省级审定通过的培育品种的母种。

（三）主要内容

对照蚕遗传资源统计表（附录 3），普查本省内蚕的品种数量、保存单位等情况，摸清蚕种家底，组织填报"蚕资源普查信息登记表"（附表 4-6）。

（四）有关要求

1. 为确保普查数据可溯源，采取纸质表格和信息系统填报并行，普查人员签字后的纸质材料存档备查，同时通过信息系统填报普查情况。"蚕资源普查信息登记表"见附表 4-6，电子版可从中国畜牧兽医信息网（www.nahs.org.cn）下载。

2. 品种名称不在《蚕遗传资源统计表》中的品种，须在备注中写明品种依据（《中国家蚕品种志》《中国柞蚕品种志》、国家审定、省级审定、部级进口审批依据）或品种来源〔农家收集、野外采集、国外引进、（国内）××单位引入、××单位育成〕。

3. 如果一个培育品种既通过了省级审定，又通过了国家审定，填报时以国家审定信息为主，避免重复填报。

四、影像资料的拍摄要求

影像资料包括品种、生态环境、蜜源植物等照片和相关视频。品种照片等视频影像资料应该能够真实、全面地反映该品种的所有外貌特征信息。

（一）拍摄单位

原则上，品种照片等视频影像资料由承担测定任务的单位和专家拍摄制作。鼓励有条件的单位聘请专业人员拍摄制作影像材料。

（二）拍摄要求

1. 数量要求

畜禽 每个品种要有公、母和群体照片各 2 张，如品种内有多个品系，每个品系应分别提供合格照片。对特殊地理生态条件下的品种，还需附上能反映当地地理环境的照片 2 张以上。

蜂 每个品种要有三型蜂（蜂王、雄蜂、工蜂）、蜂群、主要蜜源植物照片各 2 张。

蚕 每个品种要有卵、幼虫、蛹（茧）和成虫个体和群体照片各 2 张，如有不同品系的品种，应按照每种各 2 张提供合格的照片。

2. 精度要求 图像的精度要求是 800 万像素以上。

3. 其他要求 提供的照片包括冲印版、电子版及照片文档。照片文档需一一对应标注品种名称、性别、拍摄日期、拍摄地点和拍摄者姓名等。照片不得编辑处理，正面不携带年月日等信息。

（三）注意事项

1. 体型外貌 不同品种，特征不同，可以从毛色、体型、角型、尾型等方面加以区别。拍摄群体照片时，尽可能将本品种的不同外貌个体一次拍摄，在一张照片上反映出该品种不同外貌的组成和比例。

2. 年龄要求 一般选择能够反映品种主要特征的成年畜禽，避免选择年龄过大的畜禽。具有特殊外貌特征的，如大尾巴等，应增加拍摄照片数量。

3. 站立姿势 要求正侧面对着拍摄者，呈自然站立状态，被拍摄的侧面对着阳光，同时要求避开风向，使拍摄对象的被毛自然贴身。表现出四肢站立自如，头颈高昂，使全身各部位应有的特征充分表现。拍摄者应站在拍摄对象体侧的中间位置。

4. 拍摄背景 所拍摄照片的背景应能反映畜禽与所处生态之间的联系。

第四部分

普查系统

一、系统介绍

（一）系统访问地址

全国畜禽遗传资源普查信息系统提供 PC 端和手机端 APP（仅支持安卓手机）两种方式：

PC 端应用系统访问地址：https：//zypc.nahs.org.cn。

手机 APP 安装方式：用户登录 PC 端应用系统，完善个人信息后，使用微信扫一扫，扫描二维码下载 APP 安装包，安装后输入用户名、密码即可登录使用。

全国畜禽遗传资源普查信息系统 PC 端，只支持火狐、谷歌、360 浏览器（极速模式），不支持 IE 和 360 兼容模式。

（二）用户账号获取

1. 用户账号获取 全国畜禽遗传资源普查信息系统用户账号，在系统部署上线后统一初始化，本省的用户账号（12 位行政区划代码）和密码由农业农村部种业管理司统一下发给省级畜禽遗传资源普查办公室。

2. 首次登录完善个人信息 首次登录，用户需要补充完整账号信息，然后进入系统填报数据。

（三）手机 APP 下载与安装

用户登录普查系统 PC 端应用，在右上角找到手机图标，点击手机图标▢，弹出一个二维码，使用手机微信"扫一扫"，扫码下载安装包。

（四）通知消息

系统右上角有一个通知消息图标✉，当有新的通知消息时，图标上会出现未读通知信息数量。

点击消息图标，进入通知消息列表，消息项包括：消息类型、主题、到达时间、状态、阅读时间和操作。

点击"操作"列表中的"查看"按钮，查看消息被退回的数据或者催报的任务。如果是"催报消息"，可直接定位普查数据办理；如果是"退回消息"，可直接定位普查数据查看浏览。

二、省级用户

（一）维护本省范围行政区划

省级用户重点维护本省范围的地市、区县两级行政区划。

1. 添加行政区划
2. 修改行政区划
3. 删除行政区划

（二）普查数据审核

省级用户不填报数据，只浏览本省范围《表2　畜禽和蜂资源普查信息登记表》和《表7　新发现资源信息登记表》的普查数据，并审核本省各市提交的普查数据。

（三）普查数据汇总

系统以品种名称或新发现资源名称为单位汇总本省域范围内的普查数据。支持在线导出《表5　省级畜禽和蜂资源普查信息汇总表》和《表10　省级新发现资源信息汇总表》的word文件，可供线下打印、签字、盖章，作为提交的纸质材料。

（四）蚕资源普查数据填报

省级用户填报本省域范围内《表6　蚕资源普查信息登记表》的普查数据。

1. 数据列表
2. 录入数据
3. 修改数据
4. 删除数据
5. 提交数据

（五）催报信息

点击左侧菜单"催报信息"，进入催报列表页面。列表信息包括：催报类型、催报人、催报时间、催报说明、状态、处理人、处理时间和操作。

（六）移动APP填报、浏览普查数据

针对省级用户，APP提供畜禽和蜂普查信息、新发现资源普查信息的浏览功能，不提供审核功能；同时提供蚕资源普查信息的填报、修改、删除、提交、浏览等功能。

三、地市用户

（一）普查数据审核

市级用户不填报数据，只浏览本市范围以村为单位填报的《表2　畜禽和蜂资源普查信息登记表》和《表7　新发现资源信息登记表》的普查数据，并审核本市各县区提交上报的普查数据。

（二）普查数据汇总

系统以品种名称或新发现资源名称为单位，汇总本市域范围内的普查数据。支持在线导出《表4　市级畜禽和蜂资源普查信息汇总表》和《表9　市级新发现资源信息汇总表》的word文件，可供线下打印、签字、盖章，作为提交的纸质材料。

（三）催报信息

点击左侧菜单中的"催报信息"，进入催报列表页面。列表信息包括：催报类型、催报人、催报时间、催报说明、状态、处理人、处理时间和操作。可以通过列表上方的筛选条件，筛选催报信息。

（四）移动APP浏览普查数据

针对市级用户，APP提供畜禽和蜂普查信息、新发现资源普查信息的浏览功能，不提供审核功能。

四、区县用户

（一）维护本县域范围行政区划

逐级检查本县域范围的乡镇、村是否跟实际情况一致，如果跟实际情况不符，根据具体情况操作。
1. 添加行政区划
2. 修改行政区划
3. 删除行政区划

（二）普查数据填报审核

县级普查机构确定由各乡镇填报，或是县级用户填报，也可以由乡镇和县级用户同时填报。以村为单位，填报本县域范围内《表2　畜禽和蜂资源普查信息登记表》和《表7　新发现资源信息登记表》的普查数据，并审核各乡镇提交上来的普查数据。

(三) 普查数据汇总

系统以品种名称或新发现资源名称为单位汇总本区县范围内的普查数据。支持在线导出《表3 县级畜禽和蜂资源普查信息汇总表》和《表8 县级新发现资源信息汇总表》的 word 文件，可供线下打印、签字、盖章，作为提交的纸质材料。

(四) 催报信息

点击左侧菜单"催报信息"，将进入催报列表页面。列表信息包括：催报类型、催报人、催报时间、催报说明、状态、处理人、处理时间和操作。

(五) 移动 APP 填报、浏览普查数据

针对县级用户，APP 提供畜禽和蜂普查信息、新发现资源普查信息的填报、修改、删除、提交、浏览功能，不提供审核功能。

五、乡镇用户

(一) 普查数据填报

以村为单位填报本乡镇范围内《表2 畜禽和蜂资源普查信息登记表》和《表7 新发现资源信息登记表》的普查数据。

系统支持在线导出《表2 畜禽和蜂资源普查信息登记表》和《表7 新发现资源信息登记表》的 word 文件，可供在线下打印、签字、盖章，作为提交的纸质材料。

(二) 普查数据汇总

系统以品种为单位按照《表3 县级畜禽和蜂资源普查信息汇总表》和《表8 县级新发现资源信息登记表》汇总本乡镇范围内的普查数据。

(三) 催报信息

点击左侧菜单"催报信息"，进入催报列表页面。列表信息包括：催报类型、催报人、催报时间、催报说明、状态、处理人、处理时间和操作。可以通过列表上方的筛选条件，筛选催报信息。

(四) 移动 APP 填报、浏览普查数据

针对乡镇用户，APP 提供畜禽和蜂普查信息、新发现资源普查信息的填报、修改、删除、提交、浏览功能。

第五部分

系统调查

一、猪遗传资源系统调查

（一）猪遗传资源概况

1.品种（类群）名称　按《国家畜禽遗传资源品种名录（2021年版）》和《中国畜禽遗传资源志·猪志》填写，新发现的猪遗传资源和新培育的品种及配套系按有关规定填写。

2.其他名称　填写该品种的曾用名、俗名等。

3.品种类型　根据《国家畜禽遗传资源品种名录（2021年版）》填写地方品种、培育品种及配套系或引入品种及配套系。

4.品种来源及形成历史　根据品种类型填写。地方品种填写（原）产地及形成历史；培育品种及配套系填写培育地、培育单位及育种过程、审定时间、证书编号；引入品种及配套系填写主要的输出国家以及引种历史等。

5.中心产区　地方品种、培育品种、引入品种填写该品种在本省的主要分布区域，该区域存栏量占本省该品种存栏量的20%以上。可填写至县级，地方品种可填写至乡镇。配套系填写商品代主要推广区域。

6.分布区域　按照2021年普查结果填写。

7.群体规模及种公猪、基础母猪　根据2021年普查结果填写，从全国畜禽遗传资源信息系统里导出。

8.自然生态条件　地方品种填写原产地的自然生态条件，分布在原产地之外的地方品种和培育品种、引入品种填写中心产区的自然生态条件。配套系不填写自然生态条件。

（1）地貌　在山地、盆地、丘陵、平原、高原中选择，可多选。

（2）海拔　填写产区范围内的海拔高度，单位为米（m）。如：××～××m。

（3）经纬度　产区范围，东经××°××′—××°××′；北纬××°××′—××°××′。

（4）气候类型　在热带雨林气候、热带草原气候、热带季风气候、热带沙漠气候、亚热带季风和湿润气候、地中海气候、温带季风气候、温带海洋性气候、温带大陆性气候、亚寒带针叶林气候、高原山地气候中选择，可多选。

（5）气温　单位为摄氏度（℃）。

（6）年降水量　正常年年均降水量，单位为毫米（mm）。

（7）无霜期　年均总天数，时间：××—××月。

（8）水源土质　产区流经的主要河流等。

（9）主要农作物、饲草料种类及生产情况。

9.消长形势　描述近15年的数量规模变化、品质性能变化，以及遗传多样性变化情况。

10. 分子生物学测定 是指该品种是否进行过生化或分子遗传学相关测定,如有,需要填写测定单位、测定时间和行业公认的代表性结果;如没有,可填写无。

11. 品种评价 填写该品种遗传特点、优异特性、可供研究利用的主要方向。

12. 资源保护情况 填写该品种是否制订了保种和利用计划,是否设有保护区、保种场,是否建立了品种登记制度,如有,需要填写具体情况,包括保种场(保护区)名称、级别、群体数量及家系数等。

13. 开发利用情况 包括但不限于纯繁生产、杂交利用、新品种(系)培育、品种标准(注明标准号),以及产品开发、品牌创建、农产品地理标志等。

14. 饲养管理情况 是否有特殊的饲养、繁殖方式,介绍传统的饲养方式和目前的饲养方式。如圈养、集中饲养等,管理难易、补饲情况及饲料组成等。

15. 疫病情况 填写调查该品种原产地或中心产区的流行性传染病和寄生虫病发生情况,以及该品种易感和抗病情况。

16. 以上内容对应表 5-1-1。

(二)猪体型外貌个体登记

测定数量要求:成年母猪 50 头以上,成年公猪 20 头以上。

扫码看彩图

1. 肤色 白色、黑色、灰色。

2. 毛色 黑色、白色、六白、棕红、玉鼻、火毛、两头乌、乌云盖雪、黑(白脚)等。

3. 头部特征 头大小及形状、嘴筒长短、额部皱纹特征等,见图 5-1-1。

头大,额皮中部隆
起成块,俗称"盖碗"

头中等大,面微凹

嘴筒长直

头中等大,面直

图 5-1-1 猪头部特征

4.耳型 大小、是否下垂，见图5-1-2。

耳大，下垂

耳小而立

扫码看彩图

耳大，下垂

耳小，向前平伸

耳特大，下垂

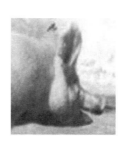

耳中等大，竖立

耳小，竖立

耳小，向前平伸

图5-1-2 猪耳型

5.躯干特征 背腰是否平直，腹部是否下垂，臀部是否丰满，尾根高低，见图5-1-3。

6.乳头对数及特征 见图5-1-3。

扫码看彩图

腹大下垂，背平

腹大下垂，不拖地

腹大拖地，背凹

腹大下垂，不拖地

乳头细，丁字排列，
发育良好

乳头细，对称排列，
发育良好

乳头粗

乳头细，对称排列，
发育良好

图 5-1-3　猪躯干、乳头特征

7.四肢 粗细及其他特征，见图 5-1-4。

粗壮、直立

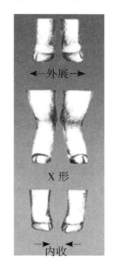

←外展→

X 形

→内收←

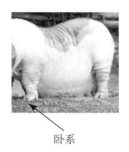

扫码看彩图

卧系

图 5-1-4 猪四肢特征

8.其他特殊性状 如獠牙、肋骨对数等。

9.以上内容对应表 5-1-2。

（三）猪体型外貌群体特征

1.毛色特征 是否有多种毛色，如有，说明比例。

2.头部特征 头大小及形状，额部皱纹特征，嘴筒长短；耳型大小，是否下垂。

3.躯干特征 长短，背腰是否平直，腹部是否下垂，臀部是否丰满，乳头对数及特征。

4.四肢特征 粗细及其他特征。

5.体型特征 体型大小、体质、结构。

6.尾长及描述。

7.其他性状 如獠牙等。

8.以上内容对应表 5-1-3。

（四）种猪体尺体重登记

每个家系至少测定 2 头成年公猪、8 头成年母猪。如果家系情况不明，测定成年公猪 20 头以上、成年母猪 50 头以上；成年公猪不足 20 头的，测定全部成年公猪。

成年母猪在三胎或以上胎次且怀孕 2 个月左右称重，成年公猪要求 24 月龄以上称重（kg）。

1. 体重　实测体重（kg）。

2. 体高　鬐甲最高点到地平面的垂直距离（cm）。

3. 体长　两耳根连线中点沿背线至尾根处的长度（cm）。

4. 胸围　在肩胛骨后缘作垂直线绕体躯一周所量的胸部围长度（cm）。

5. 背高　背部最凹处至地面的垂直距离（cm），用硬尺或测杖量取。

6. 胸深　切于肩胛软骨后角的背至胸部下缘的垂直距离（cm），用硬尺或测杖量取。

7. 腹围　腹部最粗处的垂直周径（cm），用软尺紧贴体表量取。

8. 管围　左前肢管部最细处的周径（cm），用软尺紧贴体表量取。

9. 活体背膘厚　B 超仪测定倒数第 3～4 肋间活体背部脂肪层厚度（mm）。

10. 活体眼肌面积　B 超仪测定倒数第 3～4 肋间活体背最长肌扫描横断面面积（cm^2）。

11. 以上内容对应表 5-1-4。

（五）猪生长发育性能登记

1. 本部分登记适用于地方品种、培育品种和培育配套系。调查或测定 30 头，阉公、母各半。

2. 请说明各期饲料的主要营养指标。

3. 以上内容对应表 5-1-5。

（六）猪生长发育性能登记

1. 本部分登记适用于引入品种和引入配套系。调查或测定 30 头，阉公、母各半。

2. 请说明各期饲料的主要营养指标。

3. 以上内容对应表 5-1-6。

（七）猪育肥性能登记

测定 30 头，阉公、母各半。

1. 在育肥试验中，标注营养标准。

2. 以上内容对应表 5-1-7。

（八）猪屠宰性能登记

测定育肥猪 20 头，阉公、母各半。

1. 宰前活重（kg）　屠宰日龄按当地习惯并注明。宰前空腹 24h。

2. 胴体重（kg） 屠宰放血后，去掉头、蹄、尾和内脏（除板油、肾脏外）后的两片胴体的重量。

3. 胴体长 胴体耻骨联合前沿至第一颈椎前沿的直线长度。

4. 平均背膘厚度 =（肩部最厚处 + 最后肋骨处 + 腰荐结合处）/3。

5. 6～7 肋处皮厚。

6. 眼肌面积 最后肋骨处背最长肌横断面面积，用硫酸纸描绘眼肌面积（两次），用求积仪或方格计算纸求出眼肌面积（cm²），或用下列公式：

眼肌面积（cm²）= 眼肌高度（cm）× 眼肌宽度（cm）× 0.7

7. 皮重和皮率

皮率 =［皮重 /（皮重 + 骨重 + 肥肉重 + 瘦肉重）］× 100%

8. 骨重和骨率

骨率 =［骨重 /（皮重 + 骨重 + 肥肉重 + 瘦肉重）］× 100%

9. 肥肉重和肥肉率

肥肉率 =［肥肉重 /（皮重 + 骨重 + 肥肉重 + 瘦肉重）］× 100%

10. 瘦肉重和瘦肉率

瘦肉率 =［瘦肉重 /（皮重 + 骨重 + 肥肉重 + 瘦肉重）］× 100%

11. 屠宰率 = 胴体重 / 宰前活重 × 100%。

12. 肋骨数。

13. 以上内容对应表 5-1-8。

（九）猪胴体肌肉品质登记

测定育肥猪 20 头，阉公、母各半。说明测定的日龄。测定肌肉部位为背最长肌。

1. 肉色 宰后 24h 内，离体肌肉横断面颜色的测定值，也可用评分法。评分法参考 NY/T 821—2019 农业行业标准，在左半胴体倒数第 3～4 胸椎处向后取背最长肌，采用 6 分制评分，评分标准见图 5-1-5。

2. 肌肉 pH 宰后一定时间内，离体肌肉酸碱度的测定值。其中，停止呼吸 1h 内测定的，用 pH_1 表示；在 0～4℃条件下保存至停止呼吸 24h 测定的，用 pH_{24} 表示。

3. 滴水损失 在无外力的作用下，离体肌肉在特定条件和规定时间内流失或渗出的量。规定用 48h 滴水损失来表示。

4. 大理石纹 肌肉横截面可见脂肪与结缔组织的分布情况。

5. 肌内脂肪含量 肌肉组织内的脂肪含量（用评分板时标明几分制）。

大理石纹和肌内脂肪含量参考 NY/T 821—2019 农业行业标准，肌内脂肪含量和大理石纹采样部位为左半胴体倒数第 3～4 胸椎处向后取背最长肌，肌内脂肪含量采用索氏浸提法，大理石纹的评分采用 6 分制评分，参考 NY/T 821—2019，大理石纹评分标准见图 5-1-6。

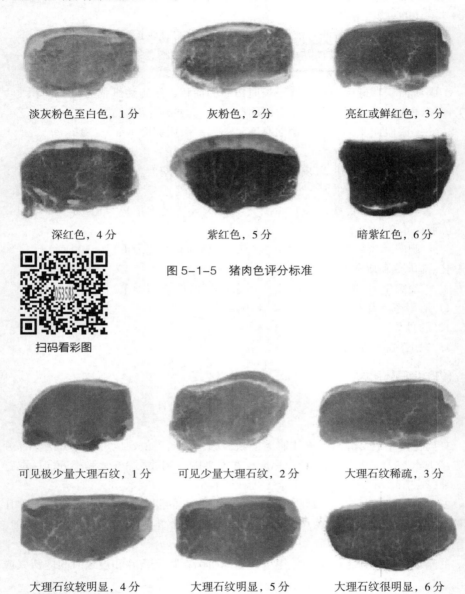

淡灰粉色至白色，1 分　　灰粉色，2 分　　亮红或鲜红色，3 分

深红色，4 分　　紫红色，5 分　　暗紫红色，6 分

图 5-1-5　猪肉色评分标准

扫码看彩图

可见极少量大理石纹，1 分　　可见少量大理石纹，2 分　　大理石纹稀疏，3 分

大理石纹较明显，4 分　　大理石纹明显，5 分　　大理石纹很明显，6 分

图 5-1-6　大理石纹评分标准

扫码看彩图

6. 嫩度 测试仪器的刀具切断被测肉样时所用的力。

7. 说明是否经过育肥，育肥的营养标准。

8. 以上内容对应表 5-1-9。

（十）公猪采精信息个体登记

每个家系调查 1～2 头成年公猪，所有家系共调查 10 头以上成年公猪。如果家系不明，调查 10 头以上成年公猪；不足 10 头的，调查全部成年公猪。调查公猪当年的采精信息。

1. 采精次数 本条采精记录是公猪的第几次采精。

2. 采精量 单次采精所获得的精液体积（mL）。

3. 精子密度 每毫升精液中所含有的精子数。

4. 精子活力 精液中呈前进运动精子所占的百分率。

5. 精子畸形率 异常精子占总精子数的百分率。精子畸形一般分为三类。一是头部畸形：大头、小头、长形头、变形、缺失、轮廓不清、双头等；二是中段畸形：偏轴、膨大、屈折、颈部断开、在接近头中段或接近尾的中段存在原生质滴等；三是尾部畸形：线体膨胀、双尾、卷曲、无尾、头尾缠绕等。

6. 以上内容对应表 5-1-10。

（十一）母猪繁殖性能个体登记

每个家系调查 6～8 头成年母猪，所有家系共调查 50 头以上。如果家系不明，调查 50 头以上成年母猪。母猪利用当年繁殖记录及其历史繁殖记录。

1. 配种方式 填写本交或人工授精。

2. 断奶成活率 = 断奶时成活仔猪数 / 窝产活仔猪数 ×100%。

3. 以上内容对应表 5-1-11。

（十二）猪繁殖性能群体

1. 经产 经产为 2 胎及以上。

2. 初产、经产断奶窝重 引入品种校正 21 日龄窝重（kg）。

3. 经产仔猪断奶成活率 = 断奶时成活仔猪数 / 窝产活仔猪数 ×100%。

4. 以上内容对应表 5-1-12。

（十三）猪遗传资源影像材料

1. 照片用数码相机拍摄，图像的精度达 800 万像素以上，内存在 1.2MB 以上。

2. 照片以 .jpg 格式保存，不对照片进行编辑。

3. 照片正面不携带年月日等其他信息。

4. 个体照片文件用"品种名称＋年龄＋性别＋顺序号"命名，群体照片用"品种名称＋'群体'＋顺序号"命名，同时附相关 word 文档，对每张照片的品种名称、年龄、性别、拍摄日期、拍摄者姓名、饲养者名称及拍摄地点等进行详细说明。

5. 每个品种要有成年公猪、成年母猪、群体照片各 2 张。

6. 视频资料要能反映品种所处的自然生态环境、群体概貌、品种特征、饲养方式等。

视频格式：每个视频时长不超过 5min，尽量在 3min 以内（大小不超过 80MB）。视频格式应为 MP4 格式。

7. 以上内容对应表 5–1–13。

表 5-1-1　猪遗传资源概况表

省级普查机构：_____

品种（类群）名称				其他名称	
品种类型	地方品种 □　　培育品种 □　　培育配套系 □　　引入品种 □　　引入配套系 □				
品种来源及形成历史					
中心产区					
分布区域					
群体规模（头）			其中	种公猪（头）	
				基础母猪（头）	

自然生态条件	地貌、海拔与经纬度					
	气候类型					
	气温	年最高		年最低		年平均
	年降水量					
	无霜期					
	水源土质					
	主要农作物、饲草料种类及生产情况					
	消长形势					
	分子生物学测定					

（续）

品种评价	
资源保护情况	
开发利用情况	
饲养管理情况	
疫病情况	

注：此表由该品种分布地的省级普查机构组织有关专家填写。

填表人（签字）：_____ 电话：_____ 日期：_____年___月___日

表 5-1-2 猪体型外貌个体登记表

地点：_____省（自治区、直辖市）____市（州、盟）___县（市、区、旗）___乡（镇）____村 场名：_____ 联系人：_____ 联系方式：_____

品种（类群）名称：_____ 性别：_____

个体号		年龄	
肤色	白色 □ 　　黑色 □ 　　灰色 □ 　　其他：_____		
毛色	黑 □	白 □	六白 □
	棕红 □	玉鼻 □	火毛 □
	两头乌 □	乌云盖雪 □	黑（白脚）□
	其他		
头	大 □	中 □	小 □
	嘴筒短 □	嘴筒中等 □	嘴筒长 □
	额有皱纹 □	额无皱纹 □	
耳型	大 □	中 □	小 □
	前倾 □	直立 □	下垂 □
躯干	背腰平 □		背腰凹 □
	腹部下垂 □		腹部平直 □
	臀部丰满 □		臀部斜尻 □
	尾根高 □		尾根低 □
乳头	粗 □	中等 □	细 □
	排列整齐 □	排列不整齐 □	有效乳头数
	排列对称 □	丁字排列 □	乳头对数
四肢	正常/卧系 □		肢势正常 □
	肢势外展 □		肢势内收 □
其他特殊性状			

注：该表为个体实测表，由承担测定任务的保种单位（种猪场）和有关专家填写。具体填写时在对应的选项后进行勾选。

填表人（签字）：_____ 电话：_____ 日期：____年___月___日

表 5-1-3　猪体型外貌群体特征表

地点：_____省（自治区、直辖市）_____市（州、盟）____县（市、区、旗）____乡（镇）_____村　场名：_____　联系人：_____　联系方式：_____

品种（类群）名称	
肤色	
毛色	
头部	
耳型	
躯干	
乳头	
四肢	
体型特征（大小、体质、结构）	
其他性状	

注：该表为群体特征表，由承担测定任务的保种单位（种猪场）和有关专家基于但不限于个体登记表，结合《中国畜禽遗传资源志·猪志》和实际情况填写。表中可定量的特征需定量描述，说明比例。

填表人（签字）：_____　电话：_____　　　日期：____年___月___日

表5-1-4 种猪体尺体重登记表

地点：_____ 省（自治区、直辖市）_____ 市（州、盟）_____ 县（市、区、旗）_____ 乡（镇）_____ 村_____

场名：_____

品种（类群）名称：_____ 联系人：_____ 联系方式：_____

性别：公□ 母□（公、母分开填报）

序号	个体号	性别	出生日期*	测定日期	母猪胎次	公猪月龄	体重(kg)	体尺 (cm)							活体背膘厚*(mm)	活体眼肌面积*(cm²)
								体高	体长	胸围	背高*	胸深*	腹围*	管围*		
平均数±标准差																

注：该表为个体实测表，由承担测定任务的保种单位（种猪场）和有关专家填写。标*者为选填项。所有测量结果保留小数点后一位，有特殊说明的除外。

填表人（签字）：_____ 电话：_____ 日期：_____ 年__月__日

表5-1-5 猪生长发育性能登记表（地方品种、培育品种和培育配套系适用）

地点：_____ 省（自治区、直辖市）_____ 市（州、盟）_____ 县（市、区、旗）_____ 乡（镇）_____ 村

场名：_____ 联系人：_____ 联系方式：_____

品种（类群）名称：_____

序号	个体号	性别	初生重（kg）	断奶日龄（d）	断奶重（kg）	保育期末日龄（d）	保育期末重（kg）	120日龄体重（kg）	达适宜上市体重日龄（d）
平均数±标准差									

备注：请说明各期饲料的主要营养指标（CP%; DE, MJ/kg; CF%; Lys%; Ca %; P%）。

注：该表为个体调查或实测表，由承担测定任务的保种单位（种猪场）和有关专家填写。所有结果保留小数点后一位。

填表人（签字）：_____ 电话：_____ 日期：_____年_____月_____日

表5-1-6　猪生长发育性能登记表（引入品种和引入配套系适用）

地点：_____省（自治区、直辖市）_____市（州、盟）_____县（市、区、旗）_____乡（镇）_____村

场名：_____　名称：_____

品种（类群）名称：_____　联系人：_____　联系方式：_____

序号	个体号	性别	初生重(kg)	断奶日龄(d)	校正21日龄重(kg)	校正达30kg日龄*(d)	校正达100kg日龄(d) □ 校正达115kg日龄(d) □	校正达100kg背膘厚(mm) □ 校正达115kg背膘厚(mm) □	校正达100kg眼肌面积(cm²) □ 校正达115kg眼肌面积(cm²) □
平均数±标准差									

备注：请说明各期饲料的主要营养指标（CP%; DE, MJ/kg; CF%; Lys%; Ca%; P%）。

注：该表为个体调查或实测表，由承担测定任务的种猪场和有关专家填写。所有结果保留小数点后一位。标*者为选填项。标注□者二选一，选择后在对应项后打√。

填表人（签字）：_____　电话：_____　日期：_____年_____月_____日

表 5-1-7 猪育肥性能登记表

地点：_____省（自治区、直辖市）_____市（州、盟）_____县（市、区、旗）_____乡（镇）_____村

场名：_____联系人：_____联系方式：_____

品种（类群）名称：_____

序号	个体号	性别	育肥起测日龄 (d)	育肥起测体重 (kg)	育肥结测日龄 (d)	育肥结测体重 (kg)	育肥期耗料量 (kg)	育肥期日增重 (g)	育肥期料重比
平均数 ± 标准差									

备注：前期饲料 CP%_____，DE（MJ/kg）_____，CF%_____，Lys%_____，Ca%_____，P%_____；
后期饲料 CP%_____，DE（MJ/kg）_____，CF%_____，Lys%_____，Ca%_____，P%_____。

填表人（签字）：_____电话：_____日期：_____年_____月_____日

注：该表为个体实测表，由承担测定任务的保种单位（种猪场）和有关专家填写。所有测量结果保留小数点后一位。

表 5-1-8　猪屠宰性能登记表

地点：＿＿＿＿省（自治区、直辖市）＿＿＿＿市（州、盟）＿＿＿＿县（市、区、旗）＿＿＿＿乡（镇）＿＿＿＿村＿＿＿＿

场名：＿＿＿＿　联系人：＿＿＿＿　联系方式：＿＿＿＿

品种（类群）名称：＿＿＿＿

| 序号 | 个体号 | 性别 | 屠宰日龄 | 屠宰前活重（kg） | 胴体重（kg） | | | 胴体长*（cm） | 背膘厚（mm） | | | | 6~7肋处皮厚（mm） | 眼肌面积（cm²） | 皮重*（kg） | 皮率*（%） | 骨重（kg） | 骨率*（%） | 肥肉重（kg） | 肥肉率*（%） | 瘦肉重（kg） | 瘦肉率（%） | 屠宰率（%） | 肋骨数 |
					右	左	总重		肩部最厚处	最后肋骨处	腰荐结合处	平均背膘厚												
平均数±标准差																								

注：该表为个体实测表，由承担测定任务的保种单位（种猪场）和有关专家填写。标 * 者为选填项，所有测量结果保留小数点后一位。

填表人（签字）：＿＿＿＿　电话：＿＿＿＿　日期：＿＿＿＿年＿＿月＿＿日

表 5-1-9 猪胴体肌肉品质登记表

地点: ____ 省（自治区、直辖市） ____ 市（州、盟） ____ 县（市、区、旗） ____ 乡（镇） ____ 村
场名: ____
品种（类群）名称: ____ 联系人: ____ 联系方式: ____
屠宰日龄: ____

序号	个体号	性别	肉色 评分	肉色 测定	pH₁	pH₂₄	滴水损失 (%)	大理石纹	肌内脂肪含量 (%)	嫩度
平均数 ± 标准差										

备注: 请说明是否经过育肥及育肥期的主要营养指标（CP%; DE, MJ/kg; CF%; Lys%; Ca%; P%）。

注: 该表为个体实测表，由承担测定任务的保种单位（种猪场）和有关专家填写。所有测量结果保留小数后一位。

填表人（签字）: ____ 电话: ____ 日期: ____ 年 ____ 月 ____ 日

表 5-1-10 公猪采精信息个体登记表（选填）

地点：_____省（自治区、直辖市）_____市（州、盟）_____县（市、区、旗）_____乡
（镇）_____村 场名：_____ 联系人：_____ 联系方式：_____
品种（类群）名称：_____

序号	个体号	采精日期	采精次数	采精量（mL）	精子密度（亿个/mL）	精子活力（%）	精子畸形率（%）
平均数 ± 标准差							

注：该表为个体历史采精记录调查表，由承担测定任务的保种单位（种猪场）和有关专家填写。
所有测量结果保留小数点后一位。

填表人（签字）：_____ 电话：_____ 日期：_____年___月___日

表 5-1-11 母猪繁殖性能个体登记表

地点：_____ 省（自治区、直辖市）_____ 市（州、盟）_____ 县（市、区、旗）_____ 乡（镇）_____ 村

场名：_____ 联系人：_____ 联系方式：_____

品种（类群）名称：_____

序号	个体号	与配品种	配种方式	胎次	产仔日期	总仔数	活仔数	死胎*	畸形*	木乃伊胎*	初生窝重（kg）	断奶日龄（d）	断奶成活数（头）	断奶窝重（kg）	断奶成活率（%）
平均数 ± 标准差															

注：该表为个体历史繁殖记录调查表，由承担测定任务的保种单位（种猪场）和有关专家填写。标*者为选填项，所有测量结果保留小数点后一位。

填表人（签字）：_____ 电话：_____ 日期：_____ 年_____ 月_____ 日

表 5-1-12 猪繁殖性能群体表

地点：_____省（自治区、直辖市）_____市（州、盟）___县（市、区、旗）___乡（镇）_____村 场名：_____ 联系人：_____ 联系方式：_____

品种（类群）名称：_____

公猪性成熟日龄（d）		公猪初配日龄（d）/体重（kg）				公猪利用年限	
母猪性成熟日龄（d）		母猪初配日龄（d）/体重（kg）				母猪利用年限或胎次	
初产窝产仔数（头）		初产窝产活仔数（头）		初产初生窝重（kg）		经产窝产仔数（头）	
经产窝产活仔数（头）		经产初生窝重（kg）		经产断奶日龄（d）		经产断奶仔猪数（头）	
经产仔猪断奶成活率（%）		经产断奶窝重（kg）		发情周期（d）		妊娠期（d）	
公猪精液品质*		采精量（mL）		精子活力（%）		精子密度（亿个/mL）	

注：该表为群体调查表，由承担测定任务的保种单位（种猪场）和有关专家填写。标*者为选填项。

填表人（签字）：_____ 电话：_____ 日期：_____年___月___日

表 5-1-13 猪遗传资源影像材料

地 点：_____ 省（自治区、直辖市）_____ 市（州、盟）___ 县（市、区、旗）___ 乡（镇）_____ 村 场名：_____ 联系人：_____ 联系方式：_____
品种（类群）名称：_____

成年公猪照片 1	成年公猪照片 2
成年母猪照片 1	成年母猪照片 2
群体照片 1	群体照片 2
视频资料 1	视频资料 2

注：每个品种要有成年公猪、成年母猪、群体照片及视频资料各 2 份。其他照片另附。
拍照人（签字）：_____ 电话：_____ 日期：____ 年 ___ 月 ___ 日

二、牛遗传资源系统调查

（一）牛遗传资源概况

1. 品种（类群）名称　按《国家畜禽遗传资源品种名录（2021年版）》和《中国畜禽遗传资源志·牛志》填写，新发现的牛遗传资源和新培育的牛品种按有关规定填写。

2. 其他名称　填写该品种的曾用名、俗名等。

3. 品种类型　根据《国家畜禽遗传资源品种名录（2021年版）》填写地方品种、培育品种或引入品种。

4. 经济类型　按照品种的实际用途选择填写，如为其他特殊用途的，请在"其他"选项中标明。

5. 品种来源及形成历史　根据品种类型填写。地方品种填写（原）产地及形成历史；培育品种填写培育地、培育单位及育种过程、审定时间、证书编号；引入品种填写主要的输出国家以及引种历史等。

6. 中心产区　填写该品种在本省的主要分布区域，该区域存栏量占本省该品种存栏量的20%以上。可填写至县级，地方品种可填写至乡镇。

7. 分布区域　按照2021年普查结果填写。

8. 群体数量及种公牛、能繁母牛　根据2021年全国畜禽遗传资源普查信息系统的结果填写。

9. 自然生态条件　地方品种填写原产地的自然生态条件，分布在原产地之外的地方品种和培育品种、引入品种填写中心产区的自然生态条件。

（1）地貌　在山地、盆地、丘陵、平原、高原中选择，可多选。

（2）海拔　填写产区范围内的海拔高度，单位为米（m）。如：××～××m。

（3）经纬度　产区范围，东经××°××′—××°××′；北纬××°××′—××°××′。

（4）气候类型　在热带雨林气候、热带草原气候、热带季风气候、热带沙漠气候、亚热带季风和湿润气候、地中海气候、温带季风气候、温带海洋性气候、温带大陆性气候、亚寒带针叶林气候、高原山地气候中选择，可多选。

（5）气温　单位为摄氏度（℃）。

（6）年降水量　正常年年均降水量，单位为毫米（mm）。

（7）无霜期　年均总天数；时间：××—×× 月。

（8）水源土质　产区流经的主要河流等。

（9）耕地及草地面积。

（10）主要农作物、饲草料种类及生产情况。

10. 消长形势　描述近15年数量规模变化、品质性能变化，以及遗传多样性变化情况。

11. 分子生物学测定　指该品种是否进行过生化或分子遗传学相关测定，如有，需填写测定单位、测定时间和行业公认的代表性结果；如没有，可填写无。

12. 品种评价　填写该品种遗传特点、优异特性、可供研究开发利用的主要方向。

13. 资源保护情况　填写该品种是否制订保种和利用计划，是否设有保护区、保种场，如有，需要填写具体情况，包括保种场（保护区）名称、级别、群体数量及家系数。填写是否建立了品种登记制度，如有，需要填写开始时间和负责单位。

14. 开发利用情况　包括但不限于纯繁生产、杂交利用、新品种（系）培育、品种标准（注明标准号），以及产品开发、品牌创建、农产品地理标志等。

15. 饲养管理情况　填写饲养管理难易、补饲情况、饲料组成、饲养方式，如圈养、全年放牧、季节放牧等。

16. 疫病情况　填写调查该品种原产地或中心产区的流行性传染病和寄生虫病发生情况，以及该品种易感和抗病情况。

17. 以上内容对应表5-2-1。

（二）牛体型外貌特征个体登记

选择在正常饲养管理水平条件下成年牛个体，其中成年母牛指经产母牛，成年公牛指达到配种年龄的公牛，一般指24月龄（普通牛）、36月龄（水牛）和48月龄（牦牛）以上的公牛。评定数量成年公牛10头以上，成年母牛20头以上，部分性状说明如下。

1. 白胸月　沼泽型水牛的特征白斑。

2. 白袜子　大额牛的特征白斑。

3. 鬃毛　蒙古牛、哈萨克牛等品种中出现的深浅条纹毛色特征。

4. 沙毛　黑白毛相间生长的毛色特征。

5. 局部淡化　通常为四肢内侧、下腹、咽部毛色变浅。

6. 晕毛　纯色无花斑品种中出现的体躯两侧局部毛色深浅不一的毛色特征，但区别于局部淡化。

7. 季节性黑斑　部分牛品种中出现的毛色特征。

8. 以上内容对应表5-2-2，具体外貌特征可参照附件5-2-1（牛遗传资源图示）。

（三）牛体型外貌群体汇总登记

1. 整体结构　宽长矮（"抓地虎"）、高短窄（"高脚黄"）、中度等。

2. 毛色、蹄色、角色　分为基础色、白斑、特殊毛色模式、鬃毛、沙毛、晕毛、季节性黑斑、鼻镜色、角色、蹄色等。

3. 被毛形态　被毛长短、额部长毛、局部卷毛等。

4. 头部特征与类型　头型、角的有无、角型、肩峰、颈垂等。

5. 躯干特征　包括前躯、中躯、后躯，分为胸垂、脐垂、尻形等。

6. 四肢、尾部　四肢包括粗壮、长短、蹄质等，尾部包括尾形、尾长等。

7. 母牛乳房发育情况　包括前后乳区发育均匀性、是否有副乳头。

8. 其他特殊性状　包括本品种特有的性状，无对应项在"其他"中自行填入。

9. 以上内容对应表5-2-3，能够定量的，填写不同类型的占比。按公母分别描述，若有不同类型的外貌特征，注明各类型所占比例。

（四）牛体尺体重测定登记

选择正常饲养管理条件下成年牛个体进行测定。成年母牛指经产母牛，成年公牛指24月龄（普通牛、大额牛、瘤牛）、36月龄（水牛）和48月龄（牦牛）以上公牛。测定数量为成年公牛10头以上、成年母牛20头以上，部分性状说明如下。

1. 鬐甲高　鬐甲最高点到地面的垂直高度。采用测杖测量，单位为厘米（cm）。

2. 十字部高　牛体两腰角连线中点至地面的垂直高度，也称为腰高。髋骨的左右两侧髋结节（腰角）连线与腰椎形成垂直交叉的部位称为十字部。采用测杖测量，单位为厘米（cm）。

3. 体斜长　肩胛骨前缘到坐骨端后缘的距离。采用测杖或卷尺测量，单位为厘米（cm）。

4. 胸围　肩胛后缘垂直围绕通过胸基的周径。采用软尺测量，单位为厘米（cm）。

5. 腹围　十字部前缘腹部最大处的垂直周径。采用软尺测量，单位为厘米（cm）。

6. 管围　左前肢管部上1/3（最细处）的周径。采用软尺测量，单位为厘米（cm）。

7. 胸宽　两前肢内侧胸底的宽度。采用测杖测量，单位为厘米（cm）。

8. 坐骨端宽　坐骨端外缘的直线距离。采用卷尺测量，单位为厘米（cm）。

9. 体重　即空腹重，牛只早晨未进食前测定的重量。体重应在磅秤或地秤上称量。

10. 以上内容对应表5-2-4。

（五）牛生长发育登记

每个阶段测定数量：公牛10头以上、母牛20头以上。

1. 测定指标

（1）普通牛、水牛、瘤牛、大额牛　初生重、6月龄体重、12月龄体重、18月龄体重。

（2）牦牛　初生重、6月龄体重、18月龄体重、30月龄体重。

2. 以上内容对应表5-2-5。

（六）牛育肥性状登记

需调查测定育肥牛20头以上。其中，牦牛应在5—10月自然放牧状态下进行育肥测定。

1. 年龄　填写初测体重时的月龄。

2. 初测体重　开始正式育肥期时的空腹体重，单位为kg。

3. 终测体重　育肥结束时的空腹体重，单位为kg。

4. 日增重　计算公式为：日增重＝（终测体重－初测体重）/ 育肥天数，单位为kg。

5. 育肥形式　指该品种采取哪种形式育肥，如直线育肥、强度育肥、放牧 / 未育肥。直线育肥指犊牛断奶后直接转入生长育肥阶段，使犊牛一直保持很高的日增重量，直至达到屠宰体重时为止。强度育肥指对300kg左右的架子牛，在饲料条件较好的舍饲条件下育肥。

6. 以上内容对应表5-2-6。

（七）牛屠宰性能登记

屠宰月龄：普通牛、水牛、瘤牛、大额牛通常为18月龄及以上；牦牛为36月龄及以上，建议在自然放牧状态下9—10月开展屠宰测定。屠宰数量要求10头以上。

1. 宰前活重　禁食24h后临宰时的实际体重。单位为千克（kg）。

2. 胴体重　活体放血，去头、皮、尾、蹄、内脏（保留肾脏及周围脂肪）、生殖器官及周围脂肪、母牛的乳房及周围脂肪的重量。单位为千克（kg）。注：胴体重测定需标明是热胴体重还是24h冷却后的冷胴体重。

3. 净肉重　胴体剥骨后的全部肉重，包括肾脏及周围脂肪。单位为千克（kg）。

4. 骨重　将胴体中所有肌肉剥离后所剩骨骼的重量。单位为千克（kg）。

5. 肋骨对数　记录屠宰牛只的实际肋骨对数。普通牛一般有13对肋骨，牦牛一般为14对肋骨。

6. 眼肌面积　指第12～13胸肋间的眼肌横切面积。测定时，沿第12根肋骨后缘将脊椎锯开，然后用利刀垂直切开第12～13肋骨间肌肉。使用方格透明卡测定眼肌面积，可现场直接测定，也可利用硫酸纸将眼肌描样后保存，再用方格透明卡或求积仪计算。

7. 屠宰率　胴体重占屠宰前活重的百分率。

8. 净肉率　净肉重占屠宰前活重的比率。

9. 肉骨比　净肉重与全部骨骼重的比值。

10. 以上内容对应表 5-2-7。

（八）牛肉质性状登记

测定数量为 10 头以上。

1. **肌肉大理石花纹**　反映肌肉横截面可见脂肪与结缔组织的分布情况。通常以第 12 ～ 13 肋间处眼肌横断面为代表进行标准卡目测对比评分，采用 5 分制评分标准，见图 5-2-1。

扫码看彩图

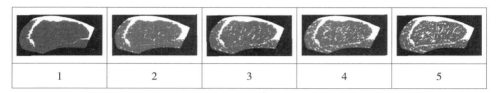

图 5-2-1　肌肉大理石花纹 5 分制评定标准

2. **肉色**　肌肉横截面颜色的鲜亮程度。牛屠宰后 24h 内，鉴定 12 ～ 13 肋间眼肌横断面肉的颜色。肉色鉴定的测定方法通常有目测法和色差计法。

（1）**目测法**　屠宰后 24h 内，对照肉色标准图，目测 12 ～ 13 肋间眼肌横切面肉的颜色。采用 8 分制评分方法，见图 5-2-2。

扫码看彩图

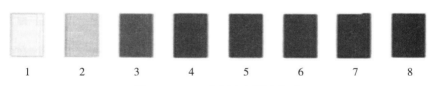

图 5-2-2　8 分制肉色评定标准

（2）**色差计法**　在屠宰后 24h 内，取 12 ～ 13 肋间眼肌横切面肉进行颜色测定。测定结果表示为 $L—a—b$ 色度坐标。

3. **脂肪颜色**　肌肉组织内的脂肪含量。待测牛屠宰后成熟（注：排酸 72h 后），在第 12 ～ 13 肋间取新鲜背部脂肪断面，目测脂肪色泽，对照标准脂肪色图评分；采用 8 分制评分标准，见图 5-2-3。

图 5-2-3　脂肪颜色评定标准

扫码看彩图

4. 嫩度 指煮熟牛肉的柔软、多汁和易于被嚼烂的程度。最通用的评定嫩度方法是借助于仪器（剪切仪或质构仪）来衡量其切断力，又称剪切力，单位为 kg/cm^2。

嫩度测定的步骤：

①取肉样：取外脊（前端部分）200g，修成 6cm×3cm×3cm 的肉样；

②将肉样置于恒温水浴锅加热，用针式温度计测定肉样中心温度，当达 70℃ 时，保持恒温 20min；

③ 20min 后取出，在室温条件下测定；

④用直径 1.27cm 的取样器，沿肌肉束走向取肉柱 10 个；

⑤将肉柱置剪切仪上剪切，记录每个肉柱被切断时的剪切值（用 kg/cm^2 表示）；

⑥计算 10 个肉柱的平均剪切值，即为该肉样的嫩度。

5. pH 宰后 24h 内肌肉的酸碱度。在屠宰后 45～60min 内，用 pH 测定仪在 12～13 肋间测背最长肌 pH，待读数稳定 5s 以上，记录 pH（即 pH_0）。在 4℃ 下，将胴体冷却 24h 后，在相同位置测定 pH 并记录（即 pH_{24}）。

6. 肌肉系水力 用滴水损失法或加压法测定。

（1）滴水损失法 指不施加任何外力，只受重力作用下，蛋白质系统的液体损失量。具体测定方法：宰后 2h，取第 12～13 肋间处眼肌，剔除眼肌外周的脂肪和筋膜，顺肌纤维走向修成长宽高为 5cm×3cm×2cm 的肉条，称重。用细铁丝钩住肉条的一端，使肌纤维垂直向下，悬挂于食品袋中央（避免肉样与食品袋壁接触）；然后用棉线将食品袋口与吊钩一起扎紧，在 0～4℃ 条件下吊挂 24h 后，取出肉条并用滤纸轻轻拭去肉样表层汁液后称重，并按下式计算。

滴水损失 = [（吊挂前肉条重 − 吊挂后肉条重）/ 吊挂前肉条重] × 100%

（2）加压法 当外力作用于肌肉上，肌肉保持其原有水分的能力，称为肌肉系水力或持水性，可利用质构仪测定。

具体测定方法：

①质构仪换上压力片，设置程序参数：压力重量 25kg，挤压时间 300s；

②宰后 2h，取第 12～13 肋间处眼肌，修成边长约为 2cm 的立方体肉样，用分析天平称重，记下挤压前重量 $M1$；

③肉样上下各放 8～10 张滤纸，放到支承座上；

④开始挤压，由于滤纸比较松，压力会缓慢升到 25kg 的重量并保持 300min，一个肉样一般需要 6min 左右；

⑤挤压结束后，取出肉样，揭去两侧粘的滤纸，然后放入分析天平上称重，记下挤压后重量 $M2$；

⑥挤压前重与挤压后重之差占挤压前肉样重的百分比即为系水力，计算公式为：

$$肌肉系水力 = (M1 - M2)/M1 \times 100\%$$

7. 以上内容对应表 5-2-8。

(九) 牛乳用性能测定登记

调查 1 胎、2 胎、3 胎及以上的母牛，每个胎次调查 20 头以上。牦牛可测定 5—9 月 153d 挤奶量，泌乳高峰期日挤奶量。

1. 泌乳期总产奶量　指母牛一个泌乳期内的产奶总量，单位为 kg，并注明泌乳期长度（d）。可人工测量或挤奶设备自动计量。

2. 305d 产奶量　通常用于荷斯坦牛和娟姗牛品种。指从产犊日到第 305 个泌乳日的总产奶量（kg）。泌乳天数不足 305d 时，按实际产奶天数的产奶量计算；泌乳天数超过 305d 时，只取 305d 的实际产奶量。

3. 乳脂率　指乳中脂肪含量的百分率，为一个泌乳期的多次测定计算的平均数。原则上要求每个泌乳期测定 5 次以上。按照 DHI 实验室测定的规程采样。

4. 乳蛋白率　指乳中蛋白含量的百分率，为一个泌乳期的多次测定计算的平均数。原则上要求每个泌乳期测定 5 次以上。采样要求同上。

5. 干物质率　指除去水分之后物质的百分率，为一个泌乳期的多次测定计算的平均数。原则上要求每个泌乳期测定 5 次以上。采样要求同上。

6. 乳糖率　指乳中糖分含量的百分率，为一个泌乳期的多次测定计算的平均数。原则上要求每个泌乳期测定 5 次以上。采样要求同上。

7. 以上内容对应表 5-2-9。

(十) 牛繁殖性能登记

1. 初情期　指母牛第一次发情并排卵的月龄。

2. 初配年龄　指母牛或公牛适于初次配种时的月龄。

3. 初产年龄　指母牛头胎产犊时的月龄。

4. 发情周期　指母牛自前一次发情开始至本次发情开始之间的时间长度。单位为天（d）。

5. 妊娠期　指母牛受孕至分娩的时间跨度，亦称怀孕期。

6. 产犊间隔　指上一次产犊与本次产犊之间的间隔时间。单位为天（d）。

7. 情期受胎率　指配种后妊娠母畜数占配种情期数的百分比，可分为第一情期受胎率和总情期受胎率。计算公式为：（妊娠母牛头数 / 配种情期数）× 100%。

8. 年总繁殖率　计算公式为：（年实繁母牛头数 / 年应繁母牛头数）× 100%。

9. 精子密度　单位体积精液中的精子数，单位为亿个 /mL。

10. 精子活力　在 37℃ 环境下前进运动精子占总精子数的百分率。

11. 以上内容对应表 5-2-10。

(十一) 牛遗传资源影像材料

1. 每个品种成年公牛、成年母牛和群体照片各 2 张；如有不同品系（或不同类型）的品种，每个品系或类型成年公牛、成年母牛和群体各 2 张；如有特殊体型外貌特征的品种，成年公牛、成年母牛典型特殊体型外貌特征照片各 2 张。照片示例见附件 5-2-2（牛照片示例）。

2. 对特殊地理条件下形成和育成的品种，附上能反映当地地理环境的照片 2 张以上。

3. 拍摄和保存要求

（1）照片用数码相机拍摄，图像的精度 800 万像素以上，照片大小在 1.2MB 以上。

（2）以 .jpg 格式保存，不对照片进行编辑。

（3）照片正面不携带年月日等其他信息。

（4）个体照片文件用"品种名称 + 年龄 + 性别 + 顺序号"命名，典型特殊体型外貌特征照片文件用"品种名称 + 年龄 + 性别 + '外貌特征' + 顺序号"命名，群体照片用"品种名称 + '群体' + 顺序号"命名，同时附相关 word 文档，对每张照片的品种名称、年龄、性别、拍摄日期、拍摄者姓名、饲养者名称及拍摄地点等进行详细说明。

（5）视频资料要能反映品种所处的自然生态环境、群体概貌、品种特征、饲养方式等。

视频格式：每个视频时长不超过 5min，尽量在 3min 以内（大小不超过 80MB）。视频格式应为 MP4 格式。

4. 以上内容对应表 5-2-11。

附件 5-2-1

牛遗传资源图示

近牛：深黄褐、白带；
远牛：黑、白带

黑、白背、尾长及
飞节、大尾帚

深黄褐、白头

黑、白背、尾长
及后管下段

灰、白头、长覆
毛（有底绒）

红、全色

尾长及后管、大尾帚

黑、白花

红、全色、角色黑褐、角形
"小圆环"

黑、白花、角色黑褐

黑、全色、角色黑褐、
角形"大圆环"

浅黄褐、鳌毛

浅黄褐、鬃毛、
"倒八字"角

深黄褐、晕毛、
鼻镜粉色

深黄褐、鬃毛、
耳端尖

浅黄褐、局部淡化、
鼻镜黑褐

深黄褐、有季节性
黑癍

深黄褐、晕毛、
鼻镜黑色

灰、白胸月、
白袜子

红、全色、大肩峰、
小胸垂

黑、白花

白、晕毛、大肩峰、大
胸垂、大脐垂、耳型半
下垂、耳壳薄、耳端尖

红、白背、鬃毛

红、白花、小肩峰、
小胸垂、大脐垂、耳
型半下垂、耳端尖

附件 5-2-2

牛照片示例

扫码看彩图

一、成年公牛

| 头部 | 侧面 | 后面 |

二、成年母牛

头部　　　　　　　　　　　侧面

后面　　　　　　　　群体照片

表 5-2-1　牛遗传资源概况表

省级普查机构：＿＿＿＿＿＿＿＿＿＿＿＿

品种（类群）名称			其他名称	
品种类型	地方品种 □	培育品种 □		引入品种 □
经济类型	肉用 □　乳用 □	乳肉兼用 □		其他：＿＿＿＿＿
品种来源及形成历史				
中心产区				
分布地域				

			种公牛（头）	
群体数量（头）		其中	能繁母牛（头）	

自然生态条件	地貌、海拔与经纬度					
	气候类型					
	气温	年最高		年最低		年平均
	年降水量					
	无霜期					
	水源土质					
	耕地及草地面积					
	主要农作物、饲草料种类及生产情况					

消长形势	

（续）

分子生物学测定	
品种评价	
资源保护情况	
开发利用情况	
饲养管理情况	
疫病情况	

注：此表由该品种分布地的省级普查机构组织有关专家填写。

填表人（签字）：_____　电话：_____　日期：_____年____月____日

表 5-2-2 牛体型外貌特征个体登记表

地点：_____省（自治区、直辖市）_____市（州、盟）_____县（市、区、旗）_____乡
（镇）_____村 场名：_____ 联系人：_____ 联系方式：_____
品种（类群）名称：_____ 性别：_____

个体号（防疫号）			年龄（月）	

形态特征	头 型：短宽（额广，鼻梁短）□ 长窄（额窄，鼻梁长）□ 角 的 有 无：无□（天然无角□ 人工去角□） 有□（龙门□ 倒八字□ 萝卜角/毛笋角□ 短钝角□ 铃铛角□ 大圆环□ 小圆环□ 其他_____） 肩 峰：高□ 低□ 无□ 颈垂、胸垂：大□ 小□ 无□ 脐 垂：大□ 小□ 无□ 尻 形：短□ 长□ 斜□ 平□ 臀端宽□ 臀端窄□ 尾 帚：小□ 大□ 尾 长：飞节以下□ 飞节以上□
毛色、鼻镜色、角色	基 础 色：紫红/枣红□ 棕红□ 深黄褐□ 金□ 草黄□ 黑□ 灰□ 白□ 其他_____ 白 斑：无□ 有□（白花□ 白头□ 白额□ 白腹□ 白带□ 白背□ 白胸月□ 白袜子□） 局 部 淡 化：无□ 有□（四肢内侧□ 下腹□ 耳内侧□ 眼圈□ 嘴圈□） 鬐 毛：是□ 否□ 沙 毛：是□ 否□ 晕 毛：是□ 否□ 季节性黑斑：有□ 无□ 鼻 镜 色：粉□ 色斑□ 黑褐□ 角 色：蜡色□ 黑褐□ 黑褐纹□ 蹄 色：蜡色□ 黑褐条斑□ 黑褐□
被毛形态及分布	长 短：贴身短毛□ 长毛□ 长覆毛有底绒□ 额部长毛：无□ 有□ （长度描述_____） 局部卷毛：无□ 有□ 部位（前额□ 体躯□ 其他_____）
母牛乳房发育情况	前后乳区发育均匀性：前后均匀□ 前后不均匀（前吊□ 后吊□） 副乳头：无□ 有□

注：该表为个体现场评定表，由承担测定任务的保种单位（养殖场）和有关专家填写。对被选
择评定的个体，应牵引至平坦地面处，人工辅助站稳并使其呈正常站立姿势。
填表人（签字）：_____ 电话：_____ 日期：_____年___月___日

表 5-2-3　牛体型外貌特征群体汇总表

地点：＿＿＿＿省（自治区、直辖市）＿＿＿＿市（州、盟）＿＿＿＿县（市、区、旗）＿＿＿＿乡（镇）＿＿＿＿村　场名：＿＿＿＿＿＿＿＿　联系人：＿＿＿＿＿＿＿＿＿　联系方式：＿＿＿＿＿＿＿＿＿＿＿

品种（类群）名称：＿＿＿＿＿＿＿＿＿＿＿＿＿＿＿＿＿＿＿＿＿＿＿＿

整体结构	
毛色、蹄色、角色	
被毛形态	
头部特征与类型	
躯干特征	
四肢、尾部	
母牛乳房发育情况	
其他特殊性状	

注：该表为群体特征调查汇总表，由承担测定任务的保种单位（养殖场）和有关专家基于但不限于个体登记表，结合《中国畜禽遗传资源志·牛志》和实际情况填写。

填表人（签字）：＿＿＿＿＿＿＿＿　电话：＿＿＿＿＿＿＿＿　日期：＿＿＿＿年＿＿＿月＿＿＿日

表5-2-4 牛体尺体重测定登记表

地点：＿＿＿＿省（自治区、直辖市）＿＿＿＿市（州、盟）＿＿＿＿县（市、区、旗）＿＿＿＿乡（镇）＿＿＿＿村

场名：＿＿＿＿　联系人：＿＿＿＿　联系方式：＿＿＿＿

品种（类群）名称：＿＿＿＿　性别：＿＿＿＿（公、母牛分开填报）

序号	个体号	年龄	鬐甲高 (cm)	十字部高 (cm)	体斜长 (cm)	胸围 (cm)	腹围* (cm)	管围 (cm)	胸宽* (cm)	坐骨端宽* (cm)	体重 (kg)	母牛妊娠状况
平均数±标准差												

注：1.该表为个体实测表，由承担测定任务的保种单位（养殖场）和有关专家填写。测定指标包括必填项和选填项。必填项为：鬐甲高、十字部高、体斜长、胸围、管围。选填项为：腹围、胸宽、坐骨端宽等。统计结果保留小数点后一位。2.母牛妊娠状况可填写空怀、妊娠前期、妊娠中期、妊娠后期。3.牤牛只测定体高、体长、胸围、管围。

填表人（签字）：＿＿＿＿　电话：＿＿＿＿

日期：＿＿＿＿年＿＿月＿＿日

表 5-2-5　牛生长发育登记表

地点：_____ 省（自治区、直辖市）_____ 市（州、盟）_____ 县（市、区、旗）_____ 乡（镇）_____ 村　场名：_____　联系人：_____　联系方式：_____

品种（类群）名称：_____测定阶段：初生重 □、6 月龄 □、12 月龄 □、18 月龄 □、30 月龄 □

序号	个体号	性别	测定阶段体重	序号	个体号	性别	测定阶段体重
平均数 ± 标准差				平均数 ± 标准差			

注：该表为实测和（或）调查表，由承担测定任务的保种单位（养殖场）和有关专家填写。初生重可根据实测和（或）档案资料填写。统计结果保留小数点后一位。30 月龄阶段体重为牦牛品种必填，其他牛不需要填写。

填表人（签字）：_____　电话：_____　日期：_____ 年 ___ 月 ___ 日

表 5-2-6　牛育肥性状登记表

地点：_____省（自治区、直辖市）_____市（州、盟）_____县（市、区、旗）_____乡
（镇）_____村　场名：_____　联系人：_____　联系方式：_____
品种（类群）名称：_____　育肥形式：直线育肥 □　强度育肥 □　放牧 / 未育肥 □

序号	个体号	性别	年龄	初测日期	终测日期	初测体重（kg）	终测体重（kg）	日增重（kg）
平均数 ± 标准差								

注：该表为选填表，由承担测定任务的保种单位（养殖场）和有关专家根据实际测定结果和（或）档案资料填写。统计结果保留小数点后一位。

填表人（签字）：_____　电话：_____　　　　日期：_____年___月___日

表 5-2-7　牛屠宰性能登记表

地点：＿＿＿＿省（自治区、直辖市）＿＿＿＿市（州、盟）＿＿＿＿县（市、区、旗）＿＿＿＿乡（镇）＿＿＿＿村

场名：＿＿＿＿　　　　联系人：＿＿＿＿　　　　联系方式：＿＿＿＿

品种（类群）名称：＿＿＿＿

序号	个体号	性别	屠宰月龄	育肥形式	宰前活重（kg）	胴体重（kg）	净肉重（kg）	骨重（kg）	肋骨对数	眼肌面积（cm²）	屠宰率（%）	净肉率（%）	肉骨比	备注
平均数±标准差														

注：1. 该表为个体实测表，适用于肉用和兼用牛品种。由承担测定任务的保种单位（养殖场）和有关专家填写。统计结果保留小数点后一位。2. 育肥形式填写直线育肥、强度育肥、放牧/未育肥。3. 备注中标明胴体重为热胴体或冷胴体。

填表人（签字）：＿＿＿＿　　　　电话：＿＿＿＿　　　　日期：＿＿＿＿年＿＿月＿＿日

表 5-2-8 牛肉质性状登记表

地点：_____省（自治区、直辖市）_____市（州、盟）_____县（市、区、旗）_____乡（镇）_____村

场名：_____ 联系人：_____ 联系方式：_____

品种（类群）名称：_____

序号	个体号	性别	屠宰月龄	育肥形式	肌肉大理石花纹	肉色				脂肪颜色	嫩度 (kg/cm²)	pH		肌肉系水力 (%)	
						目测法	L	a	b			pH_0	pH_{24}	滴水损失法	加压法
平均数±标准差															

填表人（签字）：_____ 电话：_____

日期：____年____月____日

注：1. 该表为选填表，由承担测定任务的保种单位（养殖场）和有关专家填写。统计结果保留小数点后一位。2. 育肥形式填写直线育肥、强度育肥、放牧/未育肥。

表 5-2-9　牛乳用性能测定登记表

地点：_____　省（自治区、直辖市）_____　市（州、盟）_____　县（市、区、旗）_____　乡（镇）_____　村

场名：_____　联系人：_____　联系方式：_____

品种（类群）名称：_____

序号	个体号	出生日期	胎次	产犊日期	泌乳期天数	泌乳期总产奶量（kg）	泌乳高峰期日产奶量（kg）	305d 产奶量*（kg）	乳脂率（%）	乳蛋白率（%）	乳糖率*（%）	干物质率*（%）
平均数 ± 标准差												

注：该表为调查表，乳用牛、乳肉兼用牛和具有乳用价值的牛品种必填。由承担测定任务的保种单位（养殖场）和有关专家根据生产和档案记录统计填写。标 * 的为选填项。统计结果保留小数点后一位。

填表人（签字）：_____　电话：_____　日期：_____年__月__日

表 5-2-10 牛繁殖性能登记表

地点：_____省（自治区、直辖市）_____市（州、盟）_____县（市、区、旗）_____乡（镇）_____村 场名：_____ 联系人：_____ 联系方式：_____
品种（类群）名称：_____

母牛	初情期			
	初配年龄			
	初产年龄			
	发情周期（d）			
	妊娠期（d）			
	产犊间隔（d）			
	情期受胎率（%）			
	年总繁殖率（%）			
公牛	性成熟年龄			
	初配年龄			
	配种方式	本交　□	公母比例	
		人工授精□	采精量[*]（mL）	
			精子密度[*]（亿个/mL）	
			精子活力[*]	
	利用年限（a）			

注：1. 该表为群体调查表，由承担测定任务的保种单位、养殖场和有关专家填写。此表中的指标填写范围值或平均数。2. 配种方式为本交的，公母比例必填；配种方式为人工授精的，选填采精量、精子密度和精子活力。性成熟年龄等指标根据实际情况填写。

填表人（签字）：_____ 电话：_____ 日期：_____年___月___日

表 5-2-11　牛遗传资源影像材料

地点：_____省（自治区、直辖市）_____市（州、盟）_____县（市、区、旗）_____乡
（镇）_____村　场名：_____　联系人：_____　联系方式：_____
品种（类群）名称：_____

成年公牛正侧面 照片 2 张	成年公牛头部 照片 2 张	成年公牛后部 照片 2 张	成年群体 1 张
成年母牛正侧面 照片 2 张	成年母牛头部 照片 2 张	成年母牛后部 照片 2 张	成年群体 1 张
视频资料 1		视频资料 2	

注：每个品种成年公牛、成年母牛、群体照片、视频资料各 2 套。

拍照人（签字）：_____　电话：_____　日期：_____年___月___日

三、羊遗传资源系统调查

（一）羊遗传资源概况

1. 品种（类群）名称　按《国家畜禽遗传资源品种名录（2021 年版）》和《中国畜禽遗传资源志·羊志》填写，新发现的羊遗传资源和新培育的羊品种按有关规定填写。

2. 其他名称　填写该品种的曾用名、俗名等。

3. 品种类型　根据《国家畜禽遗传资源品种名录（2021 年版）》填写地方品种、培育品种或引入品种。

4. 经济类型　按照品种的实际用途选择填写，可以多选。如有其他用途的，请在"其他"选项中标明。

5. 品种来源及形成历史　根据品种类型填写。地方品种填写（原）产地及形成历史；培育品种填写培育地、培育单位及育种过程、审定时间、证书编号；引入品种填写主要的输出国家以及引种历史等。

6. 中心产区　该品种在本省的主要分布区域，且存栏量占本省该品种存栏量的 20% 以上。可填写至县级。

7. 分布区域　按照 2021 年普查结果填写。

8. 群体数量及种公羊、基础母羊　根据 2021 年全国畜禽遗传资源普查信息系统的结果填写。

9. 自然生态条件　地方品种填写原产地的自然生态条件，分布在原产地之外的地方品种和培育品种、引入品种填写中心产区的自然生态条件。

（1）地貌　在山地、盆地、丘陵、平原、高原中选择，可多选。

（2）海拔　填写产区范围内的海拔高度，单位为米（m）。如：××～××m。

（3）经纬度　产区范围，东经 ××°××′—××°××′；北纬 ××°××′—××°××′。

（4）气候类型　在热带雨林气候、热带草原气候、热带季风气候、热带沙漠气候、亚热带季风和湿润气候、地中海气候、温带季风气候、温带海洋性气候、温带大陆性气候、亚寒带针叶林气候、高原山地气候中选择，可多选。

（5）气温　单位为摄氏度（℃）。

（6）年降水量　正常年年均降水量，单位为毫米（mm）。

（7）无霜期　年均总天数；时间：××—×× 月。

（8）水源土质　产区流经的主要河流等。

（9）耕地及草地面积。

（10）主要农作物、饲草料种类及生产情况。

10. 消长形势　描述近 15 年数量规模变化，品质性能变化，以及遗传多样性变化情况。

11. 分子生物学测定　指该品种是否进行过生化或分子遗传学相关测定，如有，需填写测定单位、测定时间和行业公认的代表性结果；如没有，可填写无。

12. 品种评价　填写该品种遗传特点、优异特性、可供研究开发的主要方向。

13. 资源保护情况　填写该品种是否制订保种和利用计划，是否设有保护区、保种场，如有，需要填写具体情况，包括保种场（保护区）名称、级别、群体数量。填写是否建立了品种登记制度，如有，需要填写开始时间和负责单位。

14. 开发利用情况　包括但不限于纯繁生产、杂交利用、新品种（系）培育、品种标准（注明标准号），以及产品开发、品牌创建、农产品地理标志等。

15. 饲养管理情况　填写饲养方式，如圈养、全年放牧、季节性放牧、补饲情况等，管理难易，适应性，饲料组成，如全价颗粒料、配合料或草料结合等。

16. 疫病情况　填写调查该品种原产地或中心产区的流行性传染病和寄生虫病发生情况，以及该品种易感和抗病情况。

17. 以上内容对应表5-3-1。

（二）羊体型外貌个体登记

测定数量：成年公羊20只以上，成年母羊60只以上。

1. 观察要求　现场调查前调查者要查阅相关文献资料，进一步了解所属品种类型的体型外貌特征，熟悉被调查品种的典型特征。现场调查时，调查者与羊只保持3～4m的距离，从羊只的正面、侧面和后面进行观察，然后令羊只走动进一步观察，取得概括认知后，再走近羊只，细致审查。

2. 毛色　指羊只被毛颜色，主要有全白、全黑、全褐、头黑、头颈黑、头褐、头颈褐、体花、其他等。

3. 肤色　主要有白、黑、褐、青、粉、其他等。

4. 形态特征

（1）头型　指羊只头大小及形状。

（2）耳型　主要有大、小、直立、下垂等。

（3）角型　绵羊主要有无角、螺旋形角、姜角（小角）等。山羊主要有弓形角、镰刀形角、对旋角、直立角、无角等。具体形状可参考附件5-3-1（羊角部特征图示）。

（4）鼻部　主要分为隆起、平直、凹陷。

（5）颈部　主要分为粗、细、长、短，有无肉垂，有无皱褶等。

（6）体躯　主要指胸部是否宽深，肋弓是否开张，背腰是否平直，尻部形状等。

（7）四肢　主要指四肢的长短粗细。

（8）蹄色和蹄质　主要指蹄的颜色和质地坚实程度。

（9）尾型 绵羊主要分为长瘦尾、短瘦尾、长脂尾、短脂尾、肥臀。山羊均为短瘦尾。具体形状可参考附件 5-3-2（羊尾部特征）。

5.公羊睾丸发育情况 包括睾丸大小、质地、两侧睾丸是否大小一致、是否有隐睾等。

6.母羊乳房发育情况 包括乳房大小、乳头长短及均匀情况、是否有附乳头等。

7.其他特殊性状 该品种存在的其他独特性状。

8.以上内容对应表 5-3-2。

（三）羊体型外貌群体登记

1.毛色、肤色 被毛颜色及肤色。

2.头颈部 分为头型、耳型、角型、鼻部、颈部。

3.躯干四肢 分为体躯、四肢、蹄色与蹄质、尾型。

4.公羊睾丸和母羊乳房发育情况 根据公羊睾丸发育情况和母羊乳房发育情况填写。

5.其他特征特性 如果该品种存在其他独特性状，未在上面列出的内容里，请用文字描述。

6.以上内容对应表 5-3-3。能够定量的，填写不同类型的占比。若有不同类型的外貌特征，请注明各类型所占比例。

（四）羊体尺体重登记

测定数量为成年公羊 20 只以上，成年母羊 60 只以上。每个家系至少测定成年公羊 3 只，如果家系情况不明，随机测定。

1.体重 羊只早上空腹时的活重，成年母羊测定空怀时的体重，以千克（kg）表示。

2.体高 用测杖测得的鬐甲最高点至地面的垂直距离，以厘米（cm）表示。

3.体长 即体斜长，用测杖测得的肩端前缘至臀端后缘的直线距离，以厘米（cm）表示。

4.胸围 用软尺测得的肩胛后缘处躯体的垂直周径，以厘米（cm）表示。

5.管围 用软尺测得的左前肢管部上 1/3 最细处的水平周径，以厘米（cm）表示。

6.尾长 脂尾羊从第一尾椎前缘到尾端的距离，以厘米（cm）表示。

7.尾宽 脂尾羊尾幅最宽处测得的水平距离，以厘米（cm）表示。

8.尾周长 脂尾羊尾幅最宽处测得的水平周长，以厘米（cm）表示。

9.饲养方式 包括"舍饲""放牧＋补饲""放牧"等。

10.以上内容对应表 5-3-4。

（五）羊生长发育登记

测定阶段：初生、断奶、6 月龄和 12 月龄。

测定数量：初生、断奶需测定公、母羊各 60 只以上，6 月龄、12 月龄需测定公羊 20 只、母羊 60 只以上。

1. 初生重　羔羊出生后 1h 内吃初乳前的活重，以千克（kg）表示。

2. 断奶、6 月龄和 12 月龄时的体重　羊只早上空腹时的活重，以千克（kg）表示。

3. 饲养方式　包括"舍饲""放牧 + 补饲""放牧"等。

4. 以上内容对应表 5-3-5。

（六）羊屠宰性能登记

测定数量：6 月龄或 12 月龄的公羊、母羊各 15 只。

待测羊只宰前 24h 禁食，保持安静的环境和充足的饮水，宰前 2h 禁水后称羊只活重，颈动脉充分放血，剥皮后自第一颈椎与枕骨大孔间环割去头，前肢腕关节和后肢飞节以下部位卸蹄，顺腹中线开膛，取出内脏（保留肾脏及肾脂）后进行测定和计算有关指标。其中，净肉重用左半胴体进行测定。

1. 宰前活重　待测羊只宰前禁食 24h、禁水 2h 后称得的羊只活重，以千克（kg）表示。

2. 胴体重　将待测羊只屠宰后，去皮、头、蹄以及内脏（保留肾脏及肾脂），静置 30min 后称得的重量为胴体重，以千克（kg）表示。

3. 屠宰率　胴体重占宰前活重的百分数。计算公式：

$$屠宰率 = \frac{胴体重}{宰前活重} \times 100\%$$

4. 净肉重　将胴体上的肌肉、脂肪、肾脏剔除后称量骨重，并以胴体重与骨重差值作为净肉重。要求在剔肉后的骨上附着的肉量及耗损的肉屑量不能超过 1%。

5. 净肉率　净肉重占宰前活重的百分比。计算公式：

$$净肉率 = \frac{净肉重}{宰前活重} \times 100\%$$

6. 胴体净肉率　净肉重占胴体重的百分比。计算公式：

$$胴体净肉率 = \frac{净肉重}{胴体重} \times 100\%$$

7. 眼肌面积　指胴体第 12 ～ 13 肋骨之间眼肌（背最长肌）的横切面积。一般用硫酸绘图纸描绘出胴体眼肌横切面的轮廓，再用求积仪计算出面积，以平方厘米（cm²）表示。如无求积仪，准确测量眼肌轮廓的高度和宽度，用以下公式估测眼肌面积：

$$眼肌面积（cm^2）= 眼肌高度 × 眼肌宽度 × 0.7$$

8. GR 值　指胴体第 12 ～ 13 肋骨之间，距背脊中线 11cm 处的组织厚度，作为代表胴体脂肪含量的标志（图 5-3-1），以毫米（mm）表示。用游标卡尺测量。

9. 背脂厚　指胴体第 12 ～ 13 对肋骨之间眼肌中部正上方脂肪厚度（图 5-3-2），以毫米（mm）表示。用游标卡尺测量。

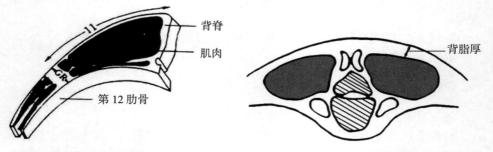

图 5-3-1　GR 值测定部位　　　　　　图 5-3-2　背脂厚的测定部位

10. 尾重　从胴体第一尾椎前缘割尾后称得的尾部重量，单位为克（g）。

11. 饲养方式　指"舍饲""放牧 + 补饲""放牧"等。

12. 以上内容对应表 5-3-6。

（七）羊肉品质登记

测定数量：6 月龄或 12 月龄公羊、母羊各 15 只。

1. 肉色　用色差仪测定背最长肌的亮度 L、红度 a 和黄度 b。测定部位为胸腰椎结合处背最长肌，将样品修整为 3cm 厚放置在操作台上，在平整的肌肉切面上随机选择 1 个点测定肉色后旋转样品 45° 再测定 1 次，然后再旋转样品 45° 测定 1 次，即每个点测 3 次。共测 3 个点，即 3 个平行样。3 个平行样测定结果偏差应小于 5%。

2. pH　利用肉用 pH 计测定背最长肌的 pH。每个肉样测 2 个平行，每个平行测定 2 次。2 个平行样测定结果偏差应小于 5%。

3. 滴水损失　取胸腰椎结合处背最长肌，剔除表面脂肪和结缔组织，沿肌纤维走向将肉块修整为 5cm×3cm×2cm 的长条，用 S 形挂钩挂住肉条一端，悬挂于一次性透明塑料杯内，保证在静置状态下肉块不与杯壁接触。然后将塑料杯置于 7 号自封袋内（规格为 20cm×14cm），使 S 形挂钩上端露出袋口，将袋沿封口封好，置于 0 ～ 4℃冰箱中保存 24h。若冰箱有挂架，用 S 形挂钩上端挂于挂架，若冰箱无挂架，可将塑料杯直立于冰箱内。24h 后取出肉块，用滤纸轻轻吸干肉块表面的水分，用精度为 0.001g 的天平测定悬挂前后的肉样重量，计算滴水损失。计算公式：

$$滴水损失 = \frac{肉样挂前重 - 肉样挂后重}{肉样挂前重} \times 100\%$$

4. 熟肉率 取左侧腰大肌中段约 100g 或背最长肌 30g，剔除表面脂肪和结缔组织，将样品置于 5 号保鲜自封袋内（规格为 15cm×10cm）挤尽袋内气体后封口，放置水恒温浴锅内 100℃水浴 45min，在室温下（20℃左右）冷却 20min 后，取出样品用滤纸吸干表面水分，用精度 0.001g 的天平测定蒸煮前后肉样重量。计算公式：

$$熟肉率 = \frac{肉样蒸后重}{肉样蒸前重} \times 100\%$$

5. 剪切力 取背最长肌剔除表面脂肪与结缔组织，修剪成约 6cm×3cm×3cm 的肉样，将样品置于 5 号保鲜自封袋内（规格为 15cm×10cm）挤尽袋内气体后封口，放入恒温水浴锅 80℃水浴 1h，取出肉样吊挂于阴凉干燥处，室温（20℃左右）放置 20min。用直径 1.27cm 的圆形取样器沿肌纤维方向取中心部肉样，修剪为 1.5cm×1cm×1cm 测试样块，不少于 6 块，然后用质构仪测定剪切力，单位以牛顿（N）表示。

6. 特殊品质描述 已有指标不能反映的特有肉品质。

7. 饲养方式 主要指"舍饲""放牧 + 补饲""放牧"等形式。

8. 以上内容对应表 5-3-7。

（八）羊产毛性能登记

毛用、毛肉兼用、肉毛兼用型羊品种产毛性状为必测性状。数量要求：成年公羊 20 只、母羊 60 只。

1. 剪毛量 从羊个体上剪下全部羊毛的重量，单位为克（g）。

2. 净毛量 将原毛进行洗涤，除去油汗和杂质后的羊毛纤维重量，单位为克（g）。

3. 净毛率 从体侧采毛样 150g，选用碱性或中性洗毛液，按程序洗毛，洗净的羊毛放进烘箱中以（105±2）℃的温度烘 1.5 ～ 2h，第一次称重，以后每隔 30min 称重 1 次，直至恒重为止。计算净毛率：

$$Y = \frac{C \times (1+R)}{G} \times 100\%$$

式中：Y 为净毛率（%）；C 为净毛绝对干重（g）；R 为标准回潮率（%）；G 为原毛重（g）。

注：标准回潮率按细羊毛 17%、半细羊毛 16%、异质毛 15%。

也可以使用全天候便携式毛绒细度长度快速检测仪，测定时打开羊毛夹板，将毛绒样品排列在夹板上，卡入快速检测仪检测位置后启动仪器自动检测，记录净毛率数据。

4. 羊毛长度 指羊毛自然长度。测定时，轻轻将体侧羊毛分开，保持羊毛的自然状态，用有毫米刻度单位的钢直尺测量其自然长度，单位为厘米（cm）。

5. 毛纤维直径 采取体侧取毛样 15g 进行测定。可以使用全天候便携式毛绒细度长度快速检测仪，测定时打开羊毛夹板，将毛绒样品排列在夹板上，卡入快速检测仪检测位置后启动仪器自动检测，记录数据。也可以填写采样卡，与毛样一并装入采样袋中带回实验室，采用纤维直径光学分析仪法进行检测。

6. 伸直长度 指将羊毛纤维拉伸至弯曲刚刚消失时的两端的直线距离，单位为厘米（cm）。

7. 弯曲数 在受测羊只鉴定部位，分开毛被向两边轻轻按压并使毛保持自然状态，测量毛纤维中部 2.5cm 内弯曲数量，并除以 2.5，计算出单位厘米内的弯曲数。

8. 油汗含量、油汗颜色 在受测羊只鉴定部位，检测羊毛中油汗的含量及油汗的颜色。油汗含量可分为过多、较少、适中。油汗颜色包括白色、乳白色、淡黄色、深黄色。采用目测法。

9. 羊毛颜色 羊毛颜色主要是白色，但也有其他颜色。检测分为目测和机测两种。机测评价时，参照 GB/T 3134 羊毛颜色测定方法，在实验室清除毛样中的杂质等，放入分光色度仪或者分光光度计，进行扫描，计算。

10. 以上内容对应表 5-3-8。

（九）地毯毛羊产毛性能登记

地毯毛羊品种产毛性状为必测性状。和田羊必测，藏系绵羊（藏羊、欧拉羊等）品种可参照执行。测定数量：成年公羊 20 只、母羊 60 只。

1. 剪毛量 从羊个体上剪下全部羊毛的重量，单位为克（g）。

2. 净毛率 从体侧采毛样 150g，带回实验室。选用碱性或中性洗毛液，按程序洗毛，洗净的羊毛放进烘箱中以（105±2）℃的温度烘 1.5 ~ 2h，第一次称重，以后每隔 30min 称重 1 次，直至恒重为止。计算净毛率：

$$Y = \frac{C \times (1+R)}{G} \times 100\%$$

式中：Y 为净毛率（%）；C 为净毛绝对干重（g）；R 为标准回潮率（%）；G 为原毛重（g）。

注：标准回潮率按细羊毛 17%、半细羊毛 16%、异质毛 15%。

也可以使用全天候便携式毛绒细度长度快速检测仪，测定时打开羊毛夹板，将毛绒样品排列在夹板上，卡入快速检测仪检测位置后启动仪器自动检测，记录净毛率数据。

3. 毛纤维平均直径　从体侧取毛样 15g 进行测定。可以使用全天候便携式毛绒细度长度快速检测仪，测定时打开羊毛夹板，将毛绒样品排列在夹板上，卡入快速检测仪检测位置后启动仪器自动检测，记录数据。也可以填写采样卡，与毛样一并装入采样袋中带回实验室，采用纤维直径光学分析仪法进行检测。

4. 绒层厚度　在体侧用有毫米刻度单位的钢直尺测量绒层底部至绒层顶端之间的距离，单位为厘米（cm）。

5. 毛辫长度　用有毫米刻度单位的钢直尺测量毛辫底部至毛辫顶端之间的距离，单位为厘米（cm）。

6. 抗压缩弹性　从洗净和晾干的毛样中，多点抽出基本上等量的羊毛混合为不少于 10g 的试验试样，然后利用梳毛辊筒从试验试样中梳理出 1 个重量为（2.500±0.001）g 的毛团，经过调湿后放入标准大气中［室温（20±2）℃，相对湿度（65±4）%］并使其保持平衡。使用抗压缩弹性仪进行测试。

7. 纤维类型含量　从羊只活体取样或在完整的套毛的背部和肩部、股部、体侧的任意一侧，各取 3 个毛丛，重量约为 10g，经洗净后作为试样，充分混匀后，用纤维切片器，或双刀片切取长度为 0.4～0.8mm 的纤维，放入玻璃器皿内，滴入适量液体石蜡，用镊子搅拌均匀后，置适量试样于载玻片上，轻盖盖玻片。每个试样制 1 个片子。将载有试样的载玻片放到显微投影仪的载物台上，放大 500倍，逐根检量记录，每个片子检量总根数约 1 000 根，分别记录无髓毛、有髓毛、两型毛、死毛的根数，投影屏幕内纤维长度不足 25mm 者不计数。按下式计算某一类纤维根数百分数：

$$N = \frac{N_1}{N_0} \times 100\%$$

式中：N 为某类纤维根数百分数，% ；N_1 为某类纤维根数，单位为根；N_0 为各类纤维根数总和，单位为根。

以单次测试结果作为该样品的结果，保留两位小数。

8. 地毯毛颜色　可目测和机测。机测评价时，参照 GB/T 3134 羊毛颜色测定方法，在实验室清除毛样中的杂质等，放入分光色度仪或者分光光度计，进行扫描计算。

9. 以上内容对应表 5–3–9。

（十）羊产绒性能登记

绒用、绒肉兼用等品种产绒性状为必测性状。数量要求：周岁和成年的公羊各 20 只、母羊各 60 只。

1. 产绒量　从羊个体上抓取的或剪毛后分梳得到的全部绒的重量，单位为克（g）。

2. 手扯长度　从个体样中，用多点法随机抽取手扯长度试样 5～10 份，每份试样质量 80～100mg。将抽取的手扯长度试样，先进行初级整理，去掉较粗、较长的山羊毛和部分杂质。然后双手将试样平分，再将试样分离的两端同方向合并，紧紧握持在一只手中，另一只手拔取和整理纤维，在拔取的过程中，去除粗毛，反复整理，使其成为一端平齐、纤维自然平直、宽度约20mm的小毛束，成型后的绒束重约60mg。将绒束置于绒板上，用钢板尺量其两端不露绒板之间的长度即为试样长度，精确至0.5mm。以5～10份试样手扯长度的平均数作为最终结果。计算结果修约至整数，单位为毫米（mm）。

3. 绒伸直长度　绒纤维在充分伸直状态下两端之间的距离，称为伸直长度，即纤维伸直但不伸长时的长度。

4. 绒纤维直径　从体侧采取绒样15g进行测定。可以使用全天候便携式毛绒细度长度快速检测仪，测定时打开样品夹板，将绒样品排列在夹板上，卡入固定位置后启动仪器自动检测，填写数据。也可以填写采样卡，与毛样一并装入采样袋中带回实验室，采用纤维直径光学分析仪法进行检测。

5. 绒层厚度　在体侧用有毫米刻度单位的钢直尺测量绒层底部至绒层顶端之间的距离，单位为厘米（cm）。

6. 净绒率

方法一：可以从羊肩部采集3～5g毛绒样品，使用全天候便携式毛绒细度长度快速检测仪，测定时打开羊毛夹板，将毛绒样品排列在夹板上，卡入快速检测仪检测位置后启动仪器自动检测净绒率，记录数据。

方法二：抓取全身羊绒后，采用多点法，正反面多点抽取40个以上的试样点，试样约为150g，选用碱性或中性洗液，按程序洗，洗净的山羊绒放进烘箱中以（105±2）℃的温度烘1.5～2h，第一次称重，以后每隔30min称重1次，直至恒重为止。按下式计算净绒率：

$$Y = \frac{ms\,(100+Rs)}{150}$$

式中：Y：净绒率，%；ms：试样洗净后绝对干质量，单位为克（g）；Rs：洗净山羊绒公定回潮率，按GB/T 9994—2018中洗净毛异质毛计，Rs=15；150：从开松、混合后样品中抽取的相当于山羊原绒试样的质量，单位为克（g）。

7. 以上内容对应表5-3-10。

（十一）羊产乳性能登记

乳用羊品种产乳性状为必测性状，其他羊品种可参照执行。数量要求：各胎次（1～4胎）泌乳母羊40只以上。

1. 产乳天数　即泌乳期，是指母羊从产羔后产乳到干乳的时间段，单位为天（d）。

2. 最高日产乳量　是指泌乳期内产乳量最高的一天的产乳量，单位为千克（kg）。

3. 总产乳量　在正常饲养水平条件下，每只产乳母羊每一泌乳期的实际产乳量，单位为千克（kg）。需注明胎次。

4. 乳干物质率 指同一泌乳期第 2、5、8 个泌乳月的第 15 天的乳中干物质率测定值的平均数。

5. 乳蛋白率 指同一泌乳期的第 2、5、8 个泌乳月第 15 天的乳中乳蛋白率测定值的平均数。

6. 乳脂率 指同一泌乳期的第 2、5、8 个泌乳月第 15 天的乳中乳脂率测定值的平均数。

7. 乳糖率 指同一泌乳期的第 2、5、8 个泌乳月第 15 天的乳中乳糖率测定值的平均数。

注：乳干物质率、乳蛋白率、乳脂率、乳糖率均采用乳成分分析仪测定。在每只产奶羊泌乳期的第 2、5、8 泌乳月第 15 天采集当日混合奶样 50mL（一日两次挤奶情况下，每次采集奶样 50mL，混合均匀后采集奶样 50mL 作为当日混合奶样用于测定），用乳成分分析仪测定后记录数值，并计算平均数为所测定产奶羊的乳成分含量。

8. 以上内容对应表 5–3–11。

（十二）羊笔料毛用性能登记

长江三角洲白山羊笔料毛用性状为必测性状。其他毛用性能突出的品种可参照执行。数量要求：1 周岁以内未阉割公羊 60 只。

1. 纤维细度 从颈脊部取毛样，经洗净后，利用乙醚进行毛纤维脱脂处理，超纯水漂洗晾干后作为试样。

分离 500 根单纤维羊毛，利用纤维切片器，切取头、中、尾三段，每个试样制 1 个片子，将载有试样的载玻片放到显微投影仪的载物台上，放大 20 倍，逐根测量记录纤维细度。按下式计算纤维细度：

$$羊毛细度（\mu m）= \frac{X \times 1\,000}{N}$$

式中：X 为每根羊毛纤维头、中、尾纤维细度平均数，mm；N 为物镜倍数。

以单次测试结果作为该样品的结果，保留两位小数。

2. 纤维鳞片层观察 从颈脊部取毛样，经洗净后，分离 500 根单纤维羊毛，利用乙醚进行毛纤维脱脂处理，超纯水漂洗后晾干、喷金后作为试样，利用扫描电子显微镜观察其鳞片层结构特点。分不规则、长方形和鱼鳞形三种，记录时以"鳞 −（不规则占 80% 以上）""鳞"和"鳞 ＋（鱼鳞形占 80% 以上）"表示。

3. 纤维横断面观察 从颈脊部取毛样，经洗净后，分离 500 根单纤维羊毛，利用乙醚进行毛纤维脱脂处理，超纯水漂洗后晾干、喷金后作为试样，置入液氮中速冻后，利用纤维切片器或手术刀于中部切断，利用扫描电子显微镜观察其纤维横断面结构特点。分充满髓质、部分髓质和空髓腔三种，记录时以"有髓（有髓占 80% 以上）""两型"和"无髓（无髓占 80% 以上）"表示。

4. 毛峰 从颈脊部取毛样，经洗净后作为试样，充分混匀后，分离 500 根单纤维羊毛，在光亮处观察并记录。分无峰（或毛峰已损坏、杂色毛）、有峰头（毛峰头较粗硬）和尖峰（毛尖部细尖而透亮）三种，记录时以"峰－（无峰占 80% 以上）""峰"和"峰＋（尖峰占 80% 以上）"表示。

5. 笔料毛等级

（1）一类毛 细度在 50 ～ 120μm，无峰头或峰头损坏，纤维鳞片层多为不规则，髓腔中充满髓质。

（2）二类毛 细度在 80 ～ 120μm，有峰但毛峰头较粗硬，纤维鳞片层多为长方形，髓腔中有部分髓质。

（3）三类毛 细度在 70 ～ 90μm，毛峰细尖而透亮，纤维鳞片层多为环形或鱼鳞形，髓腔中无髓质。

6. 以上内容对应表 5-3-12。

（十三）羊皮用生产性能登记

A. 湖羊羔皮

扫码看彩图

湖羊羔皮性状为必测性状。具有羔皮性能的其他品种参照执行。数量要求：屠宰测定出生后 3d 以内的公、母羔羊各 15 只。

1. 花纹类型 分为波浪型、片花型，参考图 5-3-3。

波浪型花纹　　片花型花纹

图 5-3-3　羊皮花纹类型

2. 花案面积 波浪型花纹或片花型花纹在羔皮上所构成图案即为花案。花案面积指花案在羔羊体躯主要部位分布的面积。自羔羊的尾根至鬐甲分四等份（包括体侧，不包括腹部），根据花案所占的面积，分别以 1/4、2/4、3/4 和 4/4 表示，见图 5-3-4。

3. 荐部（十字部）毛长 指以尖镊子将羔羊荐部（十字部）一小撮被毛拉直，用小钢尺紧贴毛根量取其伸直长度，准确度为 0.5mm。

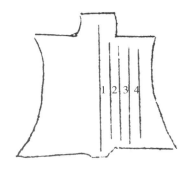

图 5-3-4　花案面积

4. 花纹宽度　指一个波浪型花纹两边隆起的距离。要量取占主导地位的花纹宽度。根据花纹宽度（一个波浪花纹两边隆起的距离）可将羔皮花纹分为小花（0.5～1.25cm）、中花（1.25～2cm）和大花（2cm以上）。

5. 花纹明显度　指波浪型和片花型花纹的明显程度，分明显、欠明显和不明显三种。记录时以"明""明－"和"明＝"表示之。

6. 花纹紧贴度　指波浪型和片花型花纹紧贴皮肤的程度，是否"扑而不散"，分紧贴、欠紧贴和不紧贴三种。记录时以"紧""紧－"和"紧＝"表示。

7. 被毛光泽　分为好、正常和不足三种。记录时以"光＋""光"和"光－"表示。

8. 羔皮等级

（1）一级　具有典型波浪型花纹，花案面积2/4以上，荐部（十字部）毛长2.0cm以下，花纹宽度1.5cm以下。花纹明显、清晰，紧贴皮板，光泽正常。

（2）特级　凡符合下列条件之一的一级优良个体，可列为特级：A. 花案面积4/4者；B. 花案特别优良者。

（3）二级　具有波浪型花纹或较紧密的片花型花纹。花案面积2/4以上，荐部（十字部）毛长2.5cm以下，花纹较明显，尚清晰，紧贴度较好；或花纹欠明显，紧贴度较差，但花案面积在3/4以上，花纹宽度2.5cm以下，光泽正常。

（4）三级　具有波浪型花纹或片花型花纹，花案面积2/4以上，荐部毛长3.0cm以下，花纹不明显，紧贴度差，花纹宽度不等，光泽较差。

（5）等外级　凡不符合以上等级要求者，列为等外级。如平毛即为无花纹，故亦无花纹的所有性状。

9. 以上内容对应表5-3-13。

B. 滩羊二毛皮

滩羊二毛皮性状为必测性状。岷县黑裘皮羊、贵德黑裘皮羊等裘皮性能突出的品种可参照执行。

测定要求：羔羊 35 日龄左右，毛股长度达 7cm 时测定。按照分布区域，选择 3 个以上测试点，每个测试点进行活体测定 40 只二毛羔羊（公母各半）。

1. 体重　早晨空腹时所测得的活重，以 kg 计。

2. 花穗类型　分为串字花、软大花、其他花型。

（1）串字花　毛股直径为 0.4～0.6cm（在毛股有弯曲部分的中部测量），毛股上 2/3～3/4 的部分均具有弧度均匀的平波状弯曲，毛纤维细长柔软，毛股可向四方弯倒呈水波状。

（2）软大花　毛股直径 0.6cm 以上，根部粗大，绒毛多，弯曲呈平波状，弯曲部分占毛股的 1/2～2/3。

（3）其他　凡不属以上两种穗型的，为其他花型。

3. 弯曲数　毛股弯曲的个数。由毛股一侧计算，一个弧为一个弯曲。

4. 毛股紧实度　指毛股中毛纤维彼此结合的状况，以"紧实""较紧实""松散"表示。

5. 优良花穗分布面积　在体躯五个部位（背腰、肩、尻、腹侧、股）观察，用评分法表示，如五个部位花穗品质均较好，评为 5 分，以此类推。

6. 弯曲占毛股的比例　毛股上有弯曲的部分占毛股总长度的比例，以分数表示，如 1/2、2/3、3/4。

7. 二毛羔羊等级评定

（1）串子花

特级：毛股弯曲数在 7 及 7 个以上，体重达 8kg 以上，余同一级。

一级：毛股弯曲数在 6 及 6 个以上，弯曲部分占毛股长的 2/3～3/4，弯曲弧度均匀呈平波状，毛股紧实，中等粗细，宽度为 0.4～0.6cm，花案清晰，体躯主要部位表现一致，毛纤维较细而柔软，光泽良好，无毡结现象，体质结实，外貌无缺陷，活重在 6.5kg 以上。

二级：毛股弯曲数在 5 个及 5 个以上，弯曲部分占毛股长的 1/2～2/3，毛股较紧实，花案较清晰，余同一级。

三级：属下列情况之一者：如毛股弯曲数不足 5 个、弯曲弧度较浅、毛股松散，花案欠清晰、胁部毛毡结和蹄冠上部有色斑，活重不足 5kg。

（2）软大花

特级：毛股弯曲数在 6 个以上，活重超过 8kg，余同一级。

一级：毛股弯曲数在 5 个及 5 个以上，弯曲弧度均匀，弯曲部分占毛股长的 2/3 以上，毛股紧实粗大，宽度在 0.7cm 以上，花案清晰，体躯主要部位花穗一致，毛密度较大，毛纤维柔软，光泽良好，无毡结现象，体质结实，外貌无缺陷，活重在 7kg 以上。

二级：毛股弯曲数 4 个及 4 个以上，弯曲部分占毛股长的 1/2～2/3，毛股较粗大，欠紧实，体质结实，活重在 6.5kg 以上，余同一级。

三级：属下列情况之一者：A. 毛股弯曲数 3 个及 3 个以上，毛较粗、干燥；B. 胁部毛毡结和蹄冠上部有少量色斑；C. 活重不足 6kg。

（3）其他花型　可参照前两种花型等级标准自行拟订。

8. 以上内容对应表 5-3-14。

C. 卡拉库尔羔皮

卡拉库尔羊羔皮为必测性状。其他羔皮性能突出的品种可参照执行。数量要求：屠宰测定出生后 3d 以内的公、母羔羊各 15 只。

1. **毛卷类型**　分为卧蚕形卷（轴形卷）、豆形卷、肋形卷、鬣形卷、环形卷、半环形卷、豌豆形卷、杯形卷、平毛卷、变形卷。轴形卷是代表卡拉库尔羔皮特征的一种理想毛卷，其卷曲的毛纤维由皮板上升，按照同一方向扭转，毛尖向下向里紧扣，呈一圆筒状。

2. **毛卷长度**　轴形卷的长度直接决定羔皮的美观程度，分成长轴卷（40mm 以上）、中轴卷（20～40mm）和短轴卷（20mm 以下）。

3. **毛卷宽度**　将皮张毛面向上平展地铺在操作台上，在皮张中脊两侧适当部位随机选取毛股。用钢板尺测量。测量时钢板尺轻贴毛股，量取并记录毛股中部花纹两峰之间的宽度及测量部位。宽度在 4.5mm 以下的为小花，4.5～8mm 的为中花，宽度在 8mm 以上的为大花。

4. **颜色**　分为黑色、灰色、苏尔色、白色、青色、棕色、粉红色及其他。

5. 以上内容对应表 5-3-15。

D. 济宁青山羊猾子皮

济宁青山羊猾子皮性状为必测性状。数量要求：屠宰测定出生后 3d 以内的公、母羔羊各 15 只。

1. **花纹类型**

（1）波浪形花纹　羔皮主要部位毛纤维弯曲一致，排列整齐，形成波浪起伏的卷曲，第一个弯曲弧面向下，紧靠皮肤形成低波；第二个弯曲弧面向上，形成一个高波，如此波波相连，形成整齐的波浪形。

（2）流水形花纹　毛纤维上有一个较大的弓形弯曲，高低波不明显，形成流水形花纹。

（3）片花　毛纤维弯曲与波浪形相似，但排列不规则，形成片状波浪花。

（4）隐暗花　毛纤维上有 2～3 个小的波浪形弯曲，花纹隐隐约约，不明显。

（5）平毛　毛纤维粗直、无弯曲，形似平坦的毛被。

2. **毛股长度**　将皮张在检验台上摊放平直，毛面朝上，在中脊两侧适当部位将毛绺轻轻拉直，用量尺从毛绺根部量至除去虚毛尖部位，测出长度。单位为厘米（cm）。

3. **生皮厚度**　用定重式皮革厚度测定仪，测定颈、背、腹、臀 4 个部位厚度，计算平均值，单位为厘米（cm）。

4. 生皮面积　将皮张在检验台上摊放平直，板面朝上，用量尺从颈部中间直线量至尾根，测出长度；在长度中心附近，用量尺横向测出宽度；长度乘以宽度计算出面积，单位为厘米（cm²）。

5. 熟皮厚度　用定重式皮革厚度测定仪，测定熟皮的颈、背、腹、臀 4 个部位厚度，计算平均值，单位为厘米（cm）。

6. 熟皮面积　将熟皮张在检验台上摊放平直，板面朝上，用量尺从颈部中间直线量至尾根，测出长度；在长度中心附近，用量尺横向测出宽度；长度乘以宽度计算出面积，单位为厘米（cm²）。

7. 弯曲度　采用角度尺测定羊毛隆起最高点弧度。

8. 颜色　被毛由黑、白毛纤维组成，根据色毛比例的不同分为：

（1）正青色　黑色毛含量在 30%～50%。

（2）粉青色　黑色毛含量在 30% 以下。

（3）铁青色　黑色毛含量在 50% 以上。

9. 以上内容对应表 5-3-16。

E. 中卫山羊沙毛皮

中卫山羊沙毛皮性状为必测性状，其他裘皮性能突出的品种可参照执行。

测定要求：羔羊出生后 35 日龄左右，毛股长度达 7cm 时测定，要求活体测定 120 只（公母各半）沙毛羔羊。

1. 沙毛皮等级

（1）特级　毛股弯曲数 ≥ 5 个，花案清晰，花案匀度均匀，发育良好，体重 ≥ 6.5kg；花穗占毛股的比例为 2/3～3/4，光泽好，毛股紧实度紧实，无毡毛。

（2）一级　毛股弯曲数 ≥ 4 个，花案清晰，花案匀度均匀，发育正常，体重 ≥ 5.5kg；花穗占毛股的比例为 2/3～3/4，光泽好，毛股紧实度紧实，无毡毛。

（3）二级　毛股弯曲数 ≥ 4 个，花案较清晰，花案匀度较均匀，发育一般，体重 ≥ 4.5kg；花穗占毛股的比例为 1/2～2/3，光泽一般，毛股紧实度较紧实。

（4）三级　毛股弯曲数 ≥ 3 个，花案不清晰，花案匀度不均匀，发育稍差，体重 ≥ 3.5kg；花穗占毛股的比例为 1/2～2/3，光泽差，毛股紧实度松散，有毡毛。

2. 优良花穗分布面积　在体躯五个部位（背腰、肩、尻、腹侧、股）观察，用评分法表示，如五个部位花穗品质均较好，评为 5 分，以此类推。

3. 弯曲数　毛股弯曲的个数。由毛股一侧计算，一个弧为一个弯曲。

4. 毛股紧实度　毛股中毛纤维结合的松紧程度，分紧实、较紧实和松散三种。

5. 花穗　分大花和小花两种，毛股直径 0.6cm 以上为大花，不足 0.6cm（在毛股有弯曲部分的中部测量）者为小花。

6. 花案　花穗在被毛上所构成的图案。花穗排列、花穗间隙的清晰度表示花案清晰度，分为清晰、较清晰和不清晰三种。肉眼判断体躯主要部位花穗类型、弯曲数的一致性表示花案匀度，分为均匀、较均匀和不均匀三种。

7. 以上内容对应表 5-3-17。

（十四）羊繁殖性能登记

采精量、精子活率、精子密度等只在开展人工授精的品种测定，其他指标为各品种必测性状。

数量要求：初情期、性成熟年龄、初配月龄观测公母羊各 60 只，其他指标成年公羊 20 只、母羊 60 只以上。

1. 初情期　母羊初次发情排卵或公羊通过交配能够射精使母羊受孕的月龄。

2. 性成熟年龄　羊只繁殖器官完全发育成熟的实际月龄。

3. 初配月龄　羊只初次配种时的月龄。

4. 产羔率　出生羔羊数占分娩母羊数的百分比。计算公式：

$$产羔率 = \frac{出生羔羊数}{分娩母羊数} \times 100\%$$

5. 发情季节　在常年发情和季节性发情两种模式中选择。常年发情的品种若在不同季节发情情况不一样，同时说明。

6. 发情周期　从上次发情开始到下次发情开始之间的时间间隔。

7. 妊娠期　母羊从开始怀孕到分娩，这一时期称为怀孕期或妊娠期。

8. 公羊的配种方式　在本交或者人工授精两种方式中进行选择。

9. 如果采取本交，需填写公母比例。

10. 如果采取人工授精，需填写采精量、精子密度和精子活率。

11. 采精量　公羊一次采精的精液量，单位为毫升（mL）。

12. 精子密度　指每毫升精液中所含的精子数。用血细胞计数板法，数 5 个中方格中的精子数，计算公式：

1mL 原精液内的精子数 = 5 个中方格的精子数 × 5 × 10 × 1 000 × 稀释倍数。

13. 精子活率　在 37℃下直线前进的精子占总精子数的百分率。检查时以灭菌玻璃棒蘸取 1 滴精液，放在载玻片上加盖玻片，在显微镜下放大 400 倍观察。全部精子都做直线运动评为 1 分，90% 的精子做直线前进运动为 0.9 分，以下以此类推。

14. 利用年限　种公羊使用时间。单位采用年（a）。

15. 以上内容对应表 5-3-18。

（十五）羊遗传资源影像材料

1. 每个品种成年公羊、成年母羊和群体照片各提供 2 张；如有不同品系（或不同类型）的品种，每个品系或类型成年公羊、成年母羊和群体各提供 2 张；如有特殊体型外貌特征的品种，成年公羊、成年母羊典型特殊体型外貌特征照片各提供 2 张。

2. 对特殊地理条件下形成和育成的品种，附上能反映当地地理环境的照片 2 张以上。

3. 拍摄和保存要求

（1）照片用数码相机拍摄，图像的精度 800 万像素以上，照片大小在 1.2MB 以上。

（2）以 .jpg 格式保存，不对照片进行编辑。

（3）照片正面不携带年月日等其他信息。

（4）个体照片文件用"品种名称＋年龄＋性别＋顺序号"命名，典型特殊体型外貌特征照片文件用"品种名称＋年龄＋性别＋'外貌特征'＋顺序号"命名，群体照片用"品种名称＋'群体'＋顺序号"命名，同时附相关 word 文档，对每张照片的品种名称、年龄、性别、拍摄日期、拍摄者姓名、种羊饲养者名称及拍摄地点等进行详细说明。

（5）视频资料要能反映品种所处的自然生态环境、群体概貌、品种特征、饲养方式等。

视频格式：每个视频时长不超过 5min，尽量在 3min 以内（大小不超过 80MB）。视频格式应为 MP4 格式。

4. 以上内容对应表 5-3-19。

附件 5-3-1

羊角部特征图示

无角

螺旋形角

小角（姜角）

镰刀形角

对旋角

直立角

扫码看彩图

弓形角

附件 5-3-2

羊尾部特征

短脂尾

长脂尾

肥臀

长瘦尾

扫码看彩图

短瘦尾

表 5-3-1　羊遗传资源概况表

省级普查机构：_____

品种（类群）名称			其他名称		
品种类型		地方品种 □　　培育品种 □　　引入品种 □			
经济类型		肉用 □　毛（绒）用 □　乳用 □　羔（裘）皮 □　其他：_____			
品种来源及形成历史					
中心产区					
分布区域					
群体数量（只）			其中	种公羊（只）	
				基础母羊（只）	
自然生态条件	地貌、海拔与经纬度				
	气候类型				
	气温	年最高	年最低	年平均	
	年降水量				
	无霜期				
	水源土质				
	耕地及草地面积				
	主要农作物、饲草料种类及生产情况				

（续）

消长形势	
分子生物学测定	
品种评价	
资源保护情况	
开发利用情况	
饲养管理情况	
疫病情况	

注：此表由该品种分布地的省级普查机构组织有关专家填写。

填表人（签字）：＿＿＿＿＿＿＿　电话：＿＿＿＿＿＿＿　日期：＿＿＿年＿＿月＿＿日

表 5-3-2　羊体型外貌个体登记表

地点：_____省（自治区、直辖市）_____市（州、盟）_____县（市、区、旗）_____乡（镇）_____村　场名：_____　联系人：_____　联系方式：_____

品种（类群）名称：_____

个体号		性别		年龄	
毛色	全白 □　　　全黑 □　　　全褐 □　　　头黑 □　　　头颈黑 □　　　头褐 □ 头颈褐 □　　　体花 □　　　其他_____				
肤色	白 □　　　　黑 □　　　　褐 □　　　　青 □　　　　粉 □　　　　其他_____				
形态特征	头型：大 □　　　小 □　　　适中 □　　　额宽 □　　　额平 □ 耳型：大 □　　　小 □　　　直立 □　　　下垂 □ 角型：无角 □　　　螺旋形角 □　　　姜角（小角）□　　　镰刀形角 □ 　　　对旋角 □　　　直立角 □　　　弓形角 □ 鼻部：隆起 □　　　平直 □　　　凹陷 □ 颈部：粗 □　　细 □　　长 □　　　短 □　　　有皱褶 □　　　无皱褶 □ 　　　有肉垂 □　　　无肉垂 □ 体躯：方 □　　　　长方 □　　　胸宽深 □　　　胸窄浅 □　　　肋拱起 □ 　　　肋狭窄 □　　　背直 □　　　背平 □　　　背凹 □　　　尻斜 □ 四肢：粗 □　　　细 □　　　腿长 □　　　腿短 □ 蹄色和蹄质：白色 □　　　黑色 □　　　黄色 □　　　坚实 □ 尾型：长瘦尾 □　　　短瘦尾 □　　　长脂尾 □　　　短脂尾 □　　　肥臀 □				
公羊睾丸发育情况					
母羊乳房发育情况	乳房：大 □　　　中 □　　　小 □ 乳头：长 □　　　短 □　　　大小一致 □　　　大小不一致 □ 附乳头：有 □　　　无 □				
其他特殊性状					

注：该表为羊体型外貌个体实测表，由承担测定任务的保种单位（养殖场）和有关专家填写。

填表人（签字）：_____　电话：_____　日期：_____年___月___日

表 5-3-3　羊体型外貌群体登记表

地点：_____省（自治区、直辖市）_____市（州、盟）_____县（市、区、旗）_____乡
（镇）_____村　场名：_____　联系人：_____　联系方式：_____
品种（类群）名称：_____

毛色、肤色	
头颈部	
躯干四肢	
睾丸和乳房	
其他特征特性	

注：该表为羊体型外貌群体调查统计表，由承担测定任务的保种单位（养殖场）和有关专家基于但不限于个体登记表，结合《中国畜禽遗传资源志·羊志》和实际情况填写。若保种场的群体不能完全代表该品种的全部特性，则需要扩大统计群体。

填表人（签字）：_____　电话：_____　日期：_____年___月___日

表 5-3-4 羊体尺体重登记表

地点：_____省（自治区、直辖市）_____市（州、盟）_____县（市、区、旗）_____乡
（镇）_____村 场名：_____ 联系人：_____ 联系方式：_____
品种（类群）名称：_____ 性别：_____ 饲养方式：_____

序号	耳号	月龄	体重（kg）	体高（cm）	体长（cm）	胸围（cm）	管围（cm）	尾长*（cm）	尾宽*（cm）	尾周长*（cm）
平均数 ± 标准差										

注：该表为个体实测表，由承担测定任务的保种单位（养殖场）和有关专家填写。测量值小数
点后保留一位。标 * 者为脂尾羊必测性状。
填表人（签字）：_____ 电话：_____ 日期：_____年___月___日

表 5-3-5 羊生长发育登记表

地点：___省（自治区、直辖市）___市（州、盟）___县（市、区、旗）___乡（镇）___村

场名：___　联系人：___　联系方式：___

品种（类群）名称：___　饲养方式：___　断奶月龄：___

序号	性别	耳号	初生重	序号	耳号	性别	断奶重	序号	耳号	性别	6月龄体重	序号	耳号	性别	12月龄体重
平均数±标准差				平均数±标准差				平均数±标准差				平均数±标准差			

注：该表为个体实测和调查表，由承担测定任务的保种单位（养殖场）和有关专家填写。测量值小数点后保留一位。

电话：___　日期：___年___月___日

填表人（鉴字）：___

表 5-3-6　羊屠宰性能登记表

地点：＿＿＿省（自治区、直辖市）＿＿＿市（州、盟）＿＿＿县（市、区、旗）＿＿＿乡（镇）＿＿＿村

场名：＿＿＿　联系人：＿＿＿　联系方式：＿＿＿

品种（类群）名称：＿＿＿　性别：＿＿＿　屠宰月龄：＿＿＿　饲养方式：＿＿＿

序号	耳号	宰前活重(kg)	胴体重(kg)	屠宰率(%)	净肉重(kg)	净肉率(%)	胴体净肉率(%)	眼肌面积(cm²)	GR值(mm)	背脂厚(mm)	尾重(g)
平均数±标准差											

注：该表为个体实测表，由承担测定任务的保种单位（养殖场）和有关专家填写。测量值小数点后保留一位。

填表人（签字）：＿＿＿　电话：＿＿＿　日期：＿＿＿年＿＿月＿＿日

表 5-3-7 羊肉品质登记表

地点：_____ 省（自治区、直辖市）_____ 市（州、盟）_____ 县（市、区、旗）_____ 乡（镇）_____ 村_____

场名：_____ 联系人：_____ 联系方式：_____

品种（类群）名称：_____ 性别：_____ 屠宰月龄：_____ 饲养方式：_____

序号	耳号	肉色			pH	干物质（%）	蛋白质含量（%）	脂肪含量（%）	滴水损失（%）	熟肉率（%）	剪切力（N）	特殊品质描述
		L	a	b								

注：该表为选填表。由承担测定任务的保种单位（养殖场）和有关专家填写。测量值小数点后保留一位。

填表人（签字）：_____ 电话：_____ 日期：_____ 年_____ 月_____ 日

表 5-3-8　羊产毛性能登记表

地点：_____　省（自治区、直辖市）_____　市（州、盟）_____　县（市、区、旗）_____　乡（镇）_____　村_____

场名：_____　　　　　　　联系人：_____　　　　　　　联系方式：_____

品种（类群）名称：_____　　　　　性　别：_____　　　　　测定月龄：_____

序号	耳号	剪毛量 (g)	净毛量 (g)	净毛率 (%)	毛纤维直径 (μm)	伸直长度 (cm)	毛丛自然长度 (cm)	弯曲数* (个)	目测			机测		
									油汗含量	油汗颜色	羊毛颜色	白度*	光泽度*	黄度*

平均数±标准差

注：标*者为可选项。该表为个体实测表，由承担测定任务的保种单位（养殖场）和有关专家填写。测量值保留小数点后一位。

填表人（签字）：_____　　　　　电话：_____　　　　　日期：____年__月__日

表5-3-9 地毯毛羊产毛性能登记表

地点:_____省(自治区、直辖市)_____市(州、盟)_____县(市、区、旗)_____乡(镇)_____村

场名:_____　　联系人:_____　　性 别:_____　　联系方式:_____　　测定月龄:_____

品种(类群)名称:_____

序号	耳号	剪毛量(g)	毛辫长度(cm)	绒层厚度(cm)	绒纤维直径(μm)	纤维类型含量(%)	抗压缩弹性(kpa)	净毛率(%)	目测 毛色	机测 白度*	光泽度*	黄度*
平均数±标准差												

注:*为选填项。该表为个体实测表,由承担测定任务的保种单位(养殖场)和有关专家填写。测量值保留小数点后一位。

填表人(签字):_____　电话:_____　日期:_____年____月____日

表5-3-10　羊产绒性能登记表

地点：＿＿＿省（自治区、直辖市）＿＿＿市（州、盟）＿＿＿县（市、区、旗）＿＿＿乡（镇）＿＿＿村

场名：＿＿＿　联系人：＿＿＿　性别：＿＿＿　联系方式：＿＿＿

品种（类群）名称：＿＿＿　测定月龄：＿＿＿

序号	耳号	产绒量（g）	绒层厚度（cm）	绒伸直长度（cm）	手抻长度（cm）	绒纤维直径（μm）	净绒率（%）	目测		机测		
								粗毛颜色	绒毛颜色	白度*	光泽度*	黄度*
平均数±标准差												

注：*为选填项。该表为个体实测表，由承担测定任务的保种单位（养殖场）和有关专家填写。测量值保留小数点后一位。

填表人（签字）：＿＿＿　电话：＿＿＿　日期：＿＿＿年＿＿＿月＿＿＿日

表 5-3-11 羊产奶性能登记表

地点：____ 省（自治区、直辖市）____ 市（州、盟）____ 县（市、区、旗）____ 乡（镇）____ 村

场名：____

联系人：____ 联系方式：____

品种（类群）名称：____

序号	耳号	胎次	产奶天数	最高日产奶量*（kg）	总产奶量（kg）	乳干物质率*（%）	乳蛋白率*（%）	乳脂率*（%）	乳糖率*（%）
平均数 ± 标准差									

注：标 * 为选填项。该表为个体调查登记表，由承担测定任务的保种单位（养殖场）和有关专家根据调查和（或）生产记录填写。测量值保留小数点后一位。

填表人（签字）：____ 电话：____

日期：____ 年 ____ 月 ____ 日

表5-3-12　羊笔料毛用性能登记表

地点：_____省（自治区、直辖市）_____市（州、盟）_____县（市、区、旗）_____乡（镇）_____村

场名：_____　联系人：_____　联系方式：_____

序号	耳号	月龄	纤维细度（μm）	纤维鳞片层			纤维横断面			毛峰			等级
				鳞-	鳞	鳞+	有髓	两型	无髓	峰-	峰	峰+	

注：该表为个体实测表，由承担测定任务的保种单位（养殖场）和有关专家填写。测量值保留小数点后两位。笔料毛等级填写：一类毛、二类毛、三类毛。

填表人（签字）：_____　电话：_____

日期：_____年_____月_____日

表5-3-13 羊皮用性能登记表——湖羊羔皮

地点：_____省（自治区、直辖市）_____市（州、盟）_____县（市、区、旗）_____乡（镇）_____村

场名：_____

联系人：_____ 联系方式：_____

序号	标识号	出生天数	花纹类型			花案面积				羊部毛长(cm)	花纹宽度(cm)	花纹明显度			花纹紧贴度			被毛光泽			羔皮等级
			波浪型	片花型	无花纹	1/4	2/4	3/4	4/4			明	明-	明=	紧	紧-	紧=	光+	光	光-	
平均数±标准差																					

注：该表为个体实测表，由承担测定任务的保种单位（养殖场）和有关专家填写。测量值保留小数点后一位。羔皮等级填写：特级、一级、二级、三级、等外级。

填表人（签字）：_____ 电话：_____ 日期：_____年__月__日

表 5-3-14　羊皮用性能登记表——滩羊二毛皮

地点：_____　省（自治区、直辖市）_____　市（州、盟）_____　县（市、区、旗）_____　乡（镇）_____　村_____

场名：_____

联系人：_____　联系方式：_____

序号	耳号	出生天数*	体重(kg)	花穗类型			弯曲数(个)	毛股紧实度(mm)	优良花穗分布面积(分)	弯曲占毛股的比例	二毛羔羊等级评定
				串字花	软大花	其他					
平均数±标准差											

注：该表为个体实测表，由承担测定任务的保种单位（养殖场）和有关专家填写。测量值保留小数点后一位。岷县黑裘皮羊，贵德黑裘皮羊等级可参照填写。*为选填项。

填表人（签字）：_____　电话：_____

日期：____年__月__日

表5-3-15 羊皮用性能登记表——卡拉库尔羔皮

地点：_____ 省（自治区、直辖市）_____ 市（州、盟）_____ 县（市、区、旗）_____ 乡（镇）_____ 村

场名：_____ 联系人：_____ 联系方式：_____

序号	标识号	出生天数	毛卷类型	毛卷长度				毛卷宽度			颜色
				长轴卷	中轴卷	短轴卷	小花	中花	大花		
平均数 ± 标准差											

注：该表为个体实测表，由承担测定任务的保种单位（养殖场）和有关专家填写。测量值保留小数点后一位。

填表人（签字）：_____ 电话：_____ 日期：_____ 年___ 月___ 日

表 5-3-16　羊皮用性能登记表——济宁青山羊猾子皮

地点：_____省（自治区、直辖市）_____市（州、盟）_____县（市、区、旗）_____乡（镇）_____村

场名：_____

联系人：_____　联系方式：_____

序号	标识号	出生天数	花纹类型	毛股长度（cm）	生皮厚度（cm）	生皮面积（cm²）	熟皮厚度（cm）	熟皮面积（cm²）	弯曲度	颜色
平均数 ± 标准差										

填表人（签字）：_____　电话：_____　日期：____年___月___日

注：该表为个体实测表，由承担测定任务的保种单位（养殖场）和有关专家填写。测量值保留小数点后一位。

表 5-3-17 羊皮用性能登记表——中卫山羊沙毛皮

地点：_____ 省（自治区、直辖市）_____ 市（州、盟）_____ 县（市、区、旗）_____ 乡（镇）_____ 村_____

场名：_____ 联系人：_____ 联系方式：_____

序号	耳号	出生天数	沙毛皮等级	优良花穗分布面积（分）	弯曲数（个）	毛股紧实度*	花穗*	花案*
平均数 ± 标准差								

注：该表为个体实测表，由承担测定任务的保种单位（养殖场）和有关专家填写。测量值保留小数点后一位。* 为选填项。

填表人（签字）：_____ 电话：_____ 日期：____ 年____ 月____ 日

表 5-3-18 羊繁殖性能登记表

地点：_____省（自治区、直辖市）_____市（州、盟）_____县（市、区、旗）_____乡
（镇）_____村 场名：_____ 联系人：_____ 联系方式：_____
品种（类群）名称：_____

母羊	初情期			
	性成熟年龄			
	初配月龄			
	产羔率（%）			
	发情季节			
	发情周期（d）			
	妊娠期（d）			
公羊	初情期			
	性成熟年龄			
	初配年龄			
	配种方式	本交 □	公母比例	
		人工授精 □	采精量*（mL）	
			精子密度*（亿个/mL）	
			精子活率*（%）	
	利用年限*（a）			

注：该表为群体调查表，由承担测定任务的保种单位（养殖场）和有关专家根据测定和生产档
案记录统计汇总填写。*为选填项。

填表人（签字）：_____ 电话：_____ 日期：_____年___月___日

表 5-3-19 羊遗传资源影像材料

地点：_____省（自治区、直辖市）_____市（州、盟）_____县（市、区、旗）_____乡（镇）_____村　场名：_____　联系人：_____　联系方式：_____

品种（类群）名称：_____

成年公羊照片 1	成年公羊照片 2
成年母羊照片 1	成年母羊照片 2
群体照片 1	群体照片 2
视频资料 1	视频资料 2

注：每个品种要有成年公、成年母、群体照片各 2 张。其他照片另附。

拍照人（签字）：_____　电话：_____　日期：_____年___月___日

四、马遗传资源系统调查

（一）马遗传资源概况

1. 品种（类群）名称　按《国家畜禽遗传资源品种名录（2021 年版）》和《中国畜禽遗传资源志·马驴驼志》填写，新发现的马遗传资源和新培育的马品种按有关规定填写。

2. 其他名称　填写该品种的曾用名、俗名等。

3. 品种类型　根据《国家畜禽遗传资源品种名录（2021 年版）》填写地方品种、培育品种或引入品种。

4. 品种来源及形成历史　根据品种类型填写。地方品种填写（原）产地及形成历史；培育品种填写培育地、培育单位及育种过程、审定时间、证书编号；引入品种填写主要的输出国家及引种历史情况。

5. 中心产区　该品种在本省的主要分布区域，且存栏量占本省该品种存栏量的 20% 以上。可填写至县级。

6. 分布区域　按照 2021 年普查结果填写。

7. 群体数量及种公马、种母马　根据 2021 年普查结果填写，从全国畜禽遗传资源信息系统里导出。

8. 自然生态条件　地方品种填写原产地的自然生态条件，分布在原产地之外的地方品种和培育品种、引入品种填写中心产区的自然生态条件。

（1）地貌　在山地、盆地、丘陵、平原、高原中选择，可多选。

（2）海拔　填写产区范围内的海拔高度，单位为米（m）。如：×× ～ ××m。

（3）经纬度　填写产区范围，东经 ××°××′—××°××′；北纬 ××°××′—××°××′。

（4）气候类型　在热带雨林气候、热带草原气候、热带季风气候、热带沙漠气候、亚热带季风和湿润气候、地中海气候、温带季风气候、温带海洋性气候、温带大陆性气候、亚寒带针叶林气候、高原山地气候中选择，可多选。

（5）气温　单位为摄氏度（℃）。

（6）年降水量　正常年年均降水量，单位为毫米（mm）。

（7）无霜期　年均总天数；时间：××—×× 月。

（8）水源土质　产区流经的主要河流等。

（9）耕地及草地面积。

（10）主要农作物、饲草料种类及生产情况。

9. 消长形势　描述近 15 年数量规模变化、品质性能变化，以及遗传多样性变化情况。

10. 分子生物学测定　指该品种是否进行过生化或分子遗传学相关测定，如有，需要填写测定单位、测定时间和行业公认的代表性结果；如没有可填写无。

11. 品种评价　填写该品种遗传特点、优异特性、可供研究开发利用的主要方向。

12. 资源保护情况　填写该品种是否制订保种和利用计划，是否设有保护区、保种场，如有，需要填写具体情况，包括保种场（保护区）名称、级别、群体数量。填写是否建立了品种登记制度，如有，需要填写开始时间和负责单位。

13. 开发利用情况　包括但不限于纯繁生产、杂交利用、新品种（系）培育、品种标准（注明标准号），以及产品开发、品牌创建、农产品地理标志、赛事及成绩等。

14. 饲养管理情况　填写管理难易、补饲情况、饲料组成、饲养方式，如圈养、全年放牧、季节放牧等。

15. 疫病情况　填写调查该品种原产地或中心产区的流行性传染病和寄生虫病发生情况，以及该品种易感和抗病情况。

16. 以上内容对应表 5-4-1。

（二）马体型外貌个体登记

观测有代表性的成年公马 10 匹以上、成年母马 50 匹以上。

1. 毛色、别征（白章、暗章、其他）、气质（烈悍、上悍、中悍、下悍）和体质（粗糙型、细致型、干燥型、湿润型、结实型）勾选即可，其中毛色可勾选到大类。

2. 体质类型

（1）粗糙型　头重，骨粗；肌肉厚实，关节肌腱不够明显；皮厚，皮下结缔组织一般；被毛粗硬，鬃、鬣、尾、距毛多而浓密。

（2）细致型　头小，骨量较轻；肌肉不够发达，关节明显；皮薄毛细，皮下结缔组织少，长毛稀少；感觉过敏，性情暴躁，运动缺乏持久力，适应性较差。

（3）干燥型　头部清秀，头部及四肢血管显露，骨骼结实，蹄质坚实；肌肉结实有力，关节肌腱明显；皮薄有弹性，被毛细短，长毛不多，皮下结缔组织不发达；性情活泼，运动敏捷。

（4）湿润型　头大，骨骼粗，蹄质较松；肌肉松弛，关节肌腱不明显；皮厚毛粗，长毛较多，皮下结缔组织发达；性情迟钝，不够灵活。

（5）结实型　头大小适中，骨骼结实；肌肉厚实，腱和韧带发达；皮肤厚，被毛光泽；皮下结缔组织少，无粗糙外观。

3. 外貌特征

A. 头颈部

（1）头部大小　头的大小，一般是以头与颈做比较，相等者为中等大的头；大于颈长者为大头，小于颈长者为小头。

（2）头部形状

直头：侧望，额部至鼻梁为一条直线。

兔头：侧望，额部至鼻梁呈弓起形状。

半兔头：侧望，额部平直，鼻梁处呈弓起形状。

凹头：侧望，额部与鼻梁之间略微凹下。

羊头：侧望，额部突起，形似山羊头。

楔头：侧望，额部正常，但鼻梁部和口唇部细小。

条形头：额部、下颌部均呈发育不良状态，侧望，头部呈细长条状。

（3）颚凹 下颌两后角之间的凹陷部分，能容纳一拳（10cm 以上）者为宽；容纳 4 指（8～9cm）者为中等；容纳不下 3 指（小于 7cm）者为窄颚凹。

（4）耳、眼、额 根据实际情况填写。

（5）颈部长短 颈长与头长相比，颈长长于头长者，为长颈；颈长与头长相近（相等）者，为中等颈；颈长短于头长者，为短颈。

（6）颈部方向 颈中轴线与地平线所成的夹角在 45° 左右为斜颈。颈中轴线与地平线所成的夹角为近于水平为水平颈。颈中轴线与地平线所成的夹角大于 45°为立颈。

（7）颈部形状 在斜颈的基础上，颈的上下缘略呈直线前伸为直颈。颈的基部倾向于垂直，颈的上部略有弯曲，形似鹤的颈为鹤颈。应颈上缘结缔组织发达，且脂肪蓄积过多，使鬐床隆起为脂颈。颈的上缘凹，下缘凸起，头的方向倾向水平为鹿颈。

（8）颈础 气管进入胸腔的位置明显高于肩关节连线的为高颈础，低于肩关节连线的为低颈础，略高于肩关节连线的为中等颈础。

B. 躯干部

（1）肩部 肩胛与水平线的夹角为 40°～45° 是斜肩。肩胛与水平线的夹角大于 60° 为立肩。

（2）鬐甲 鬐甲高于尻高者为高鬐甲。鬐甲高与尻高相等者为中等鬐甲。鬐甲高低于尻高者为低鬐甲。鬐甲高而薄者为锐鬐甲。

（3）胸 两前肢垂直，前蹄间的距离大于一蹄者为宽胸，前蹄间的距离小于一蹄者为窄胸；胸前臂与两肩关节相平齐或略饱满而成圆隆状为平胸；胸骨向前突出者为凸胸；胸前臂向内凹入者为凹胸；深胸为鬐甲至腹下缘的垂直距离（胸深）大于肘至地面水平线间垂直距离（肢长）。浅胸为鬐甲至腹下缘的垂直距离（胸深）小于肘至地面水平线间垂直距离（肢长）。

（4）背 背部呈自然曲度，长短适中者为直背；背部向下凹陷，肌肉和韧带发育不良者为凹背；背部向上弓起，两侧肌肉发育不良者为凸背。

（5）腰 腰呈水平或自然弧度为直腰；距离明显短于平均长度为短腰；距离明显长与平均长度为长腰；长度适中为中等腰；腰部向上弓起为凸腰；腰部向下凹陷为凹腰。

（6）肷 位于腰两侧，在最后一根肋骨之后和腰角之间。大小能容纳一掌为中等，大于一掌为大，小于一掌为小。

（7）腹　腹下线与胸下线呈一条直线，逐渐向后上方弯曲，两侧不显突出为良腹；腹肌松弛下垂为垂腹；腹部过于向左右侧膨大为草腹；腹部形状为卷缩为卷腹。

（8）尾　尾巴高举，尾与体躯分离明显者为高尾础；尾巴夹于尻下股间，为低尾础；介于以上二者之间的尾形为中等尾础。

（9）尻　以荐椎、髋骨及强大的肌肉群为基础。侧望，尻长线（由腰角至臀端的直线）与水平线的夹角为 20° ～ 30° 的是正尻；侧望，尻长线（由腰角至臀端的直线）与水平线的夹角小于 20°，方向接近水平的为水平尻；侧望，尻长线（由腰角至臀端的直线）与水平线的夹角大于 30° 的为斜尻；后望，两腰角不突出，肌肉发达为圆尻；后望，由于肌肉强盛，中央出现凹沟，两侧隆起为复尻；后望，荐椎向上突出明显，两侧肌肉消瘦，呈屋脊状为尖尻。

C. 四肢部

（1）前肢肢势　前望，由肩端中央引一垂线，前肢由上到下均被垂线左右等分；侧望，自桡骨外侧韧带结节向下引一垂线，将球节以上各部位前后等分，系与地面夹角为 45° ～ 50° 是正常肢势；前望时，两前膝互相靠近，呈 X 形肢势为外弧，两前膝相距较远，呈 O 形肢势为内弧；前望时，两前肢下部斜向垂线外侧为广踏，斜向垂线内侧为狭踏；侧望时，前肢斜向垂线后方为后踏，斜向垂线前方为前踏；球节以上呈垂直状，仅系以下斜向垂线内侧为内向，仅系以下斜向垂线外侧为外向；

（2）前膝　以腕骨为基础。前膝向后突出为凹膝；向前突出为弯膝；

（3）后肢肢势　侧望，从臀端向下引一垂线，该垂线触及飞端，沿后管和球节后缘落于蹄的后方，系与地面呈 50° ～ 60° 角，后望，由臀端向下引一垂线，将飞节以下各部位左右等分为正常肢势。前望时，两飞节互相靠近，呈 X 形肢势为外弧，两飞节相距较远，呈 O 形肢势为内弧；侧望时，后肢斜向垂线后方为后踏，斜向垂线前方为前踏；侧望时，飞端触及垂线，而飞节以下各部都倾于垂线的前方为刀状肢势。

（4）蹄　内向蹄球节以上呈垂直状态，系部以下斜向内侧；外向蹄球节以上呈垂直状态，系部以下斜向外侧；滚蹄蹄寸跸部大筋缩短，使蹄向后翻滚，行走时如滚球状。

（5）系　以第一趾骨为基础。系与地平线的夹角为 45° ～ 55° 是正系，小于 45° 为卧系，大于 55° 为立系；由于腱损伤，球节向前方突出为突球；卧系并伴有高蹄、球节下垂者为熊脚。

4. 测定参照马体部位名称图示（图 5-4-1）和马体观测方向图示（图 5-4-2）。

5. 以上内容对应表 5-4-2。

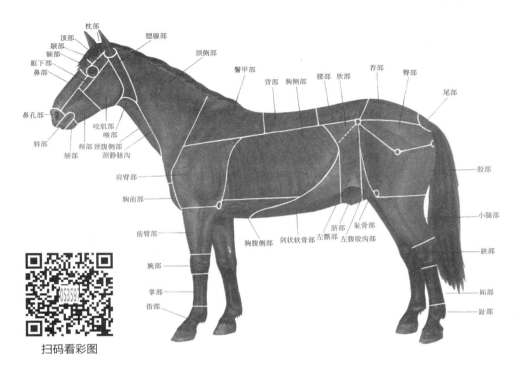

图 5-4-1　马体部位名称

扫码看彩图

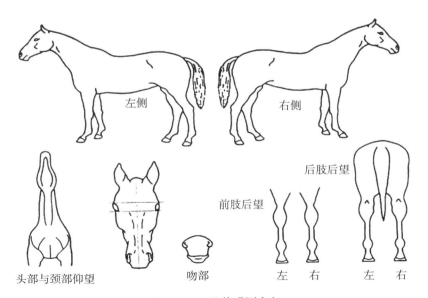

图 5-4-2　马体观测方向

（三）马体型外貌群体登记

1. 毛色描述　填写该品种毛色类型及占比。如某品种毛色以骝毛、栗毛为主，其次为黑毛等毛色。据 2006 年对 60 匹某品种马的调查统计，骝毛占 46%，栗毛占 21.7%，黑毛占 13.3%，青毛占 11.7%，其他毛色占 7.3%。

2. 别征、气质、体质　根据实际情况填写。

3. 体型外貌特征描述　内容包括但不限于头、颈、躯干、四肢等。

4. 以上内容对应表 5-4-3。

（四）马体尺体重登记

测定成年公马 10 匹以上、成年母马 50 匹以上。每个类型至少测定 2 匹成年公马、8 匹成年母马。如果类型情况不明，成年公马不足 10 匹的，测定全部成年公马。无保种场的，每个调查点至少测定成年公马 3 匹以上、成年母马 15 匹以上。

1. 体尺

（1）体高　鬐甲最高点到地平面的垂直距离。

（2）体长　肩端前缘至臀端直线距离。

（3）胸围　在肩胛骨后缘处垂直绕一周的胸部围长度。

（4）管围　左前管部上 1/3 的下端（最细处）的周长度。

2. 体重　即空腹重，马匹早晨未进食前测定的重量。体重应在磅秤或地秤上称量。测定成年母马应为空怀至妊娠 2 个月内的个体。

3. 以上内容对应表 5-4-4。

（五）马生长发育性能登记

每个阶段需调查测定公马 10 匹以上、母马 20 匹以上。

1. 初生重、6 月龄、12 月龄体重为必填项，18 月龄体重为选填项。

2. 以上内容对应表 5-4-5。

（六）马屠宰性能登记

需屠宰测定 18 月龄及以上公马 5 匹以上、成年母马 5 匹以上。

1. 宰前活重　禁食 24h、禁水 12h 后待宰前的活重。

2. 胴体重　经宰杀放血后，除去皮、头、蹄、尾、内脏（保留肾及肾周脂肪）及生殖器（母马去除乳房）后的躯体重量。

3. 净肉重　胴体剔除骨骼、韧带后的全部肉重。

4. 骨重　全部骨骼重。

5. 骨肉比　骨重与净肉重之比。

6. 屠宰率　胴体重占宰前重的百分比。

7. 备注　描述来源、饲养方式、饲料组成及营养水平。

8. 以上内容对应表 5-4-6。

(七) 马产乳性能登记

乳用型马必填，其他类型马选填。需调查 30 匹成年母马。

1. 泌乳期　从分娩后开始泌乳之日起到停止泌乳之间的一段时间。

2. 泌乳期总产乳量　一个泌乳期内的产奶总量。

3. 日产奶量　日产奶量（kg）= 一天内挤奶量总和（kg）×24h/ 挤奶隔离时间之和。

4. 乳成分　包括乳脂率、乳蛋白率、非脂干物质率、乳糖率，一个泌乳期测定 5 次以上，计算其平均数。

5. 以上内容对应表 5-4-7。

(八) 马运动性能登记

1. 填写最近 3 年内同级别同类项目的最好赛事成绩，如没有，可不填写。

2. 以上内容对应表 5-4-8。

(九) 马繁殖性能登记

1. 配种方式为本交的，填写公母比例；配种方式为人工授精的，填写采精量、精子密度、精子活力和畸形率。

2. 性成熟月龄等指标根据实际情况填写。

3. 以上内容对应表 5-4-9。

(十) 马遗传资源影像材料

1. 照片用数码相机拍摄，图像的精度 800 万像素以上，照片大小在 1.2MB 以上。

2. 以 .jpg 格式保存，不对照片进行编辑。

3. 照片正面不携带年月日等其他信息。

4. 个体照片文件用"品种名称 + 年龄 + 性别 + 顺序号"命名，群体照片用"品种名称 + '群体' + 顺序号"命名，同时附相关 word 文档，对每张照片的品种名称、年龄、性别、拍摄日期、拍摄者姓名、饲养者名称及拍摄地点等进行详细说明。

5. 每个品种要有成年公马和成年母马左侧、右侧、正前方、正后方标准照片，并提供原生态群体照片 2 张。

6. 拍摄能反映品种特征的公、母个体照片，能反映所处生态环境的群体照片。

　　7. 视频资料要能反映品种所处的自然生态环境、群体概貌、品种特征、饲养方式等。

　　视频格式：每个视频时长不超过 5min，尽量在 3min 以内（大小不超过 80MB）。视频格式应为 MP4 格式。

　　8. 以上内容对应表 5–4–10。

表 5-4-1　马遗传资源概况表

省级普查机构：_____

品种（类群）名称		其他名称	
品种类型	地方品种 □	培育品种 □	引入品种 □
品种来源及形成历史			
中心产区			
分布区域			

群体数量（匹）		其中	种公马（匹）	
			种母马（匹）	

自然生态条件	地貌、海拔与经纬度						
	气候类型						
	气温	年最高		年最低		年平均	
	年降水量						
	无霜期						
	水源土质						
	耕地及草地面积						
	主要农作物、饲草料种类及生产情况						

消长形势	

（续）

分子生物学测定	
品种评价	
资源保护情况	
开发利用情况	
饲养管理情况	
疫病情况	

注：此表由该品种分布地的省级普查机构组织有关专家填写。

填表人（签字）：_____ 电话：_____ 日期：_____年____月____日

表 5-4-2　马体型外貌个体登记表

地点：_____省（自治区、直辖市）_____市（州、盟）_____县（市、区、旗）_____乡
（镇）_____村　场名：_____　联系人：_____　联系方式：_____
品种（类群）名称：_____　性别：公□　　母□

个体（序）号		年龄	
毛色	骝　毛□	黄骝毛□　红骝毛□　褐骝毛□　黑骝色□	
	栗　毛□	红栗毛□　黄栗毛□　金栗毛□　朽栗毛□	
	青　毛□	铁青毛□　红青毛□　菊花青毛□　斑点青毛□　白青毛□	
	兔褐毛□	灰兔褐毛□　红兔褐毛□　黄兔褐毛□　青兔褐毛□	
	沙　毛□	沙黑毛□　沙骝毛□　沙栗毛□　沙青毛□　沙兔褐毛□	
	黑　毛□	纯黑毛□　淡黑毛□　锈黑毛□	
	白　毛□	纯白毛□　污白毛□　桃花白毛□	
	其　他□	海骝毛□　鼠灰毛□　斑毛□　银鬃毛□　花毛□　花尾栗毛□	
别征	白　章□	头部：额刺毛□　飞白□　小星□　大星□　白额□　细长流星□　长广流星□　断流星□　白鼻□　白脸□　鼻端白□　唇白□　玉石眼□　无□	
		四肢：踏雪□　管⅓白□　管½白□　系白□　球节白□　蹄冠白□　黑斑□　条纹蹄□　无□	
	暗　章□	背线□　虎斑□　鹰膀□　其他□	
	其　他	额旋□　鼻旋□　颈旋□　胸下旋□　伤痕□　烙印□　无□	
气质	烈悍□　上悍□　中悍□　下悍□		
体质	粗糙型□　细致型□　干燥型□　湿润型□　结实型□		

（续）

头	大小：大□　中□　小□ 形状：直头□　兔头□　半兔头□　凹头□　羊头□　楔头□　条形头□ 耳：长□　中□　短□　垂□　立□　灵活□ 眼：大□　中□　小□ 颚凹：宽□　中□　窄□ 额：宽□　中□　窄□	
颈	长短：长□　中□　短□ 方向：斜颈□　水平颈□　立颈□ 形状：直颈□　鹤颈□　脂颈□　鹿颈□ 颈础：高颈础□　低颈础□　中等颈础□	
躯干	肩部	斜肩□　立肩□
	鬐甲	高□　中等□　低□　锐□
	胸	宽胸□　窄胸□　平胸□　凸胸□　凹胸□　深胸□　浅胸□
	背	直背□　凹背□　凸背□
	腰	直腰□　短腰□　长腰□　中等腰□　凸腰□　凹腰□
	肷	大□　中□　小□
	腹	良腹□　草腹□　垂腹□　卷腹□
	尾	尾毛：浓□　稀□　　　　　尾础：高□　低□
	尻	正尻□　水平尻□　斜尻□　圆尻□　复尻□　尖尻□
四肢	前肢肢势	前望：正常□　O 状□　X 状□　广踏□　狭踏□ 侧望：后踏□　前踏□
	前膝	凹膝□　弯膝□　正常□
	后肢肢势	后望：正常□　O 状□　X 状□ 侧望：正常□　刀状□　后踏□　前踏□
	蹄	内向蹄□　外向蹄□　立蹄□　滚蹄□
	系	正系□　卧系□　立系□　突球□　熊脚□
其他典型 外貌特征		

注：该表为个体实测表，由承担测定任务的保种单位（种马场）和有关专家填写。无保种场的，需要在该品种（原）产区选择 3 个及以上有一定空间距离的调查点进行外貌调查。

填表人（签字）：_____　电话：_____　　日期：_____年___月___日

表 5-4-3 马体型外貌群体特征表

地点：_____省（自治区、直辖市）_____市（州、盟）_____县（市、区、旗）_____乡
（镇）_____村 场名：_____ 联系人：_____ 联系方式：_____
品种（类群）名称：_____ 调查群体数：_____ 公：_____ 母：_____

毛色描述	
别征描述	
气质和体质描述	
体型外貌特征描述	

注：该表为群体特征调查汇总表，由承担测定任务的保种单位（种马场）和有关专家基于但不限于个体登记表，同时结合《中国畜禽遗传资源志·马驴驼志》和实际情况填写。

填表人（签字）：_____ 电话：_____ 日期：_____年___月___日

表 5-4-4 马体尺体重登记表

地点：_____省（自治区、直辖市）_____市（州、盟）_____县（市、区、旗）_____乡
（镇）_____村 场名：_____ 联系人：_____ 联系方式：_____
品种（类群）名称：_____ 性别：公 □ 母 □

序号	个体号	月龄	体高 (cm)	体长 (cm)	胸围 (cm)	管围 (cm)	体重 (kg)
平均数 ± 标准差							

注：该表为个体实测表，由承担测定任务的保种单位（种马场）和有关专家填写。无保种场的，
需要在该品种（原）产区选择 3 个及以上有一定空间距离的调查点进行测定。所有测量结果保
留小数点后一位。

填表人（签字）：_____ 电话：_____ 日期：_____年___月___日

表 5-4-5 马生长发育性能登记表

地点：_____省（自治区、直辖市）_____市（州、盟）_____县（市、区、旗）_____乡

（镇）_____村 场名：_____ 联系人：_____ 联系方式：_____

品种（类群）名称：_____ 性别：公 □ 母 □

测定月龄：初生 □ 6 月龄 □ 12 月龄 □ 18 月龄 □

序号	个体号	测定阶段体重（kg）
	平均数 ± 标准差	

注：该表为个体实测和（或）调查表，由承担测定任务的保种单位（种马场）和有关专家，根据实际测定结果和档案资料填写。所有测定结果保留小数点后一位。18 月龄体重为选填。

填表人（签字）：_____ 电话：_____ 日期：_____年____月____日

表 5-4-6 马屠宰性能登记表

地点：＿＿＿省（自治区、直辖市）＿＿＿市（州、盟）＿＿＿县（市、区、旗）＿＿＿乡
（镇）＿＿＿村 场名：＿＿＿＿＿ 联系人：＿＿＿＿＿ 联系方式：＿＿＿＿＿＿
品种（类群）名称：＿＿＿＿＿＿＿＿ 性别：公□ 母□

序号	个体号	月龄	宰前活重（kg）	胴体重（kg）	净肉重（kg）	骨重（kg）	骨肉比	屠宰率（%）
平均数 ± 标准差								
备　　注								

注：该表为个体实测表，由承担测定任务的保种单位（种马场）和有关专家填写。所有测定结果保留小数点后一位。备注中描述来源、饲养方式、饲料组成及营养水平。

填表人（签字）：＿＿＿＿＿ 电话：＿＿＿＿＿ 日期：＿＿＿年＿＿月＿＿日

表 5-4-7　马产乳性能登记表

地点：_____省（自治区、直辖市）_____市（州、盟）_____县（市、区、旗）_____乡（镇）_____村　场名：_____　联系人：_____　联系方式：_____

品种（类群）名称：_____

序号	月龄	胎次	产驹日期	泌乳期（d）	日产奶量（kg）	泌乳期总产奶量（kg）	乳成分			
							乳脂率（%）	乳蛋白率（%）	乳糖率（%）	非脂干物质率（%）
平均数 ± 标准差										

注：该表为个体调查表，由承担测定任务的保种单位（种马场）和有关专家填写。所有测定结果保留小数点后一位。

填表人（签字）：_____　电话：_____　日期：___年___月___日

表 5-4-8 马运动性能登记表

地点：_____省（自治区、直辖市）_____市（州、盟）_____县（市、区、旗）_____乡（镇）_____村 场名：_____ 联系人：_____ 联系方式：_____
品种（类群）名称：_____

序号	个体号	性别	年龄	赛事项目名称	举行时间	赛事级别	比赛名次	赛事成绩	场地描述

注：该表为个体调查表，由承担测定任务的保种单位（种马场）和有关专家填写。

填表人（签字）：_____ 电话：_____ 日期：_____年___月___日

表 5-4-9 马繁殖性能登记表

地点：_____省（自治区、直辖市）_____市（州、盟）_____县（市、区、旗）_____乡
（镇）_____村 场名：_____ 联系人：_____ 联系方式：_____
品种（类群）名称：_____ 调查数量：_____ 公：_____ 母：_____

母马	性成熟月龄			
	初配月龄			
	发情季节			
	发情周期（d）			
	妊娠期（d）			
公马	性成熟月龄			
	初配月龄			
	配种方式	本交 □	公母比例	
		人工授精 □	采精量（mL）	
			精子密度（亿个 /mL）	
			精子活力（%）	
			畸形率（%）	
	利用年限（a）			

注：该表为个体调查表，由承担测定任务的保种单位（种马场）和有关专家填写。此表中的指标应填写范围值。

填表人（签字）：_____ 电话：_____ 日期：_____年___月___日

表 5-4-10　马遗传资源影像材料

地点：＿＿＿省（自治区、直辖市）＿＿＿市（州、盟）＿＿＿县（市、区、旗）＿＿＿乡
（镇）＿＿＿村　场名：＿＿＿＿＿　联系人：＿＿＿＿＿＿＿　联系方式：＿＿＿＿＿＿＿＿

成年公马左侧照片	成年公马右侧照片
成年公马正前方照片	成年公马正后方照片
成年母马左侧照片	成年母马右侧照片
成年母马正前方照片	成年母马正后方照片
群体照片 1	群体照片 2
视频资料 1	视频资料 2

注：每个品种要有成年公、成年母左侧、右侧、正前方、正后方标准照片，并提供原生态群体
照片 2 张。

拍照人（签字）：＿＿＿＿＿＿＿　电话：＿＿＿＿＿＿＿＿　日期：＿＿＿年＿＿月＿＿日

五、驴遗传资源系统调查

（一）驴遗传资源概况

1. 品种（类群）名称　按《国家畜禽遗传资源品种名录（2021年版）》和《中国畜禽遗传资源志·马驴驼志》填写，新发现的驴遗传资源和新培育的驴品种按有关规定填写。

2. 其他名称　填写该品种的曾用名、俗名等。

3. 品种类型　根据《国家畜禽遗传资源品种名录（2021年版）》填写地方品种或培育品种。

4. 品种来源及形成历史　根据品种类型填写。地方品种填写（原）产地及形成历史；培育品种填写培育地、培育单位及育种过程、审定时间、证书编号。

5. 中心产区　该品种在本省的主要分布区域，且存栏量占本省该品种存栏量的20%以上。可填写至县级。

6. 分布区域　按照2021年普查结果填写。

7. 群体数量及种公驴、种母驴　根据2021年普查结果填写，从全国畜禽遗传资源信息系统里导出。

8. 自然生态条件　地方品种填写原产地的自然生态条件，分布在原产地之外的地方品种和培育品种填写中心产区的自然生态条件。

（1）地貌　在山地、盆地、丘陵、平原、高原中选择，可多选。

（2）海拔　填写产区范围内的海拔高度，单位为米（m）。如：××～××m。

（3）经纬度　填写产区范围，东经××°××′—××°××′；北纬××°××′—××°××′。

（4）气候类型　在热带雨林气候、热带草原气候、热带季风气候、热带沙漠气候、亚热带季风和湿润气候、地中海气候、温带季风气候、温带海洋性气候、温带大陆性气候、亚寒带针叶林气候、高原山地气候中选择，可多选。

（5）气温　单位为摄氏度（℃）。

（6）年降水量　正常年年均降水量，单位为毫米（mm）。

（7）无霜期　年均总天数；时间：××—××月。

（8）水源土质　产区流经的主要河流等。

（9）耕地及草地面积。

（10）主要农作物、饲草料种类及生产情况。

9. 消长形势　描述近15年数量规模变化、品质性能变化，以及遗传多样性变化情况。

10. 分子生物学测定　该品种是否进行过生化或分子遗传学相关测定，如有，需要填写测定单位、测定时间和行业公认的代表性结果；如没有可填写无。

11. 品种评价 填写该品种遗传特点、优异特性、可供研究开发利用的主要方向。

12. 资源保护情况 填写该品种是否制订保种和利用计划，是否设有保护区、保种场，如有，需要填写具体情况，包括保种场（保护区）名称、级别、群体数量。填写是否建立了品种登记制度，如有，需要填写开始时间和负责单位。

13. 开发利用情况 包括但不限于纯繁生产、杂交利用、新品种（系）培育、品种标准（注明标准号），以及产品开发、品牌创建、农产品地理标志等。

14. 饲养管理情况 填写管理难易、补饲情况、饲料组成及饲养方式。

15. 疫病情况 填写调查该品种原产地或中心产区的流行性传染病和寄生虫病发生情况，以及该品种易感和抗病情况。

16. 以上内容对应表 5-5-1。

（二）驴体型外貌个体登记

观测有代表性的成年公驴 10 头以上、成年母驴 50 头以上。

1. 毛色、别征、体质（粗糙型、细致型、干燥型、湿润型、结实型）勾选即可。

2. 体质类型

（1）粗糙型 头重，骨粗；肌肉厚实，关节肌腱不够明显；皮厚，皮下结缔组织一般；被毛粗硬，鬃、鬣、尾、距毛多而浓密。

（2）细致型 头小，骨量较轻；肌肉不够发达，关节明显；皮薄毛细，皮下结缔组织少，长毛稀少；敏感，性情暴躁，运动缺乏持久力，适应性较差。

（3）干燥型 头部清秀，头部及四肢血管显露，骨骼结实，蹄质坚实；肌肉结实有力，关节肌腱明显；皮薄有弹性，被毛细短，长毛不多，皮下结缔组织不发达；性情活泼，运动敏捷。

（4）湿润型 头大，骨骼粗，蹄质较松；肌肉松弛，关节肌腱不明显；皮厚毛粗，长毛较多，皮下结缔组织发达；性情迟钝，不够灵活。

（5）结实型 头大小适中，骨骼结实；肌肉厚实，腱和韧带发达；皮肤厚，被毛光泽；皮下结缔组织少，无粗糙外观。

3. 外貌特征

A. 头颈部

（1）头部大小 头的大小，一般是以头与颈做比较，与颈长相等者为中等大的头；大于颈长者为大头，小于颈长者为小头。

（2）头部形状

直头：侧望，额部至鼻梁为一条直线。

兔头：侧望，额部至鼻梁呈弓起形状。

半兔头：侧望，额部平直，鼻梁处呈弓起形状。

凹头：侧望，额部与鼻梁之间略微凹下。

羊头：侧望，额部突起，形似山羊头。

楔头：侧望，额部正常，但鼻梁部和口唇部细小。

条形头：额部、下颌部均呈发育不良状态，侧望，头部呈细长条状。

（3）颚凹　下颌两后角之间的凹陷部分。大中型驴颚凹 6～7cm 以上者为宽，5～6cm 以下者为窄颚凹，其他为中等；小型驴 5cm 以上为宽，4cm 以下为窄颚凹，其他为中等。

（4）耳、眼、额　根据实际情况填写。

（5）颈部长短　颈长与头长相比，超过者为长颈，相等者为中等颈，小于头长者为短颈。

（6）颈部方向　颈中轴线与地平线所成的夹角为 45° 左右是斜颈。颈中轴线与地平线所成的夹角为近于水平为水平颈。颈中轴线与地平线所成的夹角大于 45° 是立颈。

（7）颈部形状　在斜颈的基础上，颈的上下缘略呈直线前伸为直颈。颈的基部倾向于垂直，颈的上部略有弯曲，形似鹤的颈为鹤颈。应颈上缘结缔组织发达，且脂肪蓄积过多，使鬐床隆起为脂颈。颈的上缘凹，下缘凸起，头的方向倾向水平为鹿颈。

（8）颈础　气管进入胸腔的位置明显高于肩关节连线的为高颈础，低于肩关节连线的为低颈础，略高于肩关节连线的为中等颈础。

B. 躯干部

（1）肩部　肩胛与水平线的夹角为 40°～45° 是斜肩；肩胛与水平线的夹角大于 60° 是立肩。

（2）鬐甲　鬐甲高于尻高者为高鬐甲；鬐甲高与尻高相等者为中等鬐甲；鬐甲高低于尻高者为低鬐甲；鬐甲高而薄者为锐鬐甲。

（3）胸　两前肢垂直，前蹄间的距离大于一蹄者为宽胸，前蹄间的距离小于一蹄者为窄胸；胸前臂与两肩关节相平齐或略饱满而成圆隆状为平胸；胸骨向前突出者为凸胸；胸前臂向内凹入者为凹胸；深胸为鬐甲至腹下缘的垂直距离（胸深）大于肘至地面水平线间垂直距离（肢长）。浅胸为鬐甲至腹下缘的垂直距离（胸深）小于肘至地面水平线间垂直距离（肢长）。

（4）背　背部呈自然曲度，长短适中者为直背；背部向下凹陷，肌肉和韧带发育不良者为凹背；背部向上弓起，两侧肌肉发育不良者为凸背。

（5）腰　腰呈水平或自然弧度为直腰；距离明显短于平均长度为短腰；距离明显长与平均长度为长腰；长度适中为中等腰；腰部向上弓起为凸腰；腰部向下凹陷为凹腰。

（6）肷　位于腰两侧，在最后一根肋骨之后和腰角之间。大小能容纳一掌为中等，大于一掌为大，小于一掌为小。

（7）腹　腹下线与胸下线呈一条直线，逐渐向后上方弯曲，两侧不显突出为良腹；腹肌松弛下垂为垂腹；腹部过于向左右侧膨大为草腹；腹部形状为卷缩为卷腹。

（8）尾　尾巴高举，尾与体躯分离明显者为高尾础；尾巴夹于尻下股间，为低尾础；介于以上二者之间的尾形为中等尾础。

（9）尻　以荐椎、髋骨及强大的肌肉群为基础。侧望，尻长线（由腰角至臀端的直线）与水平线的夹角为 20°～30° 的是正尻；侧望，尻长线（由腰角至臀端的直线）与水平线的夹角小于 20°，方向接近水平的为水平尻；侧望，尻长线（由腰角至臀端的直线）与水平线的夹角大于 30° 的为斜尻；后望，两腰角不突出，肌肉发达为圆尻；后望，由于肌肉强盛，中央出现凹沟，两侧隆起为复尻；后望，荐椎向上突出明显，两侧肌肉消瘦，呈屋脊状为尖尻。

C. 四肢部

（1）前肢肢势　前望，由肩端中央引一垂线，前肢由上到下均被垂线左右等分；侧望，自桡骨外侧韧带结节向下引一垂线，将球节以上各部位前后等分，系与地面夹角为 45°～50° 是正常肢势；前望时，两前膝互相靠近，呈 X 形肢势为外弧，两前膝相距较远，呈 O 形肢势为内弧；前望时，两前肢下部斜向垂线外侧为广踏，斜向垂线内侧为狭踏；侧望时，前肢斜向垂线后方为后踏，斜向垂线前方为前踏；球节以上呈垂直状，仅系以下斜向垂线内侧为内向，仅系以下斜向垂线外侧为外向。

（2）后肢肢势　侧望，从臀端向下引一垂线，该垂线触及飞端，沿后管和球节后缘落于蹄的后方，系与地面呈 50°～60° 角，后望，由臀端向下引一垂线，将飞节以下各部位左右等分为正常肢势。前望时，两飞节互相靠近，呈 X 形肢势为外弧，两飞节相距较远，呈 O 形肢势为内弧；侧望时，后肢斜向垂线后方为后踏，斜向垂线前方为前踏；侧望时，飞端触及垂线，而飞节以下各部都倾于垂线的前方为刀状肢势。

（3）前膝　以腕骨为基础。前膝向后突出为凹膝；向前突出为弯膝；

（4）系　以第一趾骨为基础。系与地平线的夹角为 50°～60° 是正系，小于 50° 是卧系，大于 60° 是立系；由于腱损伤，球节向前方突出为突球；卧系并伴有高蹄、球节下垂者为熊脚。

（5）蹄　内向蹄球节以上呈垂直状态，系部以下斜向内侧；外向蹄球节以上呈垂直状态，系部以下斜向外侧；滚蹄蹄寸踠部大筋缩短，使蹄向后翻滚，行走时如滚球状。

4. 测定参照驴体部位名称图示（图 5-5-1）。

5. 以上内容对应表 5-5-2。

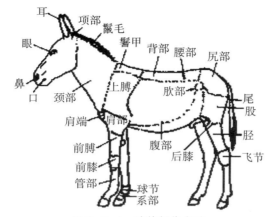

图 5-5-1　驴体部位名称

（三）驴体型外貌群体登记

1. 毛色描述　填写该品种毛色类型及占比。如某品种毛色以灰毛为主，约占 65%，黑毛、栗毛次之，其他毛色较少。一般灰驴均具有背线、鹰膀、虎斑，黑驴多有粉鼻、粉眼、白肚皮等特征。

2. 别征、体质　根据实际情况填写。

3. 体型外貌特征描述　内容包括但不限于头、颈、躯干、四肢、尾等。

4. 以上内容对应表 5-5-3。

（四）驴体尺体重登记

测定有代表性的成年公驴 10 头以上、母驴 50 头以上。无保种场的，每个调查点至少测定成年公驴 3 头以上、成年母驴 15 头以上。

1. 体尺

（1）体高　鬐甲最高点到地平面的垂直距离。

（2）体长　肩端前缘至臀端直线距离。

（3）胸围　在肩胛骨后缘处垂直绕一周的胸部围长度。

（4）管围　左前管部上 1/3 的下端（最细处）的周长度。

（5）头长　项顶至鼻端直线间距离。

（6）颈长　耳根至肩胛前缘。

（7）胸宽　两肩端外侧之间的宽度。

（8）胸深　鬐甲最高点至胸下缘垂直距离。

（9）尻高　尻部最高点至地面的垂直距离。

（10）尻长　腰角前缘至坐骨结节后缘间的距离。

（11）尻宽　两腰角外侧间［左右两腰角（髋结节）最大宽度］的水平距离。

2. 体重　即空腹重，驴早晨未进食前测定的重量。体重应在磅秤或地秤上称量。测定成年母驴应为空怀至妊娠 2 个月内的个体。

3. 以上内容对应表 5-5-4。

（五）驴生长发育性能登记

1. 初生、6 月龄、12 月龄体重为必填项，3 月龄、24 月龄体重为选填项。

2. 每个阶段需调查测定公驴 10 头以上、母驴 20 头以上。

3. 以上内容对应表 5-5-5。

（六）驴屠宰性能登记

需屠宰测定 18 月龄及以上公驴 5 头、成年母驴 5 头。

1. 宰前活重　禁食 24h、禁水 12h 后待宰前的活重。

2. 胴体重　经宰杀放血后，除去皮、头、蹄、尾、内脏（保留肾及肾周脂肪）及生殖器（母驴去除乳房）后的躯体重量。

3. 净肉重　胴体剔除骨骼、韧带后的全部肉重。

4. 骨重　剔除胴体肌肉后即时称取骨骼总重。

5. 骨肉比　骨重与净肉重之比。

6. 腹脂重　屠宰后，剥离腹部脂肪的即时称重。

7. 脏器重　宰后掏出内脏，即时分别称取心（留冠状动脉称重）、肝、肺（气管 <2cm）、脾、胃（剪断食管和肠管）、肾及肠（清除内容物并清洗）的重量。

8. 皮重　将驴皮剥下并沥干水分后称取的重量。

9. 屠宰率　胴体重占宰前重的百分比。

10. 肋骨对数　驴屠宰后剔除肌肉，计数肋骨对数。

11. 脊椎数　颈椎、胸椎、腰椎的总数。

12. 以上内容对应表 5-5-6。

（七）驴产乳性能登记

需调查 30 头成年母驴。

1. 测定日期　填写日产奶量测定时间。

2. 泌乳期　从分娩后开始泌乳之日起到停止泌乳之间的一段时间。

3. 日产奶量　日产奶量（kg/d）= 两次挤奶量之和（kg）×24h/ 两次挤奶隔离时间之和（8h）。尽量在产驹后 50 ~ 80d 内测量，连续测量 3d，求平均数。每天挤奶和采样 2 次，挤奶前母驴与驴驹隔离 4h，挤奶后称重，得 1 次挤奶量。

4. 泌乳期总产奶量　一个泌乳期内的产奶总量。

5. 乳成分　包括乳脂率、乳蛋白率、干物质率、乳糖率，产驹后 50 ~ 80d 内，连续测定 3 次以上，计算其平均数。

6. 以上内容对应表 5–5–7。

(八) 驴繁殖性能登记

1. 配种方式为本交的，填写公母比例；配种方式为人工授精的，填写采精量、精子密度、精子活力和畸形率。

2. 性成熟月龄等指标根据实际情况填写。

3. 以上内容对应表 5–5–8。

(九) 驴遗传资源影像材料

1. 照片用数码相机拍摄，图像的精度 800 万像素以上，照片大小在 1.2MB 以上。

2. 以 .jpg 格式保存，不对照片进行编辑。

3. 照片正面不携带年月日等其他信息。

4. 个体照片文件用"品种名称 + 年龄 + 性别 + 顺序号"命名，群体照片用"品种名称 + '群体' + 顺序号"命名，同时附相关 word 文档，对每张照片的品种名称、年龄、性别、拍摄日期、拍摄者姓名、饲养者名称及拍摄地点等进行详细说明。

5. 每个品种要有成年公驴和成年母驴左侧、右侧、正前方、正后方的标准照片，并提供原生态群体照片 2 张。

6. 拍摄能反映品种特征的公、母个体照片，能反映所处生态环境的群体照片。

7. 视频资料要能反映品种所处的自然生态环境、群体概貌、品种特征、饲养方式等。

视频格式：每个视频时长不超过 5min，尽量在 3min 以内（大小不超过 80MB）。视频格式应为 MP4 格式。

8. 以上内容对应表 5–5–9。

表 5-5-1　驴遗传资源概况表

省级普查机构：＿＿＿＿＿＿＿＿＿＿

品种（类群）名称		其他名称			
品种类型	地方品种□		培育品种□		
品种来源及形成历史					
中心产区					
分布区域					
群体数量（头）		其中	种公驴（头）		
			种母驴（头）		
自然生态条件	地貌、海拔与经纬度				
	气候类型				
	气温	年最高	年最低	年平均	
	年降水量				
	无霜期				
	水源土质				
	耕地及草地面积				
	主要农作物、饲草料种类及生产情况				

（续）

消长形势	
分子生物学测定	
品种评价	
资源保护情况	
开发利用情况	
饲养管理情况	
疫病情况	

注：此表由该品种分布地的省级普查机构组织有关专家填写。

填表人（签字）：＿＿＿＿＿＿＿＿ 电话：＿＿＿＿＿＿＿＿ 日期：＿＿＿年＿＿月＿＿日

表 5-5-2　驴体型外貌个体登记表

地点：_____省（自治区、直辖市）_____市（州、盟）_____县（市、区、旗）_____乡（镇）_____村　场名：_____　联系人：_____　联系方式：_____

品种（类群）名称：_____　　性别：公□　　　　母□

个体（序）号			年龄	
毛色	粉黑（三粉或黑燕皮）□　　乌头黑□　　灰色□ 栗色（红、铜、驼色）□　　青色□　　白色□			
别征	头部	白斑□　　耳斑□		
	身体四肢	背线（骡线）□　　鹰膀□　　虎斑（斑驴纹）□		
	其他	旋毛□　　伤痕□　　烙印□　　唇印（刺青）□		
体质	粗糙型□　　细致型□　　干燥型□　　湿润型□　　结实型□			
头	大小：大□　中□　小□ 形状：直头□　兔头□　半兔头□　凹头□　羊头□　楔头□　条形头□ 额：宽□　中□　窄□ 耳：长□　中□　短□　垂□　立□　灵活□ 眼：大□　中□　小□ 颚凹：宽□　中□　窄□			
颈	长短：长□　中□　短□ 方向：斜颈□　水平颈□　立颈□ 形状：直颈□　鹤颈□　脂颈□　鹿颈□ 颈础：高□　低□　中等□			
躯干	肩部	斜肩□　　立肩□		
	鬐甲	高□　　中等□　　低□　　锐□		
	胸	宽胸□　窄胸□　平胸□　凸胸□　凹胸□　深胸□　浅胸□		
	背	直背□　凹背□　凸背□		
	腰	直腰□　短腰□　长腰□　中等腰□　凸腰□　凹腰□		
	肷	大□　　中□　　小□		
	腹	良腹□　草腹□　垂腹□　卷腹□		
	尾	尾毛：浓□　　稀□ 尾础：高□　　低□		
	尻	正尻□　水平尻□　斜尻□　圆尻□　复尻□　尖尻□		
四肢	前肢肢势	前望：正常□　外弧□　内弧□　广踏□　狭踏□ 侧望：后踏□　前踏□		
	后肢肢势	后望：正常□　外弧□　内弧□ 侧望：正常□　刀状□　后踏□　前踏□		
	前膝	凹膝□　　弯膝□　　正常□		
	系	正系□　卧系□　立系□　突球□　熊脚□		
	蹄	内向蹄□　外向蹄□　立蹄□　滚蹄□		
其他典型外貌特征				

注：该表为个体实测表，由承担测定任务的保种单位（种驴场）和有关专家填写。无保种场的，需要在该品种（原）产区选择 3 个及以上有一定空间距离的调查点进行外貌调查。

填表人（签字）：_____　电话：_____　　　日期：_____年_____月_____日

表 5-5-3 驴体型外貌群体特征表

地点：_____省（自治区、直辖市）_____市（州、盟）_____县（市、区、旗）_____乡
（镇）_____村 场名：_____ 联系人：_____ 联系方式：_____
品种（类群）名称：_____ 调查群体数：_____ 公：_____ 母：_____

毛色描述	
别征描述	
体质描述	
体型外貌特征描述	

注：该表为群体特征调查汇总表，由承担测定任务的保种单位（种驴场）和有关专家基于但不
限于个体登记表，同时结合《中国畜禽遗传资源志·马驴驼志》和实际情况填写。

填表人（签字）：_____ 电话：_____ 日期：_____年___月___日

表 5-5-4 驴体尺体重登记表

地点：_____ 省（自治区、直辖市）_____ 市（州、盟）_____ 县（市、区、旗）_____ 乡（镇）_____ 村

场名：_____ 联系人：_____ 联系方式：_____

品种（类群）名称：_____ 性别：公 □ 母 □

序号	个体号	月龄	体高 (cm)	体长 (cm)	胸围 (cm)	管围 (cm)	头长 (cm)	颈长 (cm)	胸宽 (cm)	胸深 (cm)	尻高 (cm)	尻长 (cm)	尻宽 (cm)	体重 (kg)
平均数 ± 标准差														

注：该表为个体实测表，由承担测定任务的保种单位（种驴场）和有关专家填写。无保种场的，需要在该品种（原）产区选择 3 个及以上有一定空间距离的调查点进行测定。所有测量结果保留小数点后一位。

填表人（签字）：_____ 电话：_____

日期：_____ 年_____ 月_____ 日

表 5-5-5　驴生长发育性能登记表

地点：_____ 省（自治区、直辖市）_____ 市（州、盟）_____ 县（市、区、旗）_____ 乡（镇）_____ 村　场名：_____　联系人：_____　联系方式：_____

品种（类群）名称：_____　　　性别：公 □　　　母 □

测定月龄：初生 □　　3 月龄 □　　6 月龄 □　　12 月龄 □　　24 月龄 □

序号	个体号	测定阶段体重（kg）
平均数 ± 标准差		

注：该表为个体实测和（或）调查表，该表由承担测定任务的保种单位（种驴场）和有关专家，根据实际测定结果和档案资料填写。所有测量结果保留小数点后一位。3 月龄和 24 月龄选填。

填表人（签字）：_____　电话：_____　　　日期：_____ 年 ___ 月 ___ 日

表5-5-6 驴屠宰性能登记表

地点: 省（自治区、直辖市）_____ 市（州、盟）_____ 县（市、区、旗）_____ 乡（镇）_____ 村_____

场（户）名:_____ 联系人:_____ 联系方式:_____

品种（类群）名称:_____ 性别: 公□ 母□

序号	个体号	年龄	宰前活重 (kg)	胴体重 (kg)	净肉重 (kg)	骨重 (kg)	骨肉比	腹脂重 (kg)	脏器重 (kg)	皮重 (kg)	屠宰率 (%)	肋骨对数	脊椎数
平均数±标准差													
备注													

注: 该表为个体实测表, 由承担测定任务的保种单位（种驴场）和有关专家填写。所有测定结果保留小数点后一位。在备注中描述来源、饲养方式、饲料组成及营养水平。

填表人（签字）:_____ 电话:_____

日期:_____年_____月_____日

表 5-5-7　驴产乳性能登记表

地点：_____省（自治区、直辖市）_____市（州、盟）_____县（市、区、旗）_____乡（镇）_____村　场名：_____　联系人：_____　联系方式：_____

品种（类群）名称：_____

序号	月龄	胎次	产驹日期	测定日期	泌乳期(d)	日产奶量(kg)	泌乳期总产奶量(kg)	乳成分			
								乳脂(%)	乳蛋白(%)	乳糖(%)	干物质率(%)
平均数 ± 标准差											

注：此表为个体调查表，选填由承担测定任务的保种单位（种驴场）和有关专家填写。所有测定结果保留小数点后一位。

填表人（签字）：_____　电话：_____　日期：_____年___月___日

表 5-5-8　驴繁殖性能登记表

地点：_____省（自治区、直辖市）_____市（州、盟）_____县（市、区、旗）_____乡
（镇）_____村　场名：_____　联系人：_____　联系方式：_____
品种（类群）名称：_____　调查数量：_____　公：_____　母：_____

母驴	性成熟月龄			
	初配月龄			
	发情季节			
	发情周期（d）			
	妊娠期（d）			
公驴	性成熟月龄			
	初配月龄			
	配种方式	本交 □	公母比例	
		人工授精 □	采精量（mL）	
			精子密度（亿个 /mL）	
			精子活力（%）	
			畸形率（%）	
	利用年限（a）			

注：该表为群体调查表，由承担测定任务的保种单位（种驴场）和有关专家填写。此表中的指标应填写范围值。

填表人（签字）：_____　电话：_____　日期：____年___月___日

表 5-5-9　驴遗传资源影像材料

地点：____省（自治区、直辖市）____市（州、盟）____县（市、区、旗）____乡（镇）____村　场名：_____　联系人：_____　联系方式：_____

成年公驴左侧照片	成年公驴右侧照片
成年公驴正前方照片	成年公驴正后方照片
成年母驴左侧照片	成年母驴右侧照片
成年母驴正前方照片	成年母驴正后方照片
群体照片 1	群体照片 2
视频资料 1	视频资料 2

注：每个品种要有成年公驴和成年母驴左侧、右侧、正前方、正后方标准照片，并提供原生态群体照片 2 张。

拍照人（签字）：_____　电话：_____　日期：____年____月____日

六、骆驼（羊驼）遗传资源系统调查

（一）骆驼（羊驼）遗传资源概况

1. 品种（类群）名称　按《国家畜禽遗传资源品种名录（2021 年版）》和《中国畜禽遗传资源志·马驴驼志》填写，新发现的骆驼遗传资源按有关规定填写。

2. 其他名称　填写该品种的曾用名、俗名等。

3. 品种类型　根据《国家畜禽遗传资源品种名录（2021 年版）》填写地方品种或引入品种。

4. 品种来源及形成历史　根据品种类型填写。地方品种填写（原）产地及形成历史；引入品种填写主要的输出国家以及引种历史等。

5. 中心产区　该品种在本省的主要分布区域，且存栏量占本省该品种存栏量的 20% 以上。可填写至县级。

6. 分布区域　按照 2021 年普查结果填写。

7. 群体数量及种公驼、种母驼　根据 2021 年普查结果填写，从全国畜禽遗传资源信息系统里导出。

8. 自然生态条件　地方品种填写原产地的，分布在原产地之外的地方品种和引入品种填写中心产区的自然生态条件。

（1）地貌　在山地、盆地、丘陵、平原、高原中选择，可多选。

（2）海拔　填写产区范围内的海拔高度，单位为米（m）。如：××～××m。

（3）经纬度　填写产区范围，东经 ××°××′—××°××′；北纬 ××°××′—××°××′。

（4）气候类型　在热带雨林气候、热带草原气候、热带季风气候、热带沙漠气候、亚热带季风和湿润气候、地中海气候、温带季风气候、温带海洋性气候、温带大陆性气候、亚寒带针叶林气候、高原山地气候中选择，可多选。

（5）气温　单位为摄氏度（℃）。

（6）年降水量　正常年年均降水量，单位为毫米（mm）。

（7）无霜期　年均总天数；时间：××—×× 月。

（8）水源土质　产区流经的主要河流等。

（9）耕地及草地面积。

（10）主要农作物、饲草料种类及生产情况。

9. 消长形势　描述近 15 年数量规模变化、品质性能变化，以及遗传多样性变化情况。

10. 分子生物学测定　该品种是否进行过生化或分子遗传学相关测定，如有，需要填写测定单位、测定时间和行业公认的代表性结果；如没有，可填写无。

11. 品种评价　填写该品种遗传特点、优异特性、可供研究开发利用的主要方向。

12. 资源保护情况　填写该品种是否制订保种和利用计划，是否设有保护区、保种场，如有，需要填写具体情况，包括保种场（保护区）名称、级别、群体数量。填写是否建立了品种登记制度，如有，需要填写开始时间和负责单位。

13. 开发利用情况　包括但不限于纯繁生产、杂交利用、品种标准（注明标准号），以及产品开发、品牌创建、农产品地理标志等。

14. 饲养管理情况　填写管理难易、补饲情况、饲料组成及饲养方式。

15. 疫病情况　填写调查该品种原产地或中心产区的流行性传染病和寄生虫病发生情况，以及该品种易感和抗病情况。

16. 以上内容对应表 5-6-1。

（二）骆驼（羊驼）体型外貌个体登记

观测有代表性的成年公骆驼（羊驼）10 峰以上、成年母骆驼（羊驼）30 峰以上。

1. 毛色、体质（粗糙紧凑型、细致紧凑型、结实型）、结构、头、颈等内容根据实际情况勾选即可。

2. 体质类型

（1）粗糙紧凑型　体格高大，外形粗壮，头粗重，鼻梁隆起，嘴粗圆；颈粗壮有力；前躯发育良好，胸深而宽，四肢粗壮有力，蹄大而厚；骨骼粗重，肌肉发达，皮厚，绒毛较粗，粗毛比例较高，保护毛粗而发达，泌乳量较低，驮载量大，速力低，但持久性强。

（2）细致紧凑型　外形轮廓明显，皮下结缔组织不发达。骨骼细而坚固，肌肉坚实有力，皮薄而弹性良好，性情活泼，头小清秀，颜面部血管暴露清晰，嘴尖而细，颈细长。胸深宽度适中，四肢细长，其上筋腱血管清晰可见；被毛纤维柔软，绒层厚密，保护毛细而不发达，泌乳量较高，驮载量与持久力较差，但速力较快。

（3）结实型　体格粗壮，轮廓清晰，结构匀称，肌肉十分发达，性情灵活温驯。头大小适中，眼大有神，颈长而粗，坚强有力；前胸宽深，腹大而圆，腹壁坚实，弹性良好，尻部宽长而不过斜，四肢粗壮，长短适中，关节强大，肢势正确；皮肤致密富有弹性，绒层厚密，绒毛比例较高，保护毛适中；泌乳量较高，驮载量与持久力均好。

3. 头部

（1）头　头的大小是以枕骨嵴到鼻端的距离而定。

（2）眼　根据实际情况进行勾选。

（3）嘴唇形状　根据实际情况进行勾选。

4. 颈部

（1）颈　根据实际情况进行勾选。

（2）头颈结合情况　根据实际情况进行填写。

（3）颈肩结合情况　根据实际情况进行填写。

（4）肌肉发育　根据实际情况进行填写。

5. 躯干

（1）鬐甲　位于前峰之下、肩之上，以胸椎棘突为基础，鬐甲大小根据实际情况进行勾选。

（2）尻　短而斜近方形，骨盆轴线均较牛马短，肠骨内角覆于荐椎之上，形成明显的弓形突起，两坐骨上脊相距较宽，后躯与其他家畜相比，相应地较小。

（3）胸　位于颈的后下缘，两侧连在两肩端的下方，与肩端在同一平面。

（4）驼峰　骆驼有前后两峰，位于鬐甲之上的称为前峰，位于腰椎之上的称为后峰，一般前峰高而窄，后峰矮而宽。骆驼个体之间，两峰的形状、大小和竖倒情况差别很大。按两峰体积的大小，可分为大、中、小三型。

6. 四肢

（1）前肢势　包括前肢前望正肢势、前肢侧望正肢势和前肢不正肢势，根据外貌特征图例进行勾选（图5-6-1）。

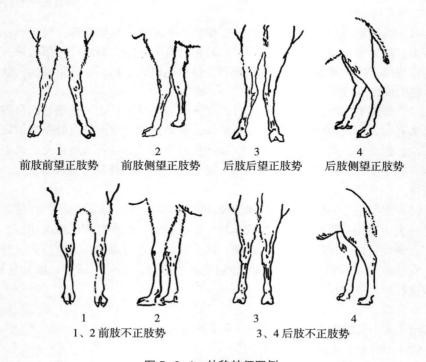

1　　　　　　　2　　　　　　　3　　　　　　　4

前肢前望正肢势　前肢侧望正肢势　后肢后望正肢势　后肢侧望正肢势

1　　　　　　2　　　　　　　3　　　　　　4

1、2前肢不正肢势　　　　3、4后肢不正肢势

图5-6-1　外貌特征图例

（2）后肢势　包括后肢后望正肢势、后肢侧望正肢势和后肢不正肢势，根据

外貌特征图例进行勾选。

（3）掌　即底部的角质垫，在第二和第三指（趾）骨之下，是适于沙漠运动的机能组织。不同群体其大小各异，根据品种特征勾选实际大小即可。

7. 以上内容对应表5-6-2。

（三）骆驼（羊驼）体型外貌群体登记

1. **毛色描述**　填写该品种毛色类型及占比。比如，某品种毛色以黄色为基础，约占比70%，由于深浅程度不同，分为褐、红、黄、白四种颜色。长粗毛颜色较深，绒毛颜色较浅，刺毛的颜色变化较多。被毛中的绒毛、长粗毛、短粗毛、刺毛颜色基本一致，一般由前躯到后躯、由背部到体侧，颜色逐渐变浅，而腹下毛色较深。骆驼嘴唇、前膝、前管的绒毛以红色为多，个别呈白色或沙毛色。一般毛纤维由尖端到根部一色的较少，多数为两色，个别驼有3～5种颜色，形成多层次颜色特征。毛色多为杏黄色、深黄色、紫红色、黑褐色，少数为白色和灰白色，以杏黄色和棕红色为主。

2. **外貌特征描述**　内容包括但不限于头、颈、躯干、四肢等。

3. 以上内容对应表5-6-3。

（四）骆驼（羊驼）体尺体重登记

测定有代表性的成年公驼10峰以上、成年母驼30峰以上。其中，母驼为空怀个体。无保种场的，每个调查点至少测定成年公驼3峰以上、成年母驼10峰以上。

1. **体长**　由肩胛关节前面的突起部位起，到坐骨结节后面突起的距离。即由肩端到臀端的距离。

2. **体高**　由前峰后缘基部（9～10背椎棘突处）到地面的垂直距离。单峰驼体高，由第三背椎（即驼峰前缘基部、鬐甲）到地面的垂直距离。

3. **胸围**　双峰驼的胸围，是从前峰后缘基部起向下经过胸底角质垫的中心绕体一周，所成的垂直周径。单峰驼胸围，由第三背椎（即驼峰前缘基部）起向下同样经过胸底角质垫的中心绕体一周。

4. **管围**　双峰驼的管围是由前肢左管部的上1/3处，绕管一周，所成的水平周径。

5. **体重**　即空腹重，骆驼早晨未进食前测定的重量。体重应在磅秤或地秤上称量。测定的母骆驼应为空怀个体。

6. **体长指数**　体长÷体高×100%

7. **胸围指数**　胸围÷体高×100%

8. **管围指数**　管围÷体高×100%

9. **前峰高**　从前驼峰的基部到前驼峰顶部的垂直距离。

10. 前峰宽　位于鬐甲之上的宽度。

11. 后峰高　从后驼峰的基部到后驼峰顶部的垂直距离。

12. 后峰宽　位于腰椎之上的宽度。

13. 峰距　从峰基前缘到峰基后缘的距离。

14. 以上内容对应表 5-6-4，参照双峰驼四项体尺测量部位图（图 5-6-2）。

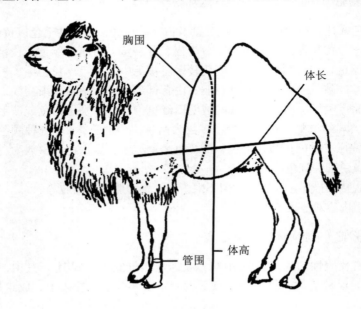

图 5-6-2　双峰驼体尺测量部位

（五）骆驼（羊驼）生长发育性能登记

1. 每个阶段的体重需调查测定有代表性的公骆驼（羊驼）10 峰以上、母骆驼（羊驼）30 峰以上。

2. 调查测定阶段包括初生、3 月龄、12 月龄。

3. 以上内容对应表 5-6-5。

（六）骆驼（羊驼）屠宰性能登记

需屠宰测定成年公骆驼（羊驼）5 峰以上、成年母骆驼（羊驼）5 峰以上。

1. 月龄　记录屠宰时的具体月龄。

2. 宰前活重　禁食 24h、禁水 12h 后待宰前的活重，单位为 kg。

3. 胴体重　骆驼屠宰后除去血液、头、掌、尾、毛（皮）、内脏（保留肾及肾周脂肪）及生殖器（母骆驼去除乳房）后的躯体重量，单位为 kg。

4. 净肉重　指骆驼胴体除去骨骼之后的净肉和脂肪的重量，单位为 kg。

5. 驼峰重　骆驼宰杀之后，前后驼峰的重量，单位为 kg。

6. 驼掌重　骆驼宰杀之后，四个驼掌的重量，单位为 kg。

7. 肉骨峰比　分别对肉、骨和峰进行称重，记录三者的重量比例。

8. 屠宰率　胴体重占宰前重的百分比。

9. 备注　描述来源、饲养方式、饲料组成及营养水平。

10. 以上内容对应表 5-6-6。

（七）骆驼（羊驼）产乳性能登记

需调查 30 峰成年母骆驼（羊驼）。

1. 泌乳期　从分娩后开始泌乳之日起到停止泌乳之间的一段时间。一般都在一年以上，14 ~ 17 个月。

2. 产奶量　一个泌乳期内的产奶总量。

3. 日产奶量　日产奶量（kg/d）= 一天内挤奶量总和（kg）×24h/ 挤奶隔离时间之和。

4. 乳成分　包括乳脂率、乳蛋白率、干物质率、乳糖率，连续测定 3 次以上，计算其平均数。

5. 以上内容对应表 5-6-7。

（八）骆驼（羊驼）毛用性能登记

每个品种需要调查成年公骆驼（羊驼）10 峰、成年母骆驼（羊驼）30 峰。

1. 年产毛量　测定一周岁以上的骆驼（羊驼），每年 2—3 月开始剪嗉毛，惊蛰前后剪完；3—5 月剪肘毛，3 月中旬即春分前后剪鬣毛和鬃毛，峰顶毛和尾毛与被毛同时收。以上毛总重记录为骆驼（羊驼）年毛产量，单位为 kg/ 年。

2. 含绒率　指驼绒重量占驼原绒重量的百分比。驼绒是取自腹部的绒毛。

3. 绒细度　系指单本毛纤维横切面直径的大小，单位为 μm。

4. 绒厚度　测量体侧，肩胛后缘 10cm 体中线处的绒厚度，可间接反映驼绒产量，单位为 mm。

5. 以上内容对应表 5-6-8。

（九）骆驼（羊驼）运动性能登记

1. 填写最近 3 年内同级别同类项目的最好赛事成绩，如没有，可不填写。

2. 以上内容对应表 5-6-9。

（十）骆驼（羊驼）繁殖性能登记

1. 配种方式为本交的，填写公母比例；配种方式为人工授精的，填写采精量、精子密度和精子活力。

2. 性成熟月龄等指标根据实际情况填写。

3. 以上内容对应表 5-6-10。

(十一) 骆驼 (羊驼) 遗传资源影像材料

1. 照片用数码相机拍摄，图像的精度 800 万像素以上，照片大小在 1.2MB 以上。

2. 以 .jpg 格式保存，不对照片进行编辑。

3. 照片正面不携带年月日等其他信息。

4. 个体照片文件用"品种名称＋年龄＋性别＋顺序号"命名，群体照片用 "品种名称＋'群体'＋顺序号"命名，同时附相关 word 文档，对每张照片的品种 名称、年龄、性别、拍摄日期、拍摄者姓名、饲养者名称及拍摄地点等进行详细 说明。

5. 每个品种要有成年公驼和成年母驼左侧、右侧、正前方、正后方标准照片，并提供原生态群体照片 2 张。

6. 拍摄能反映品种特征的公、母个体照片，能反映所处生态环境的群体照片。

7. 视频资料要能反映品种所处的自然生态环境、群体概貌、品种特征、饲养 方式等。

视频格式：每个视频时长不超过 5min，尽量在 3min 以内（大小不超过 80MB）。视频格式应为 MP4 格式。

8. 以上内容对应表 5-6-11。

表 5-6-1　骆驼（羊驼）遗传资源概况表

省级普查机构：＿＿＿＿＿＿＿＿＿＿＿＿

品种（类群）名称		其他名称	
品种类型	地方品种 □　　　　　　　引入品种 □		
品种来源及形成历史			
中心产区			
分布区域			
群体数量（峰）		其中	种公驼（峰）	
			种母驼（峰）	

自然生态条件	地貌、海拔与经纬度					
	气候类型					
	气温	年最高		年最低		年平均	
	年降水量					
	无霜期					
	水源土质					
	耕地及草地面积					
	主要农作物、饲草料种类及生产情况					

消长形势	

（续）

分子生物学测定	
品种评价	
资源保护情况	
开发利用情况	
饲养管理情况	
疫病情况	

注：此表由该品种分布地的省级普查机构组织有关专家填写。

填表人（签字）：_____　电话：_____　日期：_____年____月____日

表 5-6-2　骆驼（羊驼）**体型外貌登记表**

地点：_____省（自治区、直辖市）_____市（州、盟）_____县（市、区、旗）_____乡
（镇）_____村　场名：_____　联系人：_____　联系方式：_____
品种（类群）名称：_____　性别：公 □　　　母 □

个体（序）号		月龄	
毛色	棕色 □　紫红 □　杏黄 □　灰白 □　白色 □　红色 □　花色 □　黑色 □ 淡黄褐色 □　其他		
体质	粗糙紧凑型 □　细致紧凑型 □　结实型 □		
结构	匀称 □　　不匀称 □ 长躯 □　　短躯 □ 重心位点：靠前 □　靠后 □		
头	头：大 □　中 □　小 □ 眼：大 □　中 □　小 □　眼球突出 □ 嘴唇形状：大 □　中 □　小 □　灵活 □		
颈	颈：长 □　短 □　弯曲度 □ 头颈结合情况 颈肩结合情况 肌肉发育		
躯干	鬐甲	宽 □　窄 □	
	胸	宽 □　中 □　窄 □　深 □　中 □　浅 □	
	驼峰	形状：大 □　小 □　适中 □ 双峰直 □　前直后倒 □　后直前倒 □ 左右峰：前左后右 □　后左前右 □　　双峰左倒 □　双峰右倒 □	
	尻	平 □　斜 □	
四肢	前肢势	前肢前望正肢势 □　前肢侧望正肢势 □　前肢不正肢势 □	
	后肢势	后肢后望正肢势 □　后肢侧望正肢势 □　后肢不正肢势 □	
	掌（驼）	大 □　小 □　厚 □　薄 □　前后比例 □	
肌腱	肌肉：丰满 □　适中 □　欠丰满 □ 腱及韧带：良 □　中 □　不良 □		
外生殖器官	发育正常 □ 生殖缺陷：单睾 □　隐睾 □　阴门闭合不全 □		
其他典型外貌特征			

注：该表为个体实测表，由承担测定任务的保种单位（种驼场）和有关专家填写。无保种场的，
需要在该品种（原）产区选择三个及以上有一定空间距离的调查点进行外貌调查。

填表人（签字）：_____　电话：_____　　　日期：_____年___月___日

表 5-6-3 骆驼（羊驼）体型外貌群体特征表

地点：_____省（自治区、直辖市）_____市（州、盟）_____县（市、区、旗）_____乡
（镇）_____村 场名：_____ 联系人：_____ 联系方式：_____
品种（类群）名称：_____ 调查群体数：_____ 公：_____ 母：_____

毛色描述	
体质描述	
体型外貌特征描述	

注：该表为群体特征调查汇总表，由承担测定任务的保种单位（种驼场）和有关专家基于但不限于个体登记表，同时结合《中国畜禽遗传资源志·马驴驼志》和实际情况填写。

填表人（签字）：_____ 电话：_____ 日期：_____年___月___日

表 5-6-4　骆驼（羊驼）体尺体重登记表

地点：_____

场名：_____

品种（类群）名称：_____

省（自治区、直辖市）_____　市（州、盟）_____　县（市、区、旗）_____　乡（镇）_____　村_____

联系人：_____　联系方式：_____

性别：公□　母□

序号	个体号	月龄	体重(kg)	体长(cm)	体高(cm)	胸围(cm)	管围(cm)	体长指数(%)	胸围指数(%)	管围指数(%)	前峰高(cm)	前峰宽(cm)	后峰高(cm)	后峰宽(cm)	峰距(cm)
平均数±标准差															

注：该表为个体实测表，由承担测定任务的保种单位（种驼场）和有关专家填写。无保种场的，需要在该品种（原）产区选择三个及以上有一定空间距离的调查点进行测定。所有调查结果保留小数点后一位。

填表人（签字）：_____　电话：_____

日期：_____年____月____日

表 5-6-5　骆驼（羊驼）生长发育性能登记表

地点：_____省（自治区、直辖市）_____市（州、盟）_____县（市、区、旗）_____乡（镇）_____村　场名：_____　联系人：_____　联系方式：_____

品种（类群）名称：_____　性别：公 □　　　母 □

测定月龄：初生 □　　3月龄 □　　12月龄 □

序号	个体号	测定阶段体重（kg）
平均数 ± 标准差		

注：该表为个体实测和（或）调查表，该表由承担测定任务的保种单位（种驼场）和有关专家，根据实际测定结果和档案资料填写。所有测定结果保留小数点后一位。

填表人（签字）：_____　电话：_____　日期：____年___月___日

表 5-6-6　骆驼（羊驼）屠宰性能登记表

地点：_____省（自治区、直辖市）_____市（州、盟）_____县（市、区、旗）_____乡（镇）_____村

场名：_____　　　　　联系人：_____　　　　联系方式：_____

品种（类群）名称：_____　　性别：公 □　母 □

序号	个体号	月龄	宰前活重（kg）	胴体重（kg）	净肉重（kg）	骨重（kg）	驼峰重（kg）	肉骨峰比（%）	驼掌重（kg）	屠宰率（%）
平均数 ± 标准差										
备注										

注：该表为个体实测表，由承担测定任务的保种单位（种驼场）和有关专家填写。所有测定结果保留小数点后一位。备注中请描述来源、饲养方式、饲料组成及营养水平。

填表人（签字）：_____　　电话：_____　　　　　　日期：_____年__月__日

表 5-6-7 骆驼（羊驼）产乳性能登记表

地点：＿＿＿省（自治区、直辖市）＿＿＿市（州、盟）＿＿＿县（市、区、旗）＿＿＿乡（镇）＿＿＿村　场名：＿＿＿＿＿＿　联系人：＿＿＿＿＿＿＿＿　联系方式：＿＿＿＿＿＿＿＿

品种（类群）名称：＿＿＿＿＿＿＿＿＿＿

序号	月龄	胎次	产驼日期	泌乳期(d)	产奶量(kg)	日产奶量(kg)	乳成分			
							乳脂率(%)	乳蛋白率(%)	干物质率(%)	乳糖率(%)
平均数 ± 标准差										

注：此表为选填。该表为个体调查表，由承担测定任务的保种单位（种驼场）和有关专家填写。所有测定结果保留小数点后一位。

填表人（签字）：＿＿＿＿＿＿＿＿　电话：＿＿＿＿＿＿＿＿　日期：＿＿＿年＿＿月＿＿日

表 5-6-8　骆驼（羊驼）毛用性能登记表

地点：＿＿＿省（自治区、直辖市）＿＿＿市（州、盟）＿＿＿县（市、区、旗）＿＿＿乡（镇）＿＿＿村　场名：＿＿＿＿＿＿　联系人：＿＿＿＿＿＿　联系方式：＿＿＿＿＿＿＿＿
品种（类群）名称：＿＿＿＿＿＿＿＿＿＿

序号	个体号	月龄	年产毛量（kg）	含绒率（%）	绒细度（μm）	绒厚度（mm）	颜色	
							体毛颜色	长毛颜色
平均数 ± 标准差								

注：该表为个体调查表，由承担测定任务的保种单位（种驼场）和有关专家填写。骆驼选填，羊驼必填。所有测量结果保留小数点后一位。

填表人（签字）：＿＿＿＿＿＿　电话：＿＿＿＿＿＿　　日期：＿＿＿年＿＿月＿＿日

表 5-6-9 骆驼运动性能登记表

地点：_____省（自治区、直辖市）_____市（州、盟）_____县（市、区、旗）_____乡（镇）_____村 场名：_____ 联系人：_____ 联系方式：_____
品种（类群）名称：_____

序号	性别	月龄	赛事项目名称	距离	举行时间	赛事级别	比赛名次	赛事成绩	场地描述

注：该表为个体调查表，由承担测定任务的保种单位、养殖场和有关专家填写。

填表人（签字）：_____ 电话：_____ 日期：_____年___月___日

表 5-6-10　骆驼（羊驼）繁殖性能登记表

地点：_____省（自治区、直辖市）_____市（州、盟）_____县（市、区、旗）_____乡（镇）_____村　场名：_____　联系人：_____　联系方式：_____

品种（类群）名称：_____　调查数量：_____　公：_____　母：_____

母驼	性成熟月龄		
	初配月龄		
	发情季节		
	发情周期（d）		
	妊娠期（d）		
	繁殖成活率（%）		
公驼	性成熟月龄		
	初配年龄		
	配种方式	本交 □	公母比例	
		人工授精 □	采精量（mL）	
			精子密度（亿个 /mL）	
			精子活力（%）	
			畸形率（%）	
	利用年限（a）		

注：该表为群体调查表，由承担测定任务的保种单位（种驼场）和有关专家填写。此表中的指标应填写范围值。

填表人（签字）：_____　电话：_____　　日期：_____年___月___日

表 5-6-11 骆驼（羊驼）遗传资源影像材料

地点：_____省（自治区、直辖市）_____市（州、盟）_____县（市、区、旗）_____乡（镇）_____村 场名：_____ 联系人：_____ 联系方式：_____

成年公驼左侧照片	成年公驼右侧照片
成年公驼正前方照片	成年公驼正后方照片
群体照片 1	群体照片 2
成年母驼左侧照片	成年母驼右侧照片
成年母驼正前方照片	成年母驼正后方照片
视频资料 1	视频资料 2

拍照人（签字）：_____ 电话：_____ 日期：_____年___月___日

七、兔遗传资源系统调查

（一）兔遗传资源概况

1.品种（配套系）名称　按《国家畜禽遗传资源品种名录（2021年版）》和《中国畜禽遗传资源志·特种畜禽志》填写，新发现的兔遗传资源和新培育的兔品种及配套系按有关规定填写。

2.其他名称　填写该品种的曾用名、俗名等。

3.品种类型　根据《国家畜禽遗传资源品种名录（2021年版）》填写地方品种、培育品种及配套系或引入品种及配套系。

4.经济类型　按照品种的实际用途进行选择，如为兼用型品种，请在其他后面标注具体类型。

5.品种来源及形成历史　根据品种类型填写。地方品种填写原产地及形成历史；培育品种及配套系填写培育地、培育单位及育种过程、审定时间、证书编号；引入品种及配套系填写主要输出国家以及引种历史等。

6.中心产区　地方品种、培育品种、引入品种填写该品种在本省的主要分布区域，且存栏量占本省该品种存栏量的20%以上。可填写至县级。配套系填写商品代主要推广区域。

7.群体数量及种公兔、种母兔　根据2021年全国畜禽遗传资源普查信息系统的结果填写。

8.自然生态条件　地方品种填写原产地的自然生态条件，分布在原产地之外的地方品种和培育品种、引入品种填写中心产区的自然生态条件。

（1）地貌　在山地、盆地、丘陵、平原、高原中选择，可多选。

（2）海拔　填写产区范围内的海拔高度，单位为米（m）。如：×× ～ ××m。

（3）经纬度　填写产区范围，东经 ××°××′—××°××′；北纬 ××°××′—××°××′。

（4）气候类型　在热带雨林气候、热带草原气候、热带季风气候、热带沙漠气候、亚热带季风和湿润气候、地中海气候、温带季风气候、温带海洋性气候、温带大陆性气候、亚寒带针叶林气候、高原山地气候中选择，可多选。

（5）气温　单位为摄氏度（℃）。

（6）年降水量　正常年年均降水量，单位为毫米（mm）。

（7）无霜期　年均总天数；时间：××—×× 月。

（8）水源土质　产区流经的主要河流等。

（9）主要农作物、饲草料种类及生产情况。

9.消长形势　描述近15年数量规模变化、品质性能变化，以及遗传多样性变化情况。

10. 分子生物学测定　指该品种是否进行过生化或分子遗传学相关测定，如有，需填写测定单位、测定时间和行业公认的代表性结果。如没有可填写无。

11. 品种评价　填写该品种遗传特点、优异特性、可供研究开发的主要方向。

12. 资源保护情况　填写该品种是否制订保种和利用计划，是否设有保护区、保种场，如有，需要填写具体情况，包括保种场（保护区）名称、级别、群体数量。

13. 开发利用情况　包括但不限于纯繁生产、杂交利用、新品种（配套系）培育、品种（配套系）标准（注明标准号），以及兔产品开发、品牌创建、农产品地理标志等。

14. 饲养管理情况　填写饲养方式，如地面散养、网上平养、笼养、地窖养殖等；管理难易；饲料组成，如全价颗粒料、配合料或草料结合等。

15. 疫病情况　填写调查该品种原产地或中心产区的流行性传染病和寄生虫病发生情况，以及该品种易感和抗病情况。

16. 以上内容对应表 5-7-1。

（二）成年兔体型外貌登记

成年兔是指 10 月龄及以上的兔只。

每个品种调查的数量：成年公兔不少于 30 只，成年母兔不少于 150 只。

1. 被毛特征　描述被毛及毛纤维颜色、稀密情况。

（1）体表被毛毛色　包括背部和腹部被毛颜色，分为白色、黑色、黄色、褐色、青紫蓝色、麻色、灰色、黑白花色及其他颜色。

（2）毛纤维颜色　分为毛根、中段和毛尖的颜色。

（3）头部毛色　主要指头部与体表被毛颜色不同的部位的毛色，如鼻端、眼圈、双耳黑色。

（4）其他部位毛色　主要指四肢末端、尾部等部位的毛色，与体表被毛颜色是否相同。重点说明能稳定遗传的性状，有不同表型要分别说明各种类型的比例。

（5）耳毛分布　主要针对毛用兔，如耳背无长毛，仅耳尖有一撮长毛；耳背一半长毛；耳背全部长满长毛等。

（6）被毛密度　主要指毛用兔和皮用兔被毛浓密程度，采用感官评定，分为优、良、中、差 4 个等级。被毛稠密，口吹被毛不见皮肤，手感丰满为优；被毛丰满，口吹被毛可见皮肤 $0.1mm^2$ 为良；被毛稍显空疏，口吹被毛可见皮肤 $0.3mm^2$ 为中；被毛空疏，口吹被毛可见皮肤 $0.3mm^2$ 以上为差。

2. 形态特征

（1）头部　主要是大小与形状特征。如大小适中、清秀、头中等大、公兔略显粗大等；公母兔头形比较，形状有头圆、头较圆、三角形、纺锤形、嘴较尖、鼠头、狮子头形、虎头形、椭圆形等。脸部指毛用兔脸部被毛情况。

（2）眼部　主要是眼球颜色。眼球颜色分为：黑色、蓝色、棕褐色、红色及其他颜色。

（3）耳部　主要是耳的方向。耳的方向分为：双耳直立、双耳下垂、一耳直立一耳下垂及其他情况。

（4）颈部　指颈部粗短、细长情况，是否有肉髯。

（5）背腰　是否平直，肌肉发育情况。

（6）臀部　是否丰满、宽而圆。

（7）腹部　松弛或紧凑。

（8）四肢　肢势是否端正，强壮有力，足底毛是否发达，肌肉发达情况（检查四肢时，可驱赶兔走动，观察步态是否轻快敏捷或有无跛行等表现）。

3. 公兔睾丸发育情况　观测公兔睾丸发育是否正常，有无小睾、单睾、隐睾等缺陷。

4. 母兔乳头数和乳房发育情况　统计母兔的乳头数，观测乳房发育是否正常，是否有瞎乳头等情况。

5. 综合描述　对被毛特征、形态特征、生殖系统等进行描述，能定量的性状需描述其比例。

6. 以上内容对应表 5-7-2。

（三）成年兔体重体尺登记

每个品种测定成年个体 60 只，公母各半。

1. 体重　在停食（不停水）12h 后测定，其中母兔测定空怀个体，单位为 g。

2. 体长　用直尺量取鼻端到尾根的直线距离，单位为 cm。测量时要求兔只背腰要保持平直，既不能弓着，也不能趴着。

3. 胸围　在肩胛后缘绕胸廓一周的周径，单位为 cm。

4. 耳长　用直尺量取耳尖到耳根的直线距离，单位为 cm。

5. 耳宽　用直尺量取耳朵最宽处平展状态两边缘之间的直线距离，单位为 cm。

6. 以上内容对应表 5-7-3。

（四）兔产肉性能登记

每个品种测定 60 只，公母各半。

1. 断奶日龄指根据实际情况填写，选择 28 日龄或者 35 日龄。

2. 出栏周龄　品种（包括地方品种、培育品种和引入品种）在 12 周龄时进行屠宰测定，配套系在 10 周龄时进行屠宰测定。

3. 测定登记时需标注饲料组成及日粮营养水平（消化能、粗蛋白、粗纤维）。

4. 断奶重　指断奶时的体重，单位为 g。

5. 宰前活重　指屠宰前停食（不停水）12h 后的活重，单位为 g。

6. 日增重　用育肥期末体重与仔兔断奶重之差除以育肥期饲养天数，单位为 g。

7. 耗料量　从断奶到宰前期间消耗的饲料量，单位为 g。

8. 料重比　指从断奶到宰前期间每增加 1 kg 体重需要消耗的饲料量，即饲料消耗量与增重之比。

9. 全净膛重　屠宰后，除去血、毛、皮、内脏、头、尾、前脚（腕关节以下）和后脚（跗关节以下）的胴体重，单位为 g。

10. 半净膛重　指在全净膛重的基础上，保留心、肝、肾和腹脂等可食用内脏在内的胴体重，单位为 g。

11. 屠宰率　胴体重占宰前活重的百分比。

$$全净膛屠宰率 = 全净膛重 / 宰前活重 \times 100\%$$
$$半净膛屠宰率 = 半净膛重 / 宰前活重 \times 100\%$$

12. 以上内容对应表 5-7-4。

（五）兔产毛性能登记

每个品种测定 60 只，公母各半。

1. 养毛期　指前后两次采毛之间的时间间隔，单位为 d。

2. 第三次产毛量　毛用兔在第三次采毛时（8 月龄）的产毛量（含残次毛），单位为 g。

3. 缠结毛重量　在测定第三次产毛量时，将缠结毛拣出，用感量为 1g 的电子秤称测缠结毛重量，单位为 g。

4. 采毛后体重　第三次采毛后的体重，单位为 g。

5. 估测年产毛量　以第三次产毛量乘以年采毛次数计算估测年产毛量，单位为 g。

6. 产毛率　计算估测年产毛量与第三次采毛后体重的比值，以百分数表示。

7. 缠结毛率　计算缠结毛重量与第三次产毛量的比值，以百分数表示。

8. 以上内容对应表 5-7-5。

（六）兔毛品质登记

每个品种测定 60 只，公母各半。

1. 采样　在第三次养毛期结束后采毛前，于受测兔体侧部，紧贴皮肤采取约 0.5g 的兔毛样品，待实验室分析检测。

2. 粗毛率　用感量为 0.000 1g 的天平精确称测兔毛样品总重量，然后拣出粗毛和两型毛，称测其重量，计算粗毛和两型毛的重量之和占兔毛样品总重量的百分率。

3. 毛纤维长度　从分拣出的粗毛和细毛中各随机选择 100 根，分别测量其单根纤维的自然伸直长度（伸直而不拉伸），统计其平均数代表个体兔毛纤维长度，单位为 cm。

4. 毛纤维直径　从分拣出的粗毛和细毛中各随机选择 100 根，分别测量其单根纤维中段部位的直径，统计其平均数代表个体兔毛纤维直径，单位为 μm。

5. 以上内容对应表 5–7–6。

（七）兔产皮性能登记

每个品种测定 60 只，公母各半。在 23 周龄时进行测定。

1. 体重　在停食（不停水）12h 后测定，其中母兔测定空怀个体，单位为 g。

2. 体长　用直尺量取鼻端到尾根的直线距离，单位为 cm。测量时要求兔只背腰要保持平直，既不能弓着，也不能趴着。

3. 胸围　在肩胛后缘绕胸廓一周的周径，单位为 cm。

4. 被毛长度　在体侧部紧贴皮肤剪取兔毛，用直尺分别测量 100 根绒毛的自然长度，统计其平均数代表个体被毛长度，单位为 cm。

5. 皮板面积　指颈部中央至尾根的直线长与腰部中间宽度的乘积，单位为 cm²。

6. 被毛密度　指被毛浓密程度。采用感官评定，分为优、良、中、差 4 个等级。被毛稠密，口吹被毛不见皮肤，手感丰满为优；被毛丰满，口吹被毛可见皮肤 0.1mm² 为良；被毛稍显空疏，口吹被毛可见皮肤 0.3mm² 为中；被毛空疏，口吹被毛可见皮肤 0.3mm² 以上为差。

7. 被毛平整度　指有无枪毛突出于被毛表面。

8. 以上内容对应表 5–7–7。

（八）兔繁殖性能登记

每个品种测定 60 窝，选取第 2 胎或第 3 胎进行统计。

性成熟期是指公兔和母兔达到性成熟时的月龄。

1. 窝产仔数　指母兔窝产仔兔总数，包括畸形和死胎，单位为只。

2. 窝产活仔数　指母兔窝产的活仔兔数，应在产后 12h 内完成计数，单位为只。

3. 初生窝重　用感量为 1g 的电子秤称测窝产活仔兔的总重，单位为 g。

4. 21 日龄窝仔兔数　21 日龄时的整窝仔兔数（包括母兔代养的仔兔），单位为只。

5. 21 日龄窝重　用感量为 1g 的电子秤称测 21 日龄时整窝仔兔（包括母兔代养的仔兔）的总重，单位为 g。

6. 断奶日龄　整窝仔兔断奶时的时间，单位为 d。

7. 断奶仔兔数　断奶时成活的仔兔数（包括母兔代养仔兔），单位为只。

8. 断奶窝重　用感量为 1g 的电子秤称测断奶时整窝仔兔（含母兔代养的仔兔）

的总重，单位为 g。

9.断奶成活率　指断奶时仔兔数占开始哺乳时仔兔数（包括母兔代养仔兔）的百分率。

$$断奶成活率 = 断奶仔兔数 / 哺乳仔兔数 \times 100\%$$

10. 以上内容对应表 5-7-8。

（九）兔遗传资源影像材料

1.照片用数码相机拍摄，图像的精度 800 万像素以上，照片大小在 1.2MB 以上。

2.以 .jpg 格式保存，不对照片进行编辑。

3.照片正面不携带年月日等其他信息。

4.个体照片文件用"品种名称＋年龄＋性别＋顺序号"命名，群体照片用"品种名称＋'群体'＋顺序号"命名，同时附相关 word 文档，对每张照片的品种名称、年龄、性别、拍摄日期、拍摄者姓名、饲养者名称及拍摄地点等进行详细说明。

5.每个品种要有成年公兔和成年母兔正面和侧面的标准照片，并提供原生态群体照片 2 张。

6.拍摄能反映品种特征的公、母个体照片，能反映所处生态环境的群体照片。

7.视频资料要能反映品种所处的自然生态环境、群体概貌、品种特征、饲养方式等。

视频格式：每个视频时长不超过 5min，尽量在 3min 以内（大小不超过80MB）。视频格式应为 MP4 格式。

8.以上内容对应表 5-7-9。

表 5-7-1　兔遗传资源概况表

省级普查机构：_____

品种（配套系）名称		其他名称	
品种类型	地方品种 □　培育品种 □　培育配套系 □　引入品种 □　引入配套系 □		
经济类型	肉用 □　　　　　毛用 □　　　　　皮用 □ 实验用 □　　　　观赏用 □　　　　其他：_____		
品种来源及形成历史			
中心产区			
分布区域			
群体数量（只）		其中	种公兔（只）
			种母兔（只）

自然生态条件	地貌、海拔与经纬度						
	气候类型						
	气温	年最高		年最低		年平均	
	年降水量						
	无霜期						
	水源土质						
	主要农作物、饲草料种类及生产情况						

（续）

消长形势	
分子生物学测定	
品种评价	
资源保护情况	
开发利用情况	
饲养管理情况	
疫病情况	

注：此表由该品种分布地的省级普查机构组织有关专家填写。

填表人（签字）：_____　电话：_____　日期：_____年___月___日

表 5-7-2　成年兔体型外貌登记表

地点：_____省（自治区、直辖市）_____市（州、盟）_____县（市、区、旗）_____乡（镇）_____村　场名：_____　联系人：_____　联系方式：_____

品种（配套系）名称：_____

被毛特征	毛色	体表被毛	背部	白色□　黑色□　黄色□　褐色□　麻色□ 灰色□　青紫蓝色□　黑白花色□　其他（　　　　）
			腹部	白色□　黑色□　黄色□　褐色□　麻色□ 灰色□　青紫蓝色□　黑白花色□　其他（　　　　）
		毛纤维	毛根	
			中段	
			毛尖	
		头部毛		与体表毛色一致□　　　其他（　　　　　）
		尾部毛		与体表毛色一致□　　　其他（　　　　　）
		四肢末端毛		与体表毛色一致□　　　其他（　　　　　）
		耳毛分布（毛用兔）		耳背无长毛，仅耳尖有一撮长毛□　耳背一半长毛□ 耳背全部长满长毛□　　　其他（　　　　）
		被毛密度（毛用兔和皮用兔）		优□　　　良□　　　中□　　　差□

形态特征	头部	大小	公兔	
			母兔	
		形状	公兔	
			母兔	
		脸部（毛用兔）		
	眼部	颜色		红色□　黑色□　蓝色□　棕褐色□　其他（　　　　）
	耳部	方向		双耳直立□　　　双耳下垂□　　　一耳直立一耳下垂□ 其他（　　　　）
	颈部	有无肉髯	有□　无□	背腰	是否平直	是□　否□
		粗短情况	粗短□　细长□		肌肉发育	
	臀部	发育情况		腹部	松紧情况	松弛□　紧凑□
	四肢	发育情况				

公兔睾丸发育情况	
母兔乳头数和乳房发育情况	
综合描述	

注：该表为群体观测表，由承担测定任务的保种单位（种兔场）和有关专家填写。

填表人（签字）：_____　电话：_____　日期：_____年___月___日

表 5-7-3 成年兔体重体尺登记表

地点：_____省（自治区、直辖市）_____市（州、盟）_____县（市、区、旗）_____乡
（镇）_____村 场名：_____ 联系人：_____ 联系方式：_____
品种（配套系）名称：_____ 性别：_____

序号	耳号	月龄	体重（g）	体长（cm）	胸围（cm）	耳长（cm）	耳宽（cm）
1							
2							
3							
4							
5							
6							
7							
8							
9							
10							
11							
12							
13							
14							
15							
16							
17							
18							
19							
20							
21							
22							
23							
24							
25							
26							
27							
28							
29							
30							
平均数 ± 标准差							

注：该表为个体实测表，由承担测定任务的保种单位（种兔场）和有关专家填写。所有测量结
果保留小数点后一位。

填表人（签字）：_____ 电话：_____ 日期：_____年___月___日

表 5-7-4 兔产肉性能登记表（肉用兔必填）

地点：_____省（自治区、直辖市）_____市（州、盟）_____县（市、区、旗）_____乡（镇）_____村 场名：_____ 联系人：_____ 联系方式：_____

品种（配套系）名称：_____ 性别：____ 断奶日龄：____ 出栏周龄：____

序号	耳号	断奶重（g）	宰前活重（g）	日增重（g）	耗料量（g）	料重比	胴体重（g）		屠宰率（%）	
							全净膛	半净膛	全净膛	半净膛
1										
2										
3										
4										
5										
6										
7										
8										
9										
10										
11										
12										
13										
14										
15										
16										
17										
18										
19										
20										
21										
22										
23										
24										
25										
26										
27										
28										
29										
30										
平均数 ± 标准差										
饲料组成及日粮营养水平										

注：该表为个体实测登记表，由承担测定任务的保种单位（种兔场）和有关专家填写。所有测定结果保留小数点后一位。

填表人（签字）：_____ 电话：_____ 日期：_____年___月___日

表 5-7-5　兔产毛性能登记表（毛用兔必填）

地点：_____省（自治区、直辖市）_____市（州、盟）_____县（市、区、旗）_____乡
（镇）_____村　场名：_____　联系人：_____　联系方式：_____
品种（配套系）名称：_____　　　性别：_____　养毛期：_____d

序号	耳号	第三次产毛量（g）	缠结毛重量（g）	采毛后体重（g）	估测年产毛量（g）	产毛率（%）	缠结毛率（%）
1							
2							
3							
4							
5							
6							
7							
8							
9							
10							
11							
12							
13							
14							
15							
16							
17							
18							
19							
20							
21							
22							
23							
24							
25							
26							
27							
28							
29							
30							
平均数 ± 标准差							

注：该表为个体实测登记表，由承担测定任务的保种单位（种兔场）和有关专家填写。所有测
定结果保留小数点后一位。

填表人（签字）：_____　电话：_____　日期：_____年___月___日

表 5-7-6 兔毛品质登记表（毛用兔必填）

地点：_____省（自治区、直辖市）_____市（州、盟）_____县（市、区、旗）_____乡
（镇）_____村 场名：_____ 联系人：_____ 联系方式：_____
品种（配套系）名称：_____ 性别：_____ 养毛期：_____d

序号	耳号	粗毛率（%）	毛纤维长度（cm）		毛纤维直径（μm）	
			细毛	粗毛	细毛	粗毛
1						
2						
3						
4						
5						
6						
7						
8						
9						
10						
11						
12						
13						
14						
15						
16						
17						
18						
19						
20						
21						
22						
23						
24						
25						
26						
27						
28						
29						
30						
平均数 ± 标准差						

注：该表为个体实测登记表，由承担测定任务的保种单位（种兔场）和有关专家填写。所有测定结果保留小数点后一位。

填表人（签字）：_____ 电话：_____ 日期：_____年___月___日

表 5-7-7 兔产皮性能登记表（皮用兔必填）

地点：_____省（自治区、直辖市）_____市（州、盟）_____县（市、区、旗）_____乡（镇）_____村 场名：_____ 联系人：_____ 联系方式：_____

品种（配套系）名称：_____ 性别：_____ 周龄：_____

序号	耳号	体重 （g）	体长 （cm）	胸围 （cm）	被毛长度 （cm）	皮板面积 （cm²）	被毛密度 （感官评定）	被毛 平整度
1								
2								
3								
4								
5								
6								
7								
8								
9								
10								
11								
12								
13								
14								
15								
16								
17								
18								
19								
20								
21								
22								
23								
24								
25								
26								
27								
28								
29								
30								
平均数 ± 标准差								

注：该表为个体实测登记表，由承担测定任务的保种单位（种兔场）和有关专家填写。所有测量结果保留小数点后一位。

填表人（签字）：_____ 电话：_____ 日期：_____年___月___日

表 5-7-8　兔繁殖性能登记表

地点：_____ 省（自治区、直辖市）_____ 市（州、盟）_____ 县（市、区、旗）_____ 乡（镇）_____ 村_____

场名：_____ 联系人：_____ 联系方式：_____

品种（配套系）名称：_____ 性成熟期：公兔_____ 母兔_____ 月龄　利用年限：公兔_____ 年，母兔_____ 年

编号	胎次	妊娠期(d)	窝产仔数(只)	窝产活仔数(只)	初生窝重(g)	21日龄窝仔数(只)	21日龄窝重(g)	断奶日龄(d)	断奶仔兔数(只)	断奶窝重(g)	断奶成活率(%)
1											
2											
3											
4											
5											
6											
7											
8											
9											
10											
11											
12											
13											
…											
60											
平均数±标准差											

注：该表为个体实测和/或记录查询登记表，由承担测定任务的保种单位（种兔场）和有关专家填写。所有测定结果保留小数点后一位。

填表人（签字）：_____ 电话：_____ 日期：_____ 年_____ 月_____ 日

表 5-7-9 兔遗传资源影像材料

地点:_____省（自治区、直辖市）_____市（州、盟）_____县（市、区、旗）_____乡（镇）_____村 场名:_____ 联系人:_____ 联系方式:_____

成年公兔照片 1	成年公兔照片 2
成年母兔照片 1	成年母兔照片 2
群体照片 1	群体照片 2
视频资料 1	视频资料 2

注：每个品种成年公兔、成年母兔和群体照片各2张。

拍照人（签字）:_____ 电话:_____ 日期:_____年____月____日

八、鸡遗传资源系统调查

（一）鸡遗传资源概况

1. 品种名称 按《国家畜禽遗传资源品种名录（2021 年版）》和《中国畜禽遗传资源志·家禽志》填写，新发现的鸡遗传资源和新培育的鸡品种按有关规定填写。

2. 其他名称 填写该品种的曾用名、俗名等。

3. 品种类型 根据《国家畜禽遗传资源品种名录（2021 年版）》填写地方品种、培育品种及配套系或引入品种及配套系。

4. 品种来源及形成历史 根据品种类型填写。地方品种填写（原）产地及形成历史；培育品种及配套系填写培育地、培育单位及育种过程、审定时间、证书编号；引入品种及配套系填写主要的输出国家以及引种历史等。

5. 中心产区 地方品种、培育品种、引入品种填写该品种在本省的主要分布区域，且存栏量占本省该品种存栏量的 20% 以上。可填写至县级，地方品种可填写至乡镇。配套系填写商品代主要推广区域。

6. 分布区域 根据 2021 年普查结果填写。

7. 存栏数量 根据 2021 年普查结果填写，从全国畜禽遗传资源信息系统里导出。

8. 自然生态条件 地方品种填写原产地的自然生态条件，分布在原产地之外的地方品种和培育品种、引入品种填写中心产区的自然生态条件。

配套系不填写自然生态条件。

（1）地貌 在山地、盆地、丘陵、平原、高原中选择，可多选。

（2）海拔 填写产区范围内的海拔高度，单位为米（m）。如：××～××m。

（3）经纬度 填写产区范围，东经 ××°××′—××°××′；北纬 ××°××′—××°××′。

（4）气候类型 在热带雨林气候、热带草原气候、热带季风气候、热带沙漠气候、亚热带季风和湿润气候、地中海气候、温带季风气候、温带海洋性气候、温带大陆性气候、亚寒带针叶林气候、高原山地气候中选择，可多选。

（5）年降水量 正常年年均降水量，单位为毫米（mm）。

（6）日照 年日照时数。

（7）无霜期 年均总天数；时间：××—×× 月。

（8）气温 单位为摄氏度（℃）。

（9）水源土质 产区流经的主要河流等。

（10）主要农作物、饲草料种类及生产情况。

9. 消长形势 描述近 15 年内数量规模变化、品质性能变化情况以及濒危

程度。

10. **分子生物学测定** 是指该品种是否进行过生化或分子遗传学相关测定，如有，需要填写测定单位、测定时间和行业公认的代表性结果；如没有，可填写无。

11. **品种评价** 填写该品种遗传特点、优异特性、可供研究开发利用的主要方向。

12. **资源保护情况** 填写该品种是否制订保种和利用计划，是否设有保护区、保种场，是否建立了品种登记制度，如有，需要填写具体情况，包括保种场（保护区）名称、级别、存栏量等。

13. **开发利用情况** 本品种选育及在新品种（配套系）培育中的使用情况，利用本品种等素材选育的专门化品系及各自特点。现有品种标准（注明标准号）及产品商标、品牌情况。配套系需填写推广情况。

14. **疫病情况** 填写调查该品种原产地或中心产区的流行性传染病和寄生虫病发生情况，以及该品种易感和抗病情况。

15. 以上内容对应表 5–8–1。

（二）鸡体型外貌登记（成年）

1. **测定对象和数量要求** 地方品种、培育品种和引入品种的体型外貌测定对象为保种群、育种群或繁殖群，培育和引入配套系的体型外貌测定对象为商品代群体。在生产条件下选择健康群体观测，地方品种、培育品种和引入品种的体型外貌测定群体数量要求不少于 3 个，每个观测群体成年公鸡 30 只以上、成年母鸡 300 只以上，尽可能囊括该品种的所有外貌特征。培育和引入肉用型配套系商品代群体的体型外貌测定时间为实际出栏日龄，测定数量为公、母鸡各 300 只以上。培育和引入蛋用型配套系商品代群体的体型外貌测定时间为成年，仅需测定母鸡，数量 300 只以上。

2. 以上内容对应表 5–8–2。

（三）鸡体型外貌登记（雏鸡）

1. **测定对象和数量要求** 地方品种、培育品种和引入品种的体型外貌测定对象为保种群、育种群或繁殖群，培育和引入配套系的体型外貌测定对象为商品代群体。观测雏鸡为出雏后 24h 内的雏鸡，雏鸡绒毛、头部斑点、背部绒毛带等颜色。观察 3 个以上群体的雏鸡外貌，每个群体 300 只以上。不同类型注明各类型所占比例。

2. 以上内容对应表 5–8–3。

（四）鸡体型外貌汇总登记

1. **成鸡羽色及羽毛的特征** 羽色需要描述头、颈、背、腹、翼、尾等不同部位羽毛的颜色及其比例；羽毛特征包括凤头、胡须、胫羽、丝羽、翻毛、裸颈、长尾、快慢羽等，能定量的需写明具体比例、数值或范围。

2. 成鸡肉色、胫色、肤色　分为白、黄、青、黑等，重点说明能稳定遗传的性状；有不同表型要说明各种类型的比例。

3. 成鸡体型外貌特征　体型特征包括大小、形状等。头部特征包括冠型、冠色、冠齿数；髯有无及大小，耳叶颜色；喙色及形状（平或带勾）等，以及五爪、矮脚等该品种的其他典型特征。

4. 雏鸡　包括绒毛、头部斑点、背部绒毛带、胫色等，能定量的需写明具体比例。

5. 以上内容对应表5-8-4。

（五）鸡体尺体重测定登记

测定对象和数量要求：地方品种、培育品种和引入品种的体尺体重测定对象为保种群、育种群或繁殖群，培育和引入配套系的体尺体重测定对象为商品代群体。地方品种、培育品种和引入品种的测定成年（300日龄左右）公、母鸡各30只以上。培育和引入肉用型配套系商品代群体的体尺体重测定时间为实际出栏日龄，测定数量为公、母鸡各30只以上；实际出栏日龄建议：快大型白羽肉鸡配套系42日龄，小型白羽肉鸡配套系42日龄或49日龄，黄羽肉鸡配套系快速型56日龄、中速型70日龄、慢速型90日龄、优质型110日龄。培育和引入蛋用型配套系商品代群体的体尺体重测定时间为300日龄，仅需测定母鸡，数量60只以上。

1. 体斜长　用皮尺沿体表测量肩关节至坐骨结节间的距离（cm）。

2. 龙骨长　用皮尺测量体表龙骨突前端到龙骨末端的距离（cm）。

3. 胸宽　用卡尺测量两关节之间的体表距离（cm）。

4. 胸深　用卡尺在体表测量第一胸椎到龙骨前缘的距离（cm）。

5. 胸角　用胸角器在龙骨前缘测量两侧胸部角度。

6. 骨盆宽　用卡尺测量两髋骨结节间的距离（cm）。

7. 胫长　用卡尺测量从胫部上关节到第三、四趾间的直线距离（cm）。

8. 胫围　胫骨中部的周长（cm）。

9. 以上内容对应表5-8-5。

（六）鸡生长性能测定登记

混雏测定100只以上，其他周龄公、母鸡各30只以上。

1. 测定时间　地方品种、培育品种和引入品种的生长性能测定时间为初生至13周龄。从第0周至第13周，每两周测定一次体重，测定时间点包括第0周（初生）、第2周末、第4周末、第6周末、第8周末、第10周末和第13周末。若当地上市日龄高于13周龄，则增加上市周龄的测定。培育和引入的肉用型配套系商品代生长性能测定初生雏鸡重、实际出栏日龄体重和耗料量（出栏日龄详见体尺体重测定说明）。蛋用型配套系为选测项。测定时间为早上喂料前。在最后一次测定时，需要同时测定剩余料量，用总给料量减去剩余料量计算全程耗料量，然后计算只均累计增重、只均累计耗料量和全程饲料转化比。

2. 以上内容对应表 5-8-6。

（七）鸡屠宰性能测定登记

测定对象和数量要求：肉用型和兼用型品种的屠宰性能测定对象为保种群、育种群或繁殖群，肉用型配套系测定对象为商品代群体，蛋用型品种和配套系为选测项。肉用型和兼用型品种及配套系按上市日龄屠宰测定，屠宰前禁食（不断水）12h。屠宰数量为公、母鸡各 30 只以上。

1. 屠体重　屠体重为放血，去羽毛、脚角质层、趾壳和喙壳后的重量。

$$屠宰率 = 屠体重 / 宰前体重 \times 100\%$$

2. 半净膛重　屠体去除气管、食道、嗉囊、肠、脾、胰、胆和生殖器、肌胃内容物及角质膜后的重量。

$$半净膛率 = 半净膛重 / 宰前体重 \times 100\%$$

3. 全净膛重　半净膛重减去心、肝、腺胃、肌胃、肺、腹脂（快速型肉鸡去除头和脚）的重量。去头时在第一颈椎骨与头部交界处连皮切开，去脚时沿跗关节处切开。

$$全净膛率 = 全净膛重 / 宰前体重 \times 100\%$$

4. 胸肌重　沿着胸骨脊切开皮肤并向背部剥离，用刀切离附着于胸骨脊侧面的肌肉和肩胛部肌腱，即可将整块去皮的胸肌剥离，称重。

$$胸肌率 = 两侧胸肌重 / 全净膛重 \times 100\%$$

5. 腿肌重　去腿骨、皮肤、皮下脂肪后的全部腿肌的重量。

$$腿肌率 = 两侧腿净肌肉重 / 全净膛重 \times 100\%$$

6. 腹脂重　腹部脂肪和肌胃周围脂肪的重量。

$$腹脂率 = 腹脂重 / （全净膛重 + 腹脂重） \times 100\%$$

7. 以上内容对应表 5-8-7。

（八）鸡肉品质测定登记

肉用型和兼用型品种的肉品质测定对象为保种群、育种群或繁殖群，肉用型配套系测定对象为商品代群体，蛋用型品种和配套系为选测项。肉用型和兼用型品种，肉用型配套系选择上市日龄进行肉品质测定。测定数量为公、母鸡各20 只。

测定部位为屠宰分离的胸大肌。

1. 剪切力　剪切力反映肉品的嫩度。

测定方法：待测肉样沿肌纤维方向修成宽 1.0cm、厚 0.5cm 长条肉样（无筋腱、脂肪、肌膜），用肌肉嫩度仪测定剪切力值，剪切时刀具垂直于肉样的肌纤维走向，每个肉样剪切 3 次，计算平均数。

2. 滴水损失　屠宰后 2h 内测定，切取一块胸大肌，准确称重；然后用铁丝钩住肉块一端，使肌纤维垂直向下，悬挂在塑料袋中（肉样不得与塑料袋壁接触），扎紧袋口，吊挂与冰箱内，在 4℃条件下保持 24h；取去肉块，称重；计算重量减少的百分比。

滴水损失 =（新鲜肉样重 - 吊挂后肉样重）/ 新鲜肉样重 ×100%

3. pH　取屠宰后 2h 内新鲜胸肌，采用胴体肌肉 pH 检测仪直接插入肌肉中测定。

4. 肉色　待测肉样选取 3 个不同位点进行测定。利用全自动测色色差计紧贴肉样表面测定肌肉红度值（a）、黄度值（b）、亮度值（L）3 个指标。

5. 其他指标　包括水分、脂肪、蛋白质、灰分等，可混样测定。按性别每 5 只混合成一个样品。

6. 以上内容对应表 5-8-8。

（九）鸡蛋品质测定登记

蛋用型和兼用型品种的蛋品质测定对象为保种群、育种群或繁殖群，蛋用型配套系的鸡蛋品质测定对象为商品代群体，肉用型品种和配套系为选测项。

选择母鸡 300 日龄左右所产的蛋，群体测定数量不少于 150 个鸡蛋，并且应在蛋产出后 24h 内测定。

1. 蛋重　随机收集 3 群体当日所产鸡蛋 150 个（50 个 / 群），用电子天平（精确到 0.1g）逐个称取，求平均数；群体记录连续称 3d 产蛋总重，求平均数。

2. 蛋形指数　用游标卡尺测量蛋的纵径和横径（精确度为 0.01mm）。

蛋形指数 = 纵径 / 横径

3. 蛋壳强度　将蛋垂直放在蛋壳强度测定仪上，钝端向上，测定蛋壳表面单位面积上承受的压力（kg/cm^2）。

4. 蛋壳厚度　用蛋壳厚度测定仪或游标卡尺测定，分别取钝端、中部和锐端的蛋壳剔除内壳膜后，分别测量厚度，求其平均数（精确到 0.01mm）。

5. 蛋黄色泽　按罗氏蛋黄比色扇的 15 个蛋黄色泽等级，逐个对比每个鸡蛋蛋黄色泽的等级，统计各级的数量与百分比。也可采用多功能蛋品质测定仪进行测定。

6. 蛋壳颜色　以白色、褐色、浅褐色（粉色）、青（绿）色等表示。

7. 蛋白高度和哈氏单位　测量破壳后蛋黄边缘与浓蛋白边缘的中点的浓蛋白高度（避开系带），测量成正三角形的三个点，取平均数。

哈氏单位 $=100 \times \log（H-1.7 \times W^{0.37}+7.57）$

式中，H 为以毫米为单位测定的浓蛋白高度值；W 为以克为单位测定的蛋重值。

8. 蛋黄比率

$$蛋黄比率 = 蛋黄重 / 蛋重 \times 100\%$$

9. 血斑和肉斑率　统计含有血斑和肉斑蛋的百分比。

$$血斑和肉斑率 = 带血斑和肉斑蛋数 / 测定总蛋数 \times 100\%$$

10. 以上内容对应表 5-8-9。

（十）鸡繁殖性能登记

地方品种、培育品种和引入品种的繁殖调查对象为保种群、育种群或繁殖群，培育和引入配套系的繁殖性能调查对象为父母代群体。

1. 开产日龄　蛋用型按日产蛋率达 50% 时日龄计算；肉用型按日产蛋率 5% 时日龄计算。

2. 开产体重　达到开产日龄时母鸡的体重。测定不少于 30 只母鸡的平均体重。

3. 产蛋数　地方鸡、肉鸡和兼用型鸡产蛋数按照 66 周龄统计，蛋鸡产蛋数按照 72 周龄产蛋数统计。

$$入舍鸡产蛋数（个）= 总产蛋个数 / 入舍母鸡只数$$

$$饲养日产蛋数（个）= 总产蛋个数 / 平均日饲养母鸡只数$$

4. 就巢率　统计期内就巢母鸡数占母鸡总数的百分比。

5. 配种方式　如果选择本交，则需要填写公母配比。

6. 育雏期成活率　育雏结束存活的雏鸡数占入舍雏鸡数的百分比。

$$育雏期成活率 = 育雏期末存活雏鸡数 / 入舍雏鸡数 \times 100\%$$

7. 育成期存活率　育成期结束时存活的青年鸡数占育成期开始时入舍鸡数的百分比。

$$育成期存活率 = 育成期末存活鸡数 / 育成期入舍鸡数 \times 100\%$$

8. 产蛋期成活率　产蛋期入舍母鸡数减去死亡数和淘汰数占产蛋期入舍母鸡数的百分比。

$$产蛋期成活率 =（产蛋期入舍母鸡数 - 产蛋期死亡数 - 产蛋期淘汰数）/ 产蛋期入舍母鸡数 \times 100\%$$

9. 种蛋受精率　受精蛋占入孵蛋的百分比。血圈、血线蛋按受精蛋计数，散黄蛋按未受精蛋计数。

$$受精率 = 受精蛋数 / 入孵蛋数 \times 100\%$$

10. 受精蛋孵化率　出雏数占受精蛋数的百分比。

$$受精蛋孵化率 = 出雏数 / 受精蛋数 \times 100\%$$

11. 以上内容对应表 5-8-10。

（十一）鸡遗传资源影像材料

1. 每个品种要有成年公鸡、成年母鸡、群体照片和雏鸡照片各 2 张。地方品种、培育品种和引入品种的影像材料为保种群、育种群或繁殖群，培育和引入配套系的影像材料为父母代、商品代群体。

2. 如有独特性状（如凤头、胡须、裸颈等），需提供独特性状特写照片 2 张。

3. 有不同羽色类型的品种，需按羽色类型分别提供照片。

4. 照片精度在 800 万像素以上，内存在 1.2MB 以上。

5. 视频资料要能反映品种所处的自然生态环境、群体概貌、品种特征、饲养方式等。

视频格式：每个视频时长不超过 5min，尽量在 3min 以内（大小不超过 80MB）。视频格式应为 MP4 格式。

6. 以上内容对应表 5-8-11。

表 5-8-1 鸡遗传资源概况表

省级普查机构：_____

品种名称			其他名称		
品种类型	地方品种 □　培育品种 □　培育配套系 □　引入品种 □ 引入配套系 □				
品种来源及形成历史					
中心产区					
分布区域					
存栏数量					

自然生态条件	地貌、海拔与经纬度						
	气候类型						
	年降水量						
	日照						
	无霜期						
	气温	年最高		年最低		年平均	
	水源土质						
	主要农作物、饲草料种类及生产情况						

（续）

消长形势	
分子生物学测定	
品种评价	
资源保护情况	
开发利用情况	
疫病情况	

注：此表由该品种分布地的省级普查机构组织有关专家填写。

填表人（签字）：_____ 电话：_____ 日期：_____年____月____日

表 5-8-2 鸡体型外貌登记表

（成年，公母各一张表）

地点：_____省（自治区、直辖市）_____市（州、盟）_____县（市、区、旗）_____乡（镇）_____村 场名：_____ 联系人：_____ 联系方式：_____

品种名称										性别			
群体号				观测数量						日龄			

类别	部位	黄	浅麻	深麻	黑	褐	芦花	灰	白	红	紫	绿	青	其他
成鸡颜色占比（%）	颈羽													
	背羽													
	鞍羽													
	胸羽													
	腹羽													
	翼羽													
	尾羽													
	喙													
	冠													
	肉髯													
	耳叶													
	胫													
	皮肤													

成鸡其他外貌特征占比（%）	单冠	复冠	豆冠	玫瑰冠	三叉	其他冠形	冠齿数*
	凤头	胡须	平喙	带钩喙	其他喙形	丝羽	翻毛
	裸颈	高脚	矮脚	胫羽	趾羽	五爪	其他

成鸡体型特征（包括特殊结构的象形性描述）	

注：1. 该表为测定场群体实测表，由承担测定任务的保种单位（种鸡场）和有关专家填写。
2.* 冠齿数写具体数字或数值范围。

填表人（签字）：_____ 电话：_____ 日期：_____年___月___日

表 5-8-3　鸡体型外貌登记表

（雏鸡）

地点：_____省（自治区、直辖市）_____市（州、盟）_____县（市、区、旗）_____乡（镇）_____村　场名：_____　联系人：_____　联系方式：_____

品种名称																		
群体序号	群体数量	绒毛						头部斑点			背部绒毛带			胫色				其他
		黄	黑	灰	白	褐	其他	黑	白	其他	灰白	灰褐	其他	黄	白	青	其他	

注：1.该表为个体实测表，由承担测定任务的保种单位（种鸡场）和有关专家填写。2.相应栏目内填写比例（%），有其他类型的简单文字说明。

填表人（签字）：_____　电话：_____　日期：_____年____月____日

表 5-8-4 鸡体型外貌汇总表

地点：_____省（自治区、直辖市）_____市（州、盟）_____县（市、区、旗）_____乡
（镇）_____村 场名：_____ 联系人：_____ 联系方式：_____
品种名称：_____

成鸡羽色及羽毛的特征	
成鸡肉色、胫色、肤色	
成鸡体型外貌特征	
雏鸡	

注：此表基于但不限于鸡体型外貌登记表，由承担测定任务的保种单位（种鸡场）和有关专家
根据群体登记表、《中国畜禽遗传资源志·家禽志》和实际情况填写。

填表人（签字）：_____ 电话：_____   日期：_____年___月___日

表 5-8-5　鸡体尺体重测定登记表

地点：_____省（自治区、直辖市）_____市（州、盟）_____县（市、区、旗）_____乡（镇）_____村　场名：_____　联系人：_____　联系方式：_____

品种名称：_____　性别：_____　日龄：_____

序号	个体号	体重（g）	体斜长（cm）	龙骨长（cm）	胸宽（cm）	胸深（cm）	胸角（°）	骨盆宽（cm）	胫长（cm）	胫围（cm）
平均数										
标准差										

注：该表为个体实测表，由承担测定任务的保种单位（种鸡场）和有关专家填写。所有测量结果保留小数点后一位。

填表人（签字）：_____　电话：_____　日期：_____年___月___日

表 5-8-6 鸡生长性能测定登记表
（肉用型和兼用型品种填写）

地点：_____省（自治区、直辖市）_____市（州、盟）_____县（市、区、旗）_____乡
（镇）_____村 场名：_____ 联系人：_____ 联系方式：_____
品种名称：_____ 性别：_____ 周龄：_____
周末存栏量（只）：_____ 周给料量（kg）：_____

序号	体重（g）	序号	体重（g）	序号	体重（g）	序号	体重（g）
平均数							
标准差							
期末测定统计指标	剩余料量（kg）：_____ 全程耗料量：_____ 只均累计增重：_____ 只均累计耗料量：_____ 全程饲料转化比：_____						

注：该表为个体实测表，由承担测定任务的保种单位（种鸡场）和有关专家填写。所有测量结果保留小数点后一位。

填表人（签字）：_____ 电话：_____ 日期：____年___月___日

表 5-8-7 鸡屠宰性能测定登记表
（肉用型和兼用型品种及配套系必测填）

地点： _____省（自治区、直辖市） _____市（州、盟） _____县（市、区、旗） _____乡（镇） _____村

场名： _____ 联系人： _____ 联系方式： _____

品种名称： _____ 性别： _____ 屠宰日龄： _____ 屠宰人： _____

序号	宰前活重 (g)	屠体重 (g)	屠宰率 (%)	半净膛重 (g)	半净膛率 (%)	全净膛重 (g)	全净膛率 (%)	胸肌重 (g)	胸肌率 (%)	腿肌重 (g)	腿肌率 (%)	腹脂重 (g)	腹脂率 (%)
平均数													
标准差													

注：该表为个体实测表，由承担测定任务的保种单位（种鸡场）和有关专家填写。所有测量结果保留小数点后一位。

填表人（签字）： _____ 电话： _____ 日期： _____年___月___日

表 5-8-8 鸡肉品质测定登记表
（选填）

地点：_____省（自治区、直辖市）_____市（州、盟）_____县（市、区、旗）_____乡（镇）_____村

场名：_____　联系人：_____　联系方式：_____

品种名称：_____　性别：_____　上市日龄：_____

序号	剪切力(N)	滴水损失(%)	pH	肉色			水分(%)	蛋白质(%)	脂肪(%)	灰分(%)
				红度值(a)	黄度值(b)	亮度值(L)				
平均数										
标准差										

注：该表为个体实测表，由承担测定任务的保种单位（种鸡场）和有关专家填写。所有测量结果保留小数点后一位。

填表人（鉴字）：_____　电话：_____　日期：_____年____月____日

表 5-8-9　鸡蛋品质测定登记表

（蛋用型和兼用型必测填）

地点：_____省（自治区、直辖市）_____市（州、盟）_____县（市、区、旗）_____乡（镇）_____村

场名：_____　　日龄：_____　　联系人：_____　　联系方式：_____

品种名称：_____

序号	蛋重 (g)	纵径 (mm)	横径 (mm)	蛋形指数	蛋壳强度 (kg/cm²)	蛋壳厚度 (mm)				蛋黄色泽 (级)	蛋壳颜色	蛋白高度 (mm)				哈氏单位	蛋黄重 (g)	蛋黄比率	血肉斑 (有/无)
						钝端	中端	尖端	均值			1	2	3	均值				
平均数																			
标准差																			

注：该表为个体实测表，由承担测定任务的保种单位（种鸡场）和有关专家填写。所有测量结果保留小数点后一位，有特殊说明的除外。

填表人（签字）：_____　　电话：_____　　日期：____年____月____日

表 5-8-10　鸡繁殖性能表

地点：_____省（自治区、直辖市）_____市（州、盟）_____县（市、区、旗）_____乡（镇）_____村

场名：_____　　联系人：_____　　联系方式：_____

品种名称：_____

| 群体编号 | 群体大小（只） | 开产日龄（d） | 开产体重（kg） | 300日龄蛋重（g） | 产蛋数 # | | 就巢率（%） | 配种方式 | 公母配比 * | 育雏期成活率（%） | 育成期成活率（%） | 产蛋期成活率（%） | 种蛋受精率（%） | 受精蛋孵化率（%） | 其他 |
					入舍鸡	饲养日									

注：该表为群体调查和（或测定表），由承担测定任务的保种单位（种鸡场）和有关专家填写。所有结果保留小数点后一位。
地方鸡，肉鸡和兼用型鸡产蛋数按照66周龄统计，蛋鸡产蛋数按照72周龄产蛋数统计。* 配种方式如填写了本交，需填写公母配比。

填表人（签字）：_____　　电话：_____　　日期：_____年_____月_____日

表 5-8-11 鸡遗传资源影像材料

地点:＿＿省（自治区、直辖市）＿＿市（州、盟）＿＿县（市、区、旗）＿＿乡
（镇）＿＿村 场名:＿＿＿＿ 联系人:＿＿＿＿ 联系方式:＿＿＿＿＿

品种名称:＿＿＿＿＿＿＿＿

成年公鸡照片 1	成年公鸡照片 2
成年母鸡照片 1	成年母鸡照片 2
群体照片 1	群体照片 2
雏鸡照片 1	雏鸡照片 2
独特性状特写 1	独特性状特写 2
视频资料 1	视频资料 2

注：每个品种要有成年公鸡、成年母鸡、群体照片和雏鸡照片各 2 张，如有独特性状（如豁眼、凤头等）拍特写 2 张，有不同羽色类型的品种按羽色类型分别提供照片原图，照片精度在 800 万像素以上，内存在 1.2MB 以上。

拍照人（签字）:＿＿＿＿＿ 电话:＿＿＿＿＿ 日期:＿＿年＿＿月＿＿日

九、鸽遗传资源系统调查

（一）鸽遗传资源概况

1. 品种名称　按《国家畜禽遗传资源品种名录（2021年版）》和《中国畜禽遗传资源志·家禽志》填写，新发现的鸽遗传资源和新培育的鸽品种按有关规定填写。

2. 其他名称　填写该品种的曾用名、俗名等。

3. 品种类型　根据《国家畜禽遗传资源品种名录（2021年版）》填写地方品种、培育品种及配套系或引入品种及配套系。

4. 品种来源及形成历史　根据品种类型填写。地方品种填写（原）产地及形成历史；培育品种及配套系填写培育地、培育单位及育种过程、审定时间、证书编号；引入品种及配套系填写主要的输出国家以及引种历史等。

5. 中心产区　地方品种、培育品种、引入品种填写该品种在本省的主要分布区域，且存栏量占本省该品种存栏量的20%以上。可填写至县级，地方品种可填写至乡镇。配套系填写商品代主要推广区域。

6. 分布区域　根据2021年普查结果填写。

7. 存栏数量　根据2021年普查结果填写，从全国畜禽遗传资源信息系统里导出。

8. 自然生态条件　地方品种填写原产地的自然生态条件，分布在原产地之外的地方品种和培育品种、引入品种填写中心产区的自然生态条件。

配套系不填写自然生态条件。

（1）地貌　在山地、盆地、丘陵、平原、高原中选择，可多选。

（2）海拔　填写产区范围内的海拔高度，单位为米（m）。如：××—××m。

（3）经纬度　填写产区范围，东经××°××′—××°××′；北纬××°××′—××°××′。

（4）气候类型　在热带雨林气候、热带草原气候、热带季风气候、热带沙漠气候、亚热带季风和湿润气候、地中海气候、温带季风气候、温带海洋性气候、温带大陆性气候、亚寒带针叶林气候、高原山地气候中选择，可多选。

（5）年降水量　正常年年均降水量，单位为毫米（mm）。

（6）日照　年日照时数。

（7）无霜期　年均总天数；时间：××—××月。

（8）气温　单位为摄氏度（℃）。

（9）水源土质　产区流经的主要河流等。

（10）主要农作物、饲草料种类及生产情况。

9. 消长形势　描述近15年内数量规模变化、品质性能变化情况以及濒危程度。

10. 分子生物学测定 是指该品种是否进行过生化或分子遗传学相关测定，如有，需要填写测定单位、测定时间和行业公认的代表性结果；如没有，可填写无。

11. 品种评价 填写该品种遗传特点、优异特性、可供研究开发利用的主要方向。

12. 资源保护情况 填写该品种是否制订保种和利用计划，是否设有保护区、保种场，是否建立了品种登记制度，如有，需要填写具体情况，包括保种场（保护区）名称、级别、存栏量等。

13. 开发利用情况 本品种选育及在新品种（配套系）培育中的使用情况，利用本品种等素材选育的专门化品系及各自特点。现有品种标准（注明标准号）及产品商标、品牌情况。配套系需填写推广情况。

14. 疫病情况 填写调查该品种原产地或中心产区的流行性传染病和寄生虫病发生情况，以及该品种易感和抗病情况。

15. 以上内容对应表 5-9-1。

（二）鸽体型外貌登记（成年）

1. 测定数量要求：在生产条件下选择健康群体观测，群体数量要求不少于 3 个，每个群体成年鸽 100 对以上，尽可能囊括该品种的所有外貌特征。

2. 以上内容对应表 5-9-2。

（三）鸽体型外貌登记（雏鸽）

1. 测定数量要求：观测出雏后 2 周龄乳鸽的绒毛、头部斑点、背部绒毛带等颜色。观察 3 个以上群体，每个群体 100 只以上。不同类型注明各类型所占比例。

2. 以上内容对应表 5-9-3。

（四）鸽体型外貌汇总登记

1. 成鸽羽色及羽毛的特征 羽色需要描述头、颈、背、腹、翼、尾等不同部位羽毛的颜色及其比例；羽毛特征包括凤头、胫羽等，能定量的需写明具体比例、数值或范围。

2. 成鸽肉色、胫色、肤色 分为白、黄、青、黑等，重点说明能稳定遗传的性状；有不同表型要说明各种类型的比例。

3. 成鸽体型外貌特征 体型特征包括大小、形状等。喙色及形状（平或带勾）、鼻瘤等，以及该品种的其他特殊特征。

4. 雏鸽 包括绒毛、头部斑点、背部绒毛带、胫色等，能定量的需写明具体比例。

5. 以上内容对应表 5-9-4。

（五）鸽体尺体重测定登记

测定数量要求：测定成年鸽（52周龄左右）30对以上。

1. 体斜长　用皮尺沿体表测量肩关节至坐骨结节间的距离（cm）。

2. 龙骨长　用皮尺测量体表龙骨突前端到龙骨末端的距离（cm）。

3. 胸宽　用卡尺测量两关节之间的体表距离（cm）。

4. 胸深　用卡尺在体表测量第一胸椎到龙骨前缘的距离（cm）。

5. 胸角　用胸角器在龙骨前缘测量两侧胸部角度。

6. 骨盆宽　用卡尺测量两髋骨结节间的距离（cm）。

7. 胫长　用卡尺测量从胫部上关节到第三、四趾间的直线距离（cm）。

8. 胫围　胫骨中部的周长（cm）。

9. 以上内容对应表5-9-5。

（六）鸽生长性能测定登记

1. 初生雏测定100只以上；其他周龄测定混合乳鸽30只以上，每窝随机抽取1只。

2. 测定时间为初生至4周龄（上市周龄）。每周测定一次体重，测定时间点包括第0周（初生）、第1周末、第2周末、第3周末、第4周末。测定时间为早上喂料前。

3. 以上内容对应表5-9-6。

（七）鸽屠宰性能测定登记

测定数量要求：按4周龄（乳鸽）屠宰测定，屠宰前禁食（不断水）12h。屠宰数量为30只以上，每窝随机抽取1只。

1. 屠体重　屠体重为放血，去羽毛、脚角质层、趾壳和喙壳后的重量。

$$屠宰率 = 屠体重 / 宰前体重 \times 100\%$$

2. 半净膛重　屠体去除气管、食道、嗉囊、肠、脾、胰、胆和生殖器、肌胃内容物及角质膜后的重量。

$$半净膛率 = 半净膛重 / 宰前体重 \times 100\%$$

3. 全净膛重　半净膛重减去心、肝、腺胃、肌胃、肺、腹脂、头和脚的重量。去头时在第一颈椎骨与头部交界处连皮切开，去脚时沿跗关节处切开。

$$全净膛率 = 全净膛重 / 宰前体重 \times 100\%$$

4. 胸肌重　沿着胸骨脊切开皮肤并向背部剥离，用刀切离附着于胸骨脊侧面的肌肉和肩胛部肌腱，即可将整块去皮的胸肌剥离，称重。

$$胸肌率 = 两侧胸肌重 / 全净膛重 \times 100\%$$

5. 腿肌重　去腿骨、皮肤、皮下脂肪后的全部腿肌的重量。

$$腿肌率 = 两侧腿净肌肉重 / 全净膛重 \times 100\%$$

6. 腹脂重　腹部脂肪和肌胃周围脂肪的重量。

$$腹脂率 = 腹脂重 /（全净膛重 + 腹脂重）\times 100\%$$

7. 以上内容对应表 5–9–7。

（八）鸽肉品质测定登记

选择 4 周龄（乳鸽）进行肉品质测定。测定数量为 30 只以上。测定部位为屠宰分离的胸大肌。

1. 剪切力　反映肉品的嫩度。

测定方法：待测肉样沿肌纤维方向修成宽 1.0cm、厚 0.5cm 长条肉样（无筋腱、脂肪、肌膜），用肌肉嫩度仪测定剪切力值，剪切时刀具垂直于肉样的肌纤维走向，每个肉样剪切 3 次，计算平均数。

2. 滴水损失　屠宰后 2h 内测定，切取一块胸大肌，准确称重；然后用铁丝钩住肉块一端，使肌纤维垂直向下，悬挂在塑料袋中（肉样不得与塑料袋壁接触），扎紧袋口，吊挂与冰箱内，在 4℃条件下保持 24h；取去肉块，称重；计算重量减少的百分比。

$$滴水损失 =（新鲜肉样重 - 吊挂后肉样重）/ 新鲜肉样重 \times 100\%$$

3. pH　取屠宰后 2h 内新鲜胸肌，采用胴体肌肉 pH 检测仪直接插入肌肉中测定。

4. 肉色　待测肉样选取 3 个不同位点进行测定。利用全自动测色色差计紧贴肉样表面测定肌肉红度值（a）、黄度值（b）、亮度值（L）3 个指标。

5. 其他指标　包括水分、脂肪、蛋白质、灰分等，可混样测定。按性别每 5 只混合成一个样品。

6. 以上内容对应表 5–9–8。

（九）鸽蛋品质测定登记

选择母鸽 52 周龄左右所产的蛋，选择有代表性群体的 100 个蛋，并且应在蛋产出后 24h 内测定。

1. 蛋重　随机收集群体当日所产鸽蛋，用电子天平（精确到 0.1g）逐个称取，求平均数。

2. 蛋形指数　用游标卡尺测量蛋的纵径和横径（精确度为 0.01mm）。

$$蛋形指数 = 纵径 / 横径$$

3. 蛋壳强度　将蛋垂直放在蛋壳强度测定仪上，钝端向上，测定蛋壳表面单位面积上承受的压力（kg/cm^2）。

4. 蛋壳厚度　用蛋壳厚度测定仪或游标卡尺测定，分别取钝端、中部和锐端的蛋壳剔除内壳膜后，分别测量厚度，求其平均数（精确到 0.01mm）。

5.蛋黄色泽　按罗氏蛋黄比色扇的 15 个蛋黄色泽等级，逐个对比每个鸽蛋蛋黄色泽的等级，统计各级的数量与百分比。也可采用多功能蛋品质测定仪进行测定。

6.蛋壳颜色　以白色、浅褐色（粉色）等表示。

7.蛋白高度和哈氏单位　测量破壳后蛋黄边缘与浓蛋白边缘的中点的浓蛋白高度（避开系带），测量成正三角形的三个点，取平均数。

$$哈氏单位 =100 \times \log\left(H - 1.7 \times W^{0.37} + 7.57\right)$$

式中，H 为以毫米为单位测定的浓蛋白高度值；W 为以克为单位测定的蛋重值。

8.蛋黄比率

$$蛋黄比率 = 蛋黄重 / 蛋重 \times 100\%$$

9.以上内容对应表 5-9-9。

（十）鸽繁殖性能登记

1.开产日龄　按日产蛋率达 5% 时日龄计算。

2.开产体重　达到开产日龄时母鸽的体重。测定不少于 30 只母鸽的平均体重。

3.开产蛋重　开产时 3 个蛋的平均重量。

4.产蛋数　母鸽在统计期内的产蛋数。分别统计 52 周龄和 87 周龄产蛋数。

5.年产乳鸽数　群体以一对种鸽产蛋 1 年提供上市乳鸽数的平均数。

6.乳鸽成活率 = 哺乳期末存活乳鸽数 / 哺乳期初乳鸽数 × 100%

7.后备鸽成活率 = 上笼时合格育成鸽数 / 留种时入舍童鸽数 × 100%

8.产蛋期成活率 =（产蛋期入舍母鸽数 − 产蛋期死亡数 − 产蛋期淘汰数）/ 产蛋期入舍母鸽数 × 100%

9.种蛋受精率　受精蛋占入孵蛋的百分比。血圈、血线蛋按受精蛋计数，散黄蛋按未受精蛋计数。

$$受精率 = 受精蛋数 / 入孵蛋数 \times 100\%$$

10.受精蛋孵化率　出雏数占受精蛋数的百分比。

$$受精蛋孵化率 = 出雏数 / 受精蛋数 \times 100\%$$

11.使用年限　可作种用或生产使用的年数。

12.以上内容对应表 5-9-10。

（十一）鸽遗传资源影像材料

1.每个品种要有成年公鸽、成年母鸽、群体照片和雏鸽照片各 2 张。

2.如有独特性状（如凤头、胫羽等），需提供独特性状特写照片 2 张。

3.有不同羽色类型的品种，需按羽色类型分别提供照片。

4. 照片精度在 800 万像素以上, 内存在 1.2MB 以上。

5. 视频资料要能反映品种所处的自然生态环境、群体概貌、品种特征、饲养方式等。

视频格式: 每个视频时长不超过 5min, 尽量在 3min 以内 (大小不超过 80MB)。视频格式应为 MP4 格式。

6. 以上内容对应表 5-9-11。

表 5-9-1 鸽遗传资源概况表

省级普查机构：_____

品种名称		其他名称	
品种类型	地方品种 □　培育品种 □　培育配套系 □　引入品种 □ 引入配套系 □		
品种来源及形成历史			
中心产区			
分布区域			
存栏数量			
自然生态条件	地貌、海拔与经纬度		
	气候类型		
	年降水量		
	日照		
	无霜期		
	气温	年最高　　　　　年最低　　　　　年平均	
	水源土质		
	主要农作物、饲草料种类及生产情况		

（续）

消长形势	
分子生物学测定	
品种评价	
资源保护情况	
开发利用情况	
疫病情况	

注：此表由该品种分布地的省级普查机构组织有关专家填写。

填表人（签字）：_____ 电话：_____　　日期：_____年___月___日

表 5-9-2　鸽体型外貌登记表

（成年，公母各一张表）

地点：＿＿＿省（自治区、直辖市）＿＿＿市（州、盟）＿＿＿县（市、区、旗）＿＿＿乡（镇）＿＿＿村　场名：＿＿＿＿＿　联系人：＿＿＿＿＿＿　联系方式：＿＿＿＿＿＿＿

品种名称										性别	
群体号				观测数量						日龄	
类别	部位	黄	银	黑	褐	灰	白	红	雨点	杂花	绿	其他
成鸽颜色占比（%）	颈羽											
	背羽											
	胸羽											
	腹羽											
	翼羽											
	尾羽											
	喙											
	鼻瘤											
	胫											
	趾											
	虹彩											
	皮肤											

成鸽其他外貌特征占比（%）	平喙（略弯）			带钩喙			其他喙形		
	凤头			胫羽			其他		

成鸽体型特征（包括特殊结构的象形性描述）	

注：该表为测定场群体实测表，由承担测定任务的保种单位（种鸽场）和有关专家填写。

填表人（签字）：＿＿＿＿＿＿　电话：＿＿＿＿＿＿　日期：＿＿＿年＿＿月＿＿日

表 5-9-3 鸽体型外貌登记表

（雏鸽）

地点：_____省（自治区、直辖市）_____市（州、盟）_____县（市、区、旗）_____乡
（镇）_____村 场名：_____ 联系人：_____ 联系方式：_____

品种名称																	
群体序号	群体数量	绒毛						头部斑点			背部绒毛带			胫色				其他
		黄	黑	灰	白	褐	其他	黑	白	其他	灰白	灰褐	其他	黄	白	青	其他	

注：该表为个体实测表，由承担测定任务的保种单位（种鸽场）和有关专家填写。相应栏目内
填写比例（%），有其他类型的简单文字说明。

填表人（签字）：_____ 电话：_____ 日期：_____年___月___日

表 5-9-4 鸽体型外貌汇总表

地点：_____省（自治区、直辖市）_____市（州、盟）_____县（市、区、旗）_____乡（镇）_____村 场名：_____ 联系人：_____ 联系方式：_____

品种名称：_____

成鸽羽色及羽毛的特征	
成鸽肉色、胫色、肤色	
成鸽体型外貌特征	
雏鸽	

注：此表基于但不限于鸽体型外貌登记表，由承担测定任务的保种单位（种鸽场）和有关专家根据群体登记表、《中国畜禽遗传资源志·家禽志》和实际情况填写。

填表人（签字）：_____ 电话：_____ 日期：_____年___月___日

表 5-9-5　**鸽体尺体重测定登记表**

地点：_____省（自治区、直辖市）_____市（州、盟）_____县（市、区、旗）_____乡
（镇）_____村　场名：_____　联系人：_____　联系方式：_____
品种名称：_____　性别：_____　日龄：_____

序号	个体号	体重（g）	体斜长（cm）	龙骨长（cm）	胸宽（cm）	胸深（cm）	胸角 *（°）	骨盆宽（cm）	胫长（cm）	胫围（cm）
平均数										
标准差										

注：该表为个体实测表，由承担测定任务的保种单位（种鸽场）和有关专家填写。所有测量结果保留小数点后一位。标 * 者为选填项。

填表人（签字）：_____　电话：_____　日期：_____年___月___日

表 5-9-6　鸽生长性能测定登记表

地点：＿＿＿省（自治区、直辖市）＿＿＿市（州、盟）＿＿＿县（市、区、旗）＿＿＿乡（镇）＿＿＿村　场名：＿＿＿＿＿　联系人：＿＿＿＿＿　联系方式：＿＿＿＿＿＿

品种名称：＿＿＿＿＿＿＿　　　　　性别：＿＿＿＿＿　　　　周龄：＿＿＿＿＿＿＿＿＿

序号	体重（g）	序号	体重（g）	序号	体重（g）	序号	体重（g）
平均数							
标准差							

注：该表为个体实测表，由承担测定任务的保种单位（种鸽场）和有关专家填写。所有测量结果保留小数点后一位。

填表人（签字）：＿＿＿＿＿＿　电话：＿＿＿＿＿＿＿　日期：＿＿＿年＿＿月＿＿日

表 5-9-7 鸽屠宰性能测定登记表

地点：_____ 省（自治区、直辖市）_____ 市（州、盟）_____ 县（市、区、旗）_____ 乡（镇）_____ 村

场名：_____

品种名称：_____ 性别：_____ 屠宰日龄：_____

联系人：_____ 联系方式：_____

序号	宰前活重(g)	屠体重(g)	屠宰率(%)	半净膛重(g)	半净膛率(%)	全净膛重(g)	全净膛率(%)	胸肌重(g)	胸肌率(%)	腿肌重(g)	腿肌率(%)	腹脂重(g)	腹脂率(%)
平均数													
标准差													

注：该表为个体实测表，由承担测定任务的保种单位（种鸽场）和有关专家填写。所有测量结果保留小数点后一位。

填表人（签字）：_____ 电话：_____ 日期：_____ 年____ 月____ 日

表 5-9-8 鸽肉品质测定登记表
（选填）

地点：_____ 省（自治区、直辖市）_____ 市（州、盟）_____ 县（市、区、旗）_____ 乡（镇）_____ 村

场名：_____ 联系人：_____ 联系方式：_____

品种名称：_____ 性别：_____ 上市日龄：_____

序号	剪切力 (N)	滴水损失 (%)	pH	肉色			水分 (%)	蛋白质 (%)	脂肪 (%)	灰分 (%)
				红度值 (a)	黄度值 (b)	亮度值 (L)				
平均数										
标准差										

注：该表为个体实测表，选填，由承担测定任务的保种单位（种鸽场）和有关专家填写。所有测量结果保留小数点后一位。

填表人（签字）：_____ 电话：_____ 日期：___年___月___日

表 5-9-9　鸽蛋品质测定登记表

地点：_____省（自治区、直辖市）_____市（州、盟）_____县（市、区、旗）_____乡（镇）_____村

场名：_____　联系人：_____　联系方式：_____

品种名称：_____　日龄：_____

序号	蛋重(g)	纵径(mm)	横径(mm)	蛋形指数	蛋壳强度(kg/cm²)	蛋壳厚度(mm)				蛋黄色泽(级)	蛋壳颜色	蛋黄重*(g)	蛋黄比率*
						钝端	中端	尖端	均值				
平均数													
标准差													

注：该表为个体实测表，由承担测定任务的保种单位（种鸽场）和有关专家填写。所有测量结果保留小数点后一位，有特殊说明的除外。标＊者为选填项。

填表人（签字）：_____　电话：_____　日期：_____年_____月_____日

表 5-9-10 鸽繁殖性能表

地点：____省（自治区、直辖市）____市（州、盟）____县（市、区、旗）____乡（镇）____村

场名：____

品种名称：____

联系人：____ 联系方式：____

群体编号	群体大小（只）	饲养方式	配种方式	公母配比	开产日龄（d）	开产体重（g）	开产蛋重（g）	产蛋数（个） 52周龄	产蛋数（个） 87周龄	年产乳鸽数（个）	乳鸽成活率（%）	后备鸽成活率（%）	产蛋期成活率（%）	种蛋受精率（%）	受精蛋孵化率（%）	使用年限	其他

注：该表为群体调查和/或测定表，由承担测定任务的保种单位（种鸽场）和有关专家填写。所有结果保留小数点后一位。

填表人（签字）：____ 电话：____ 日期：____年__月__日

表 5-9-11 鸽遗传资源影像材料

地点：_____省（自治区、直辖市）_____市（州、盟）_____县（市、区、旗）_____乡
（镇）_____村 场名：_____ 联系人：_____ 联系方式：_____
品种名称：_____

成年公鸽照片 1	成年公鸽照片 2
成年母鸽照片 1	成年母鸽照片 2
群体照片 1	群体照片 2
雏鸽照片 1	雏鸽照片 2
独特性状特写 1	独特性状特写 2
视频资料 1	视频资料 2

注：每个品种要有成年公鸽、成年母鸽、群体照片和雏鸽照片各 2 张，如有独特性状（如凤头、
胫羽等）拍特写 2 张，有不同羽色类型的品种按羽色类型分别提供照片原图，照片精度在 800
万像素以上，内存在 1.2MB 以上。
拍照人（签字）：_____ 电话：_____ 日期：_____年___月___日

十、鹌鹑遗传资源系统调查

（一）鹌鹑遗传资源概况

1. 品种名称　按《国家畜禽遗传资源品种名录（2021 年版)》和《中国畜禽遗传资源志·家禽志》填写，新发现的鹌鹑遗传资源和新培育的鹌鹑品种按有关规定填写。

2. 其他名称　填写该品种的曾用名、俗名等。

3. 品种类型　根据《国家畜禽遗传资源品种名录（2021 年版)》填写地方品种、培育品种及配套系或引入品种及配套系。

4. 品种来源及形成历史　根据品种类型填写。地方品种填写（原）产地及形成历史；培育品种及配套系填写培育地、培育单位及育种过程、审定时间、证书编号；引入品种及配套系填写主要的输出国家以及引种历史等。

5. 中心产区　地方品种、培育品种、引入品种填写该品种在本省的主要分布区域，且存栏量占本省该品种存栏量的 20% 以上。可填写至县级，地方品种可填写至乡镇。配套系填写商品代主要推广区域。

6. 分布区域　根据 2021 年普查结果填写。

7. 存栏数量　根据 2021 年普查结果填写，从全国畜禽遗传资源信息系统里导出。

8. 自然生态条件　地方品种填写原产地的自然生态条件，分布在原产地之外的地方品种和培育品种、引入品种填写中心产区的自然生态条件。

配套系不填写自然生态条件。

（1）地貌　在山地、盆地、丘陵、平原、高原中选择，可多选。

（2）海拔　填写产区范围内的海拔高度，单位为米（m)。如：×× ～ ××m。

（3）经纬度　填写产区范围，东经 ××°××′—××°××′；北纬 ××°××′—××°××′。

（4）气候类型　在热带雨林气候、热带草原气候、热带季风气候、热带沙漠气候、亚热带季风和湿润气候、地中海气候、温带季风气候、温带海洋性气候、温带大陆性气候、亚寒带针叶林气候、高原山地气候中选择，可多选。

（5）年降水量　正常年年均降水量，单位为毫米（mm)。

（6）日照　年日照时数。

（7）无霜期　年均总天数；时间：××—×× 月。

（8）气温　单位为摄氏度（℃)。

（9）水源土质　产区流经的主要河流等。

（10）主要农作物、饲草料种类及生产情况。

9. 消长形势　描述近 15 年内数量规模变化、品质性能变化情况以及濒危

程度。

10. 分子生物学测定　是指该品种是否进行过生化或分子遗传学相关测定，如有，需要填写测定单位、测定时间和行业公认的代表性结果；如没有，可填写无。

11. 品种评价　填写该品种遗传特点、优异特性、可供研究开发利用的主要方向。

12. 资源保护情况　填写该品种是否制订保种和利用计划，是否设有保护区、保种场，是否建立了品种登记制度，如有，需要填写具体情况，包括保种场（保护区）名称、级别、存栏量等。

13. 开发利用情况　本品种选育及在新品种（配套系）培育中的使用情况，利用本品种等素材选育的专门化品系及各自特点。现有品种标准（注明标准号）及产品商标、品牌情况。配套系需填写推广情况。

14. 疫病情况　填写调查该品种原产地或中心产区的流行性传染病和寄生虫病发生情况，以及该品种易感和抗病情况。

15. 以上内容对应表5-10-1。

（二）鹌鹑体型外貌登记（成年）

1. 测定数量要求　在生产条件下选择健康群体观测，群体数量要求不少于3个，每个观测群体成年公鹑60只以上、成年母鹑300只以上，尽可能囊括该品种的所有外貌特征。

2. 以上内容对应表5-10-2。

（三）鹌鹑体型外貌登记（雏禽）

1. 测定数量要求　观测出雏后24h内的雏鹑，雏鹑绒毛、头部斑点、背部绒毛带等颜色。观察3个以上群体的雏鹑外貌，每个群体300只以上。不同类型注明各类型所占比例。

2. 以上内容对应表5-10-3。

（四）鹌鹑体型外貌汇总登记

1. 成鹑羽色及羽毛的特征　羽色需要描述头、颈、背、腹、翼、尾等不同部位羽毛的颜色及其比例；羽毛特征包括点羽、胫羽等，能定量的需写明具体比例、数值或范围。

2. 成鹑肉色、胫色、肤色　分为白、黄、青、黑等，重点说明能稳定遗传的性状；有不同表型要说明各种类型的比例。

3. 成鹑体型外貌特征　体型特征包括大小、形状等。头部特征包括喙色及形状（平或带勾）、眼睑、虹彩等，以及点羽、胫羽等该品种的其他特殊特征。

4. 雏鹑　包括绒毛、头部斑点、背部绒毛带、胫色等，能定量的需写明具体比例。

5. 以上内容对应表 5-10-4。

（五）鹌鹑体尺体重测定登记

测定数量要求：测定成年（20 周龄左右）公、母鹌各 30 只以上。

1. 体斜长　用皮尺沿体表测量肩关节至坐骨结节间的距离（cm）。

2. 龙骨长　用皮尺测量体表龙骨突前端到龙骨末端的距离（cm）。

3. 胸宽　用卡尺测量两关节之间的体表距离（cm）。

4. 胸深　用卡尺在体表测量第一胸椎到龙骨前缘的距离（cm）。

5. 胫长　用卡尺测量从胫部上关节到第三、四趾间的直线距离（cm）。

6. 胫围　胫中部最细处的周长（cm）。

7. 以上内容对应表 5-10-5。

（六）鹌鹑生长性能测定登记

混鹑测定 100 只以上，其他周龄公、母鹌各 30 只以上。

1. 测定时间为初生至 6 周龄。每周测定一次体重，测定时间点包括第 0 周（初生）、第 1 周末、第 2 周末、第 3 周末、第 4 周末、第 5 周末和第 6 周末。测定时间为早上喂料前。在最后一次测定时，需要同时测定剩余料量，用总给料量减去剩余料量计算全程耗料量，然后计算只均累计增重、只均累计耗料量和全程饲料转化比。

2. 以上内容对应表 5-10-6。

（七）鹌鹑屠宰性能测定登记

测定数量要求：肉用和兼用鹌鹑按上市日龄屠宰测定，屠宰前禁食（不断水）12h。屠宰数量为公、母禽各 30 只以上。

1. 屠体重　屠体重为放血，去羽毛、脚角质层、趾壳和喙壳后的重量。

$$屠宰率 = 屠体重 / 宰前体重 \times 100\%$$

2. 半净膛重　屠体去除气管、食道、嗉囊、肠、脾、胰、胆和生殖器、肌胃内容物及角质膜后的重量。

$$半净膛率 = 半净膛重 / 宰前体重 \times 100\%$$

3. 全净膛重　半净膛重减去心、肝、腺胃、肌胃、肺、腹脂、头和脚的重量。去头时在第一颈椎骨与头部交界处连皮切开，去脚时沿跗关节处切开。

$$全净膛率 = 全净膛重 / 宰前体重 \times 100\%$$

4. 胸肌重　沿着胸骨脊切开皮肤并向背部剥离，用刀切离附着于胸骨脊侧面的肌肉和肩胛部肌腱，即可将整块去皮的胸肌剥离，称重。

$$胸肌率 = 两侧胸肌重 / 全净膛重 \times 100\%$$

5. 腿肌重　去腿骨、皮肤、皮下脂肪后的全部腿肌的重量。

$$腿肌率 = 两侧腿净肌肉重 / 全净膛重 \times 100\%$$

6. 腹脂重　腹部脂肪和肌胃周围脂肪的重量。

$$腹脂率 = 腹脂重 / （全净膛重 + 腹脂重）\times 100\%$$

7. 以上内容对应表 5-10-7。

（八）鹌鹑肉品质测定登记

选择上市日龄进行肉品质测定。测定数量为公、母禽各 20 只。测定部位为屠宰分离的胸大肌。

1. 剪切力　反映肉品的嫩度。

测定方法：待测肉样沿肌纤维方向修成宽 1.0cm、厚 0.5cm 长条肉样（无筋腱、脂肪、肌膜），用肌肉嫩度仪测定剪切力值，剪切时刀具垂直于肉样的肌纤维走向，每个肉样剪切 3 次，计算平均数。

2. 滴水损失　屠宰后 2h 内测定，切取一块胸大肌，准确称重；然后用铁丝钩住肉块一端，使肌纤维垂直向下，悬挂在塑料袋中（肉样不得与塑料袋壁接触），扎紧袋口，吊挂与冰箱内，在 4℃条件下保持 24h；取去肉块，称重；计算重量减少的百分比。

$$滴水损失 = （新鲜肉样重 - 吊挂后肉样重）/ 新鲜肉样重 \times 100\%$$

3. pH　取屠宰后 2h 内新鲜胸肌，采用胴体肌肉 pH 检测仪直接插入肌肉中测定。

4. 肉色　待测肉样选取 3 个不同位点进行测定。利用全自动测色色差计紧贴肉样表面测定肌肉红度值（a）、黄度值（b）、亮度值（L）3 个指标。

5. 其他指标　包括水分、脂肪、蛋白质、灰分等，可混样测定。按性别每 5 只混合成一个样品。

6. 以上内容对应表 5-10-8。

（九）鹌鹑蛋品质测定登记

选择母鹌鹑 20 周龄左右所产的蛋，测定 3 个群体的 150 个蛋（50 个 / 群），并且应在蛋产出后 24h 内测定。

1. 蛋重　随机收集群体当日所产鹌鹑蛋，用电子天平（精确到 0.1g）逐个称取，求平均数。

2. 蛋形指数　用游标卡尺测量蛋的纵径和横径（精确度为 0.01mm）。

$$蛋形指数 = 纵径 / 横径$$

3. 蛋壳强度　将蛋垂直放在蛋壳强度测定仪上，钝端向上，测定蛋壳表面单位面积上承受的压力（kg/cm^2）。

4. 蛋壳厚度　用蛋壳厚度测定仪或游标卡尺测定，分别取钝端、中部和锐端的蛋壳剔除内壳膜后，分别测量厚度，求其平均数（精确到 0.01mm）。

5. 蛋黄色泽　按罗氏蛋黄比色扇的 15 个蛋黄色泽等级，逐个对比每个鹌鹑蛋蛋黄色泽的等级，统计各级的数量与百分比。也可采用多功能蛋品质测定仪进行测定。

6. 蛋白高度和哈氏单位　测量破壳后蛋黄边缘与浓蛋白边缘的中点的浓蛋白高度（避开系带），测量成正三角形的三个点，取平均数。

$$哈氏单位 =100 \times \log\left(H-1.7 \times W^{0.37}+7.57\right)$$

式中，H 为以毫米为单位测定的浓蛋白高度值；W 为以克为单位测定的蛋重值。

7. 蛋黄比率

$$蛋黄比率 = 蛋黄重 / 蛋重 \times 100\%$$

8. 以上内容对应表 5–10–9。

（十）鹌鹑繁殖性能登记

1. 开产日龄　蛋用型按日产蛋率达 50% 时的日龄计算；肉用型按日产蛋率 5% 时的日龄计算。

2. 开产体重　达到开产日龄时母禽的体重。测定不少于 30 只母禽的平均体重。

3. 开产蛋重　开产前 3 个蛋的平均重量。

4. 产蛋数　母鹌鹑在统计期内的产蛋数。蛋鹌鹑一般统计 20 周龄、35 周龄和 43 周龄产蛋数。

$$入舍母鹌鹑产蛋数（个）= 总产蛋个数 / 入舍母鹌鹑只数$$

$$饲养日产蛋数（个）= 总产蛋个数 / 平均日饲养母鹌鹑只数$$

5. 育雏期成活率　育雏结束存活的雏禽数占入舍雏禽数的百分比。

$$育雏期成活率 = 育雏期末存活雏禽数 / 入舍雏禽数 \times 100\%$$

6. 育成期成活率　育成期结束时存活的禽数占育成期开始时入舍禽数的百分比。

$$育成期成活率 = 育成期末存活禽数 / 育成期入舍禽数 \times 100\%$$

7. 产蛋期成活率　产蛋期入舍母禽数减去死亡数和淘汰数占产蛋期入舍母禽数的百分比。

$$产蛋期成活率 =（产蛋期入舍母禽数 - 产蛋期死亡数 - 产蛋期淘汰数）/ 产蛋期入舍母禽数 \times 100\%$$

8. 种蛋受精率　受精蛋占入孵蛋的百分比。血圈、血线蛋按受精蛋计数，散黄蛋按未受精蛋计数。

$$受精率 = 受精蛋数 / 入孵蛋数 \times 100\%$$

9. 受精蛋孵化率　出雏数占受精蛋数的百分比。

$$受精蛋孵化率 = 出雏数 / 受精蛋数 \times 100\%$$

10. 使用年限　可作种用或生产使用的年数。

11. 以上内容对应表 5-10-10。

（十一）鹌鹑遗传资源影像材料

1. 每个品种要有成年公鹑、成年母鹑、群体照片和雏鹑照片各 2 张。

2. 如有独特性状（如点羽、胫羽等），需提供独特性状特写照片 2 张。

3. 有不同羽色类型的品种，需按羽色类型分别提供照片。

4. 照片精度在 800 万像素以上，内存在 1.2MB 以上。

5. 视频资料要能反映品种所处的自然生态环境、群体概貌、品种特征、饲养方式等。

视频格式：每个视频时长不超过 5min，尽量在 3min 以内（大小不超过 80MB）。视频格式应为 MP4 格式。

6. 以上内容对应表 5-10-11。

表 5-10-1 鹌鹑遗传资源概况表

省级普查机构：_____

品种名称		其他名称	
品种类型	地方品种 □　培育品种 □　培育配套系 □　引入品种 □ 引入配套系 □		
品种来源及形成历史			
中心产区			
分布区域			
存栏数量			

自然生态条件	地貌、海拔与经纬度	
	气候类型	
	年降水量	
	日照	
	无霜期	
	气温	年最高　　　　年最低　　　　年平均
	水源土质	
	主要农作物、饲草料种类及生产情况	

（续）

消长形势	
分子生物学测定	
品种评价	
资源保护情况	
开发利用情况	
疫病情况	

注：此表由该品种分布地的省级普查机构组织有关专家填写。

填表人（签字）：_____　电话：_____　　　日期：_____年___月___日

表 5-10-2　鹌鹑体型外貌登记表

（成年，公母各一张表）

地点：＿＿＿省（自治区、直辖市）＿＿＿市（州、盟）＿＿＿县（市、区、旗）＿＿＿乡
（镇）＿＿＿村　场名：＿＿＿＿＿　联系人：＿＿＿＿＿＿　联系方式：＿＿＿＿＿＿＿

品种名称								性别	
群 体 号			观测数量					日 龄	
类别	部位	黄	黑	褐	栗	灰	白	红	其他
成鹑颜色占比（%）	头顶								
	颈羽								
	背羽								
	背部横纹								
	胸羽								
	腹羽								
	翼羽								
	尾羽								
	喙								
	眼睑								
	胫								
	趾								
	皮肤								
成鹑其他外貌特征占比（%）		平喙（略弯）			带钩喙			其他喙形	
		眉纹			项圈			其他（雌性有距）	
成鹑体型特征（包括特殊结构的象形性描述）									

注：该表为测定场群体实测表，由承担测定任务的保种单位（种鹌鹑场）和有关专家填写。

填表人（签字）：＿＿＿＿＿　电话：＿＿＿＿＿＿　日期：＿＿＿年＿＿月＿＿日

表 5-10-3　鹌鹑体型外貌登记表
（雏鹑）

地点：_____省（自治区、直辖市）_____市（州、盟）_____县（市、区、旗）_____乡（镇）_____村　场名：_____　联系人：_____　联系方式：_____

品种名称																	
群体序号	群体数量	绒毛						头部斑点			背部绒毛带			胫色				其他
		黄	黑	灰	白	褐	其他	黑	白	其他	灰白	灰褐	其他	黄	白	青	其他	

注：该表为个体实测表，由承担测定任务的保种单位（种鹌鹑场）和有关专家填写。相应栏目内填写比例（%），有其他类型的简单文字说明。

填表人（签字）：_____　电话：_____　　日期：_____年___月___日

表 5-10-4　鹌鹑体型外貌汇总表

地点：＿＿＿省（自治区、直辖市）＿＿＿市（州、盟）＿＿＿县（市、区、旗）＿＿＿乡
（镇）＿＿＿村　场名：＿＿＿＿＿＿　联系人：＿＿＿＿＿＿　联系方式：＿＿＿＿＿＿＿＿
品种名称：＿＿＿＿＿＿＿＿＿＿＿＿＿

成鹑羽色及羽毛的特征	
成鹑肉色、胫色、肤色	
成鹑体型外貌特征	
雏鹑	

注：此表基于但不限于鹌鹑体型外貌登记表，由承担测定任务的保种单位（种鹌鹑场）和有关
专家根据群体登记表、《中国畜禽遗传资源志·家禽志》和实际情况填写。
填表人（签字）：＿＿＿＿＿＿　电话：＿＿＿＿＿＿　日期：＿＿＿年＿＿月＿＿日

表 5-10-5 鹌鹑体尺体重测定登记表

地点：_____省（自治区、直辖市）_____市（州、盟）_____县（市、区、旗）_____乡（镇）_____村 场名：_____ 联系人：_____ 联系方式：_____

品种名称：_____ 性别：_____ 日龄：_____

序号	个体号	体重（g）	体斜长（cm）	龙骨长（cm）	胸宽（cm）	胸深（cm）	胫长（cm）	胫围（cm）
平均数								
标准差								

注：该表为个体实测表，由承担测定任务的保种单位（种鹌鹑场）和有关专家填写。所有测量结果保留小数点后一位，有特殊说明的除外。

填表人（签字）：_____ 电话：_____ 日期：_____年___月___日

表 5-10-6　鹌鹑生长性能测定登记表

（肉用型和兼用型鹌鹑必填）

地点：＿＿＿省（自治区、直辖市）＿＿＿市（州、盟）＿＿＿县（市、区、旗）＿＿＿乡（镇）＿＿＿村　场名：＿＿＿＿＿　联系人：＿＿＿＿＿　联系方式：＿＿＿＿＿＿＿

品种名称：＿＿＿＿＿＿＿＿＿　性别：＿＿＿＿＿＿＿　周龄：＿＿＿＿＿＿＿＿＿

周末存栏量（只）：＿＿＿＿＿＿＿＿＿　周给料量（kg）：＿＿＿＿＿＿＿＿＿＿＿

序号	体重（g）	序号	体重（g）	序号	体重（g）	序号	体重（g）	序号	体重（g）
平均数									
标准差									
期末测定统计指标	剩余料量（kg）：＿＿＿＿＿＿＿＿　全程耗料量（kg）：＿＿＿＿＿＿ 只均累计增重（kg）：＿＿＿＿＿　均累计耗料量（kg）：＿＿＿＿＿　饲料转化比：＿＿＿＿								

注：该表为个体实测表，由承担测定任务的保种单位（种鹌鹑场）和有关专家填写。所有测量结果保留小数点后一位。

填表人（签字）：＿＿＿＿＿＿　电话：＿＿＿＿＿＿　日期：＿＿＿年＿＿月＿＿日

表 5-10-7　鹌鹑屠宰性能测定登记表

（肉用型和兼用型鹌鹑必填）

地点：_____省（自治区、直辖市）_____市（州、盟）_____县（市、区、旗）_____乡（镇）_____村_____

场名：_____

品种名称：_____　　性别：_____　　屠宰日龄：_____

联系人：_____　　联系方式：_____

序号	宰前活重 (g)	屠体重 (g)	屠宰率 (%)	半净膛重 (g)	半净膛率 (%)	全净膛重 (g)	全净膛率 (%)	胸肌重 (g)	胸肌率 (%)	腿肌重* (g)	腿肌率* (%)	腹脂重* (g)	腹脂率* (%)
平均数													
标准差													

注：该表为个体实测表，由承担测定任务的保种单位（种鹌鹑场）和有关专家填写。所有测量结果保留小数点后一位。标 * 者为选填项。

填表人（签字）：_____　　电话：_____　　日期：_____年____月____日

表 5-10-8 鹌鹑肉品质测定登记表

（选填）

地点：_____ 省（自治区、直辖市）_____ 市（州、盟）_____ 县（市、区、旗）_____ 乡（镇）_____ 村

场名：_____ 联系人：_____ 联系方式：_____

品种名称：_____ 性别：_____ 上市日龄：_____

序号	剪切力（N）	滴水损失（%）	pH	肉色			水分（%）	蛋白质（%）	脂肪（%）	灰分（%）
				红度值（a）	黄度值（b）	亮度值（L）				
平均数										
标准差										

注：该表为个体实测表，由承担测定任务的保种单位（种鹌鹑场）和有关专家填写。所有测量结果保留小数点后一位，有特殊说明的除外。

填表人（签字）：_____ 电话：_____ 日期：____ 年 ____ 月 ____ 日

表 5-10-9 鹌鹑蛋品质测定登记表
（蛋用鹌鹑必填）

地点：_____ 省（自治区、直辖市）_____ 市（州、盟）_____ 县（市、区、旗）_____ 乡（镇）_____ 村_____

场名：_____

品种名称：_____ 日龄：_____ 联系人：_____ 联系方式：_____

序号	蛋重(g)	纵径(mm)	横径(mm)	蛋形指数	蛋壳强度(kg/cm²)	蛋壳厚度(mm)				蛋壳颜色(有无斑点)	蛋黄色泽*(级)	蛋黄重*(g)	蛋黄比率*
						钝端	中端	尖端	均值				
平均数													
标准差													

注：该表为个体实测表，由承担测定任务的保种单位（种鹌鹑场）和有关专家填写。所有测量结果保留小数点后一位，有特殊说明的除外。标*者为选填项。

填表人（签字）：_____ 电话：_____ 日期：_____年___月___日

表 5-10-10 鹌鹑繁殖性能表

地点: _____ 省(自治区、直辖市) _____ 市(州、盟) _____ 县(市、区、旗) _____ 乡(镇) _____ 村 _____
场名: _____
品种名称: _____ 联系人: _____ 联系方式: _____

| 群体编号 | 群体大小(只) | 饲养方式 | 公母配比 | 开产日龄(d) | 开产体重(g) | 开产蛋重(g) | 产蛋数(个) | | | 育雏期成活率(%) | 育成期成活率(%) | 产蛋期成活率(%) | 种蛋受精率(%) | 受精蛋孵化率(%) | 使用年限(a) | 其他 |
							20周龄	35周龄	43周龄							

注:该表为群体调查和/或测定表,由承担测定任务的保种单位(种鹌鹑场)和有关专家填写。所有结果保留小数点后一位。

填表人(签字): _____ 电话: _____ 日期: _____ 年 ___ 月 ___ 日

表 5–10–11 鹌鹑遗传资源影像材料

地 点：＿＿＿省（自治区、直辖市）＿＿＿市（州、盟）＿＿＿县（市、区、旗）＿＿＿乡（镇）＿＿＿村 场名：＿＿＿＿＿＿ 联系人：＿＿＿＿＿＿ 联系方式：＿＿＿＿＿＿

品种名称：＿＿＿＿＿＿＿＿＿

成年公鹌照片 1	成年公鹌照片 2
成年母鹌照片 1	成年母鹌照片 2
群体照片 1	群体照片 2
雏鹌照片 1	雏鹌照片 2
独特性状特写 1	独特性状特写 2
视频资料 1	视频资料 2

注：每个品种要有成年公鹌、成年母鹌、群体照片和雏鹌照片各 2 张，如有独特性状（如点羽、胫羽等）拍特写 2 张，有不同羽色类型的品种按羽色类型分别提供照片原图，照片精度在 800 万像素以上，内存在 1.2MB 以上。

拍照人（签字）：＿＿＿＿＿ 电话：＿＿＿＿＿ 日期：＿＿＿年＿＿月＿＿日

十一、珍珠鸡（火鸡、鹧鸪、雉鸡）遗传资源系统调查

（一）珍珠鸡（火鸡、鹧鸪、雉鸡）遗传资源概况

1. 品种名称　按《国家畜禽遗传资源品种名录（2021年版）》和《中国畜禽遗传资源志》填写，新发现的遗传资源和新培育的品种按有关规定填写。

2. 其他名称　填写该品种的曾用名、俗名等。

3. 品种类型　根据《国家畜禽遗传资源品种名录（2021年版）》填写地方品种、培育品种及配套系或引入品种及配套系。

4. 品种来源及形成历史　根据品种类型填写。地方品种填写（原）产地及形成历史；培育品种及配套系填写培育地、培育单位及育种过程、审定时间、证书编号；引入品种及配套系填写主要的输出国家以及引种历史等。

5. 中心产区　地方品种、培育品种、引入品种填写该品种在本省的主要分布区域，且存栏量占本省该品种存栏量的 20% 以上。可填写至县级，地方品种可填写至乡镇。配套系填写商品代主要推广区域。

6. 分布区域　根据 2021 年普查结果填写。

7. 存栏数量　根据 2021 年普查结果填写，从全国畜禽遗传资源信息系统里导出。

8. 自然生态条件　地方品种填写原产地的自然生态条件，分布在原产地之外的地方品种和培育品种、引入品种填写中心产区的自然生态条件。

配套系不填写自然生态条件。

（1）地貌　在山地、盆地、丘陵、平原、高原中选择，可多选。

（2）海拔　填写产区范围内的海拔高度，单位为米（m）。如：×× ～ ××m。

（3）经纬度　填写产区范围，东经 ××°××′—××°××′；北纬 ××°××′—××°××′。

（4）气候类型　在热带雨林气候、热带草原气候、热带季风气候、热带沙漠气候、亚热带季风和湿润气候、地中海气候、温带季风气候、温带海洋性气候、温带大陆性气候、亚寒带针叶林气候、高原山地气候中选择，可多选。

（5）年降水量　正常年年均降水量，单位为毫米（mm）。

（6）日照　年日照时数。

（7）无霜期　年均总天数；时间：××—×× 月。

（8）气温　单位为摄氏度（℃）。

（9）水源土质　产区流经的主要河流等。

（10）主要农作物、饲草料种类及生产情况。

9. 消长形势　描述近 15 年内数量规模变化、品质性能变化情况以及濒危程度。

10. 分子生物学测定 是指该品种是否进行过生化或分子遗传学相关测定，如有，需要填写测定单位、测定时间和行业公认的代表性结果；如没有，可填写无。

11. 品种评价 填写该品种遗传特点、优异特性、可供研究开发利用的主要方向。

12. 资源保护情况 填写该品种是否制订保种和利用计划，是否设有保护区、保种场，是否建立了品种登记制度，如有，需要填写具体情况，包括保种场（保护区）名称、级别、存栏量等。

13. 开发利用情况 本品种选育及在新品种（配套系）培育中的使用情况，利用本品种等素材选育的专门化品系及各自特点。现有品种标准（注明标准号）及产品商标、品牌情况。配套系需填写推广情况。

14. 疫病情况 填写调查该品种原产地或中心产区的流行性传染病和寄生虫病发生情况，以及该品种易感和抗病情况。

15. 以上内容对应表5-11-1。

（二）珍珠鸡（火鸡、鹌鹑、雉鸡）**体型外貌登记**（成年）

1. 测定数量要求 在生产条件下选择健康群体观测，观测代表性成年公禽30只以上、成年母禽300只以上，尽可能囊括该品种的所有外貌特征。

2. 以上内容对应表5-11-2。

（三）珍珠鸡（火鸡、鹌鹑、雉鸡）**体型外貌登记**（雏禽）

1. 测定数量要求 观测雏禽为出雏后24h内的雏禽，雏禽绒毛、头部斑点、背部绒毛带等颜色。观察有代表性雏禽300只以上。不同类型注明各类型所占比例。

2. 绒毛、头部斑点、背部绒毛带、胫色不在其列的，在其他处填写，可增加列。

3. 以上内容对应表5-11-3。

（四）珍珠鸡（火鸡、鹌鹑、雉鸡）**体型外貌汇总登记**

1. 成禽羽色及羽毛特征 羽色需要描述头、颈、背、腹、翼、尾等不同部位羽毛的颜色及其比例；羽毛特征包括火鸡胸部羽毛束，鹌鹑斑纹，雉鸡耳羽、耳羽簇、颈环、眉纹等，能定量的需写明具体比例、数值或范围。

2. 成禽肉色、胫色、肤色 分为白、黄、青、黑等，重点说明能稳定遗传的性状。有不同表型要说明各种类型的比例。

3. 成禽体型外貌特征 体型特征包括大小、形状等。头部特征包括珍珠鸡角质头盔、头冠，火鸡皮瘤、肉垂、肉阜等，喙形以及该品种的其他特殊特征。

4. 雏禽 包括绒毛、头部斑点、背部绒毛带、胫色等，能定量的需写明具体比例。

5. 以上内容对应表 5-11-4。

（五）珍珠鸡（火鸡、鹧鸪、雉鸡）体尺体重测定登记

测定要求：测定成年公、母禽各 30 只以上。成年火鸡为 43 周龄左右，成年鹧鸪为 33 周龄左右，成年雉鸡为 43 周龄左右，成年珍珠鸡为 35 周龄左右。

1. 体斜长　用皮尺沿体表测量肩关节至坐骨结节间的距离（cm）。
2. 龙骨长　用皮尺测量体表龙骨突前端到龙骨末端的距离（cm）。
3. 胸宽　用卡尺测量两肩关节之间的体表距离（cm）。
4. 胸深　用卡尺在体表测量第一胸椎到龙骨前缘的距离（cm）。
5. 胸角　用胸角器在龙骨前缘测量两侧胸部角度。
6. 髋宽　用卡尺测量两髋骨结节间的距离（cm）。
7. 胫长　用卡尺测量从胫部上关节到第三、四趾间的直线距离（cm）。
8. 胫围　胫骨中部的周长（cm）。
9. 以上内容对应表 5-11-5。

（六）珍珠鸡（火鸡、鹧鸪、雉鸡）生长性能测定登记

混雏测定 100 只以上，其他周龄公、母禽各 30 只以上。

1. 测定周龄

（1）火鸡　测定初生至 21 周龄的体重，每 3 周测定一次，测定时间点分别为初生、第 3 周末、第 6 周末、第 9 周末、第 12 周末、第 15 周末、第 18 周末和第 21 周末。

（2）珍珠鸡　测定初生至 13 周龄的体重，每 2 周测定一次，测定时间点包括初生、第 2 周末、第 4 周末、第 6 周末、第 8 周末、第 10 周末和第 13 周末。

（3）鹧鸪　测定初生至 12 周龄的体重，每 2 周测定一次，测定时间点包括初生、第 2 周末、第 4 周末、第 6 周末、第 8 周末、第 10 周末和第 12 周末。

（4）雉鸡　测定初生至 16 周龄的体重，每 2 周测定一次，测定时间点包括初生、第 2 周末、第 4 周末、第 6 周末、第 8 周末、第 10 周末、第 12 周末、第 14 周末和第 16 周末。

2. 测定时间　早上喂料前。在最后一次测定时，需要同时测定剩余料量，用总给料量减去剩余料量计算全程耗料量，然后计算只均累计增重、只均累计耗料量和全程饲料转化比。

3. 以上内容对应表 5-11-6。

（七）珍珠鸡（火鸡、鹧鸪、雉鸡）屠宰性能测定登记

测定数量要求：按上市日龄屠宰测定，屠宰前禁食（不断水）12h。屠宰数量

为公、母禽各 30 只以上。

1. **屠体重**　为放血，去羽毛、脚角质层、趾壳和喙壳后的重量。

$$屠宰率 = 屠体重 / 宰前体重 \times 100\%$$

2. **半净膛重**　屠体去除气管、食道、嗉囊、肠、脾、胰、胆和生殖器、肌胃内容物及角质膜后的重量。

$$半净膛率 = 半净膛重 / 宰前体重 \times 100\%$$

3. **全净膛重**　半净膛重减去心、肝、腺胃、肌胃、肺、腹脂、头和脚的重量。去头时在第一颈椎骨与头部交界处连皮切开，去脚时沿跗关节处切开。

$$全净膛率 = 全净膛重 / 宰前体重 \times 100\%$$

4. **胸肌重**　沿着胸骨脊切开皮肤并向背部剥离，用刀切离附着于胸骨脊侧面的肌肉和肩胛部肌腱，即可将整块去皮的胸肌剥离，称重。

$$胸肌率 = 两侧胸肌重 / 全净膛重 \times 100\%$$

5. **腿肌重**　去腿骨、皮肤、皮下脂肪后的全部腿肌的重量。

$$腿肌率 = 两侧腿净肌肉重 / 全净膛重 \times 100\%$$

6. **腹脂重**　腹部脂肪和肌胃周围脂肪的重量。

$$腹脂率 = 腹脂重 / (全净膛重 + 腹脂重) \times 100\%$$

7. 以上内容对应表 5-11-7。

（八）珍珠鸡（火鸡、鹧鸪、雉鸡）肉品质测定登记

选择上市日龄进行肉品质测定。测定数量为公、母禽各 20 只。测定部位为屠宰分离的胸大肌。

1. **剪切力**　反映肉品的嫩度。

测定方法：待测肉样沿肌纤维方向修成宽 1.0cm、厚 0.5cm 长条肉样（无筋腱、脂肪、肌膜），用肌肉嫩度仪测定剪切力值，剪切时刀具垂直于肉样的肌纤维走向，每个肉样剪切 3 次，计算平均数。

2. **滴水损失**　屠宰后 2h 内测定，切取一块胸大肌，准确称重；然后用铁丝钩住肉块一端，使肌纤维垂直向下，悬挂在塑料袋中（肉样不得与塑料袋壁接触），扎紧袋口，吊挂于冰箱内，在 4℃ 条件下保持 24h；取去肉块，称重；计算重量减少的百分比。

$$滴水损失 = (新鲜肉样重 - 吊挂后肉样重) / 新鲜肉样重 \times 100\%$$

3. **pH**　取屠宰后 2h 内新鲜胸肌，采用胴体肌肉 pH 检测仪直接插入肌肉中测定。

4. **肉色**　待测肉样选取 3 个不同位点进行测定。利用全自动测色色差计紧贴肉样表面测定肌肉红度值（a）、黄度值（b）、亮度值（L）3 个指标。

5. **其他指标**　包括水分、脂肪、蛋白质、灰分等，可混样测定。按性别每 5 只混合成一个样品。

6. 以上内容对应表 5–11–8。

（九）珍珠鸡（火鸡、鹧鸪、雉鸡）**蛋品质测定登记**

选择母禽成年日龄左右所产的蛋，测定有代表群体的 150 个蛋，并且应在蛋产出后 24h 内测定。

1. 蛋重　随机收集群体当日所产特禽（珍珠鸡、火鸡、鹧鸪和雉鸡）蛋，用电子天平（精确到 0.1g）逐个称取，求平均数。

2. 蛋形指数　用游标卡尺测量蛋的纵径和横径（精确度为 0.01mm）。

$$蛋形指数 = 纵径 / 横径$$

3. 蛋壳颜色　以白色、褐色、浅褐色（粉色）、青（灰）色、橄榄色等表示。

4. 蛋壳强度　将蛋垂直放在蛋壳强度测定仪上，钝端向上，测定蛋壳表面单位面积上承受的压力（kg/cm^2）。

5. 蛋壳厚度　用蛋壳厚度测定仪或游标卡尺测定，分别取钝端、中部和锐端的蛋壳剔除内壳膜后，分别测量厚度，求其平均数（精确到 0.01mm）。

6. 蛋黄色泽　按罗氏蛋黄比色扇的 15 个蛋黄色泽等级，逐个对比每个蛋蛋黄色泽的等级，统计各级的数量与百分比。也可采用多功能蛋品质测定仪进行测定。

7. 蛋白高度和哈氏单位　测量破壳后蛋黄边缘与浓蛋白边缘的中点的浓蛋白高度（避开系带），测量成正三角形的三个点，取平均数。

$$哈氏单位 = 100 \times \log\left(H - 1.7 \times W^{0.37} + 7.57\right)$$

其中，H 代表以毫米为单位测定的浓蛋白高度值；W 代表以克为单位测定的蛋重值。

8. 蛋黄比率

$$蛋黄比率 = 蛋黄重 / 蛋重 \times 100\%$$

9. 血斑和肉斑率　统计有无血斑和肉斑蛋，并计算含有血斑和肉斑蛋的百分比。

$$血斑和肉斑率 = 带血斑和肉斑蛋数 / 测定总蛋数 \times 100\%$$

10. 以上内容对应表 5–11–9。

（十）珍珠鸡（火鸡、鹧鸪、雉鸡）**繁殖性能登记**

1. 开产日龄　按日产蛋率达 5% 时的日龄计算。

2. 年产蛋周期　自然生产状态下，连续产蛋后，停止产蛋，开始抱孵（或人工孵化），即为一个产蛋周期。一年时间内有几个产蛋周期，即为年产蛋周期。

3. 周期产蛋数　每个产蛋周期内产的蛋数。

4. 年产蛋数　一年内所产蛋的总数。

5. 育雏期成活率　育雏结束存活雏禽数占入舍雏禽数的百分比。

$$育雏期成活率 = 育雏期末存活雏禽数 / 入舍雏禽数 \times 100\%$$

6. 育成期存活率　育成期结束时存活禽数占育成期开始时入舍禽数的百分比。

育成期存活率 = 育成期末存活禽数 / 育成期入舍禽数 × 100%

7. 产蛋期成活率　产蛋期入舍母禽数减去死亡数和淘汰数占产蛋期入舍母禽数的百分比。

产蛋期成活率 =（产蛋期入舍母禽数 − 产蛋期死亡数 − 产蛋期淘汰数）/ 产蛋期入舍母禽数 × 100%

8. 种蛋受精率　受精蛋占入孵蛋的百分比。血圈、血线蛋按受精蛋计数，散黄蛋按未受精蛋计数。

受精率 = 受精蛋数 / 入孵蛋数 × 100%

9. 受精蛋孵化率　出雏数占受精蛋数的百分比。

受精蛋孵化率 = 出雏数 / 受精蛋数 × 100%

10. 繁殖季节　指一年中交配繁殖的时期。

11. 使用年限　可作种用或生产使用的年数。

12. 以上内容对应表 5–11–10。

（十一）珍珠鸡（火鸡、鹧鸪、雉鸡）遗传资源影像材料

1. 每个品种要有成年公禽、成年母禽、群体照片和雏禽照片各 2 张。

2. 如有独特性状（如斑纹、耳羽、角质头盔等），需提供独特性状特写照片 2 张。

3. 有不同羽色类型的品种，需按羽色类型分别提供照片。

4. 照片精度在 800 万像素以上，内存在 1.2MB 以上。

5. 视频资料要能反映品种所处的自然生态环境、群体概貌、品种特征、饲养方式等。

视频格式：每个视频时长不超过 5min，尽量在 3min 以内（大小不超过 80MB）。视频格式应为 MP4 格式。

6. 以上内容对应表 5–11–11。

表 5-11-1　珍珠鸡（火鸡、鹧鸪、雉鸡）遗传资源概况表

省级普查机构：＿＿＿＿＿＿＿＿＿

品种名称			其他名称			
品种类型		地方品种 □　培育品种 □　培育配套系 □　引入品种 □　引入配套系 □				
品种来源及形成历史						
中心产区						
分布区域						
存栏数量						
自然生态条件	地貌、海拔与经纬度					
	气候类型					
	年降水量					
	日照					
	无霜期					
	气温	年最高		年最低		年平均	
	水源土质					
	主要农作物、饲草料种类及生产情况					

（续）

消长形势	
分子生物学测定	
品种评价	
资源保护情况	
开发利用情况	
疫病情况	

注：此表由该品种分布地的省级普查机构组织有关专家填写。

填表人（签字）：_____ 电话：_____ 日期：_____年____月____日

表 5-11-2　珍珠鸡（火鸡、鹧鸪、雉鸡）体型外貌登记表
（成年，公母各一张表）

地点：＿＿＿省（自治区、直辖市）＿＿＿市（州、盟）＿＿＿县（市、区、旗）＿＿＿乡
（镇）＿＿＿村　场名：＿＿＿＿＿＿　联系人：＿＿＿＿＿＿＿　联系方式：＿＿＿＿＿＿＿

品种名称								性别	
观测数量								日龄	
类别	部位	颜色1：	颜色2：	颜色3：	颜色4：	颜色5：	颜色6：	其他：	
成禽颜色占比（%）	颈羽								
	背羽								
	胸羽								
	腹羽								
	翼羽								
	尾羽								
	羽毛斑纹								
	喙								
	眼睑								
	皮瘤								
	肉垂								
	胫								
	趾								
	皮肤								

成禽其他外貌特征占比（%）	平喙（略弯）	带钩喙	其他喙形	凤头	头冠	角质头盔
	肉垂	耳羽	耳羽簇	颈环	眉纹	皮瘤
	肉阜	胸部羽毛束	斑纹	其他		

成禽体型特征（包括特殊结构的象形性描述）	

注：该表为测定场群体实测表，由承担测定任务的保种单位（种禽场）和有关专家填写。

填表人（签字）：＿＿＿＿＿＿　电话：＿＿＿＿＿＿　日期：＿＿＿年＿＿＿月＿＿＿日

表 5-11-3　珍珠鸡（火鸡、鹧鸪、雉鸡）**体型外貌登记表**
（雏禽）

地点：_____省（自治区、直辖市）_____市（州、盟）_____县（市、区、旗）_____乡
（镇）_____村　场名：_____　联系人：_____　联系方式：_____

品种名称																	
序号	群体数量	绒毛						头部斑点			背部绒毛带			胫色				其他：_____
		黄	黑	灰	白	褐	其他：_____	黑	白	其他：_____	灰白	灰褐	其他：_____	黄	白	青	其他：_____	

注：该表为个体实测表，由承担测定任务的保种单位（种禽场）和有关专家填写。相应栏目内
填写比例（%），有其他类型的简单文字说明。

填表人（签字）：_____　电话：_____　日期：_____年___月___日

表 5-11-4 珍珠鸡（火鸡、鹧鸪、雉鸡）体型外貌汇总表

地点：_____ 省（自治区、直辖市）_____ 市（州、盟）_____ 县（市、区、旗）_____ 乡
（镇）_____ 村 场名：_____ 联系人：_____ 联系方式：_____
品种名称：_____

成禽羽色及羽毛特征	
成禽肉色、胫色、肤色	
成禽体型外貌特征	
雏禽	

注：此表基于但不限于珍珠鸡、火鸡、鹧鸪和雉鸡的体型外貌登记表，由承担测定任务的保种
单位（特禽场）和有关专家根据群体登记表、《中国畜禽遗传资源志》和实际情况填写。
填表人（签字）：_____ 电话：_____ 日期：_____ 年___ 月___ 日

表 5-11-5 珍珠鸡（火鸡、鹧鸪、雉鸡）体尺体重测定登记表

地点：_____省（自治区、直辖市）_____市（州、盟）_____县（市、区、旗）_____乡
（镇）_____村　场名：_____　联系人：_____　联系方式：_____
品种名称：_____　性别：_____　日龄：_____

序号	个体号	体重 (g)	体斜长 (cm)	龙骨长 (cm)	胸宽 (cm)	胸深 (cm)	胸角 （°）	髋宽 (cm)	胫长 (cm)	胫围 (cm)
平均数										
标准差										

注：该表为个体实测表，由承担测定任务的保种单位（种禽场）和有关专家填写。所有测量结果保留小数点后一位。

填表人（签字）：_____　电话：_____　日期：_____年___月___日

表 5-11-6 珍珠鸡（火鸡、鹧鸪、雉鸡）生长性能测定登记表

地点：_____省（自治区、直辖市）_____市（州、盟）_____县（市、区、旗）_____乡
（镇）_____村 场名：_____ 联系人：_____ 联系方式：_____
周末存栏量（只）：_____ 周给料量（kg）：_____

序号	体重（g）	序号	体重（g）	序号	体重（g）	序号	体重（g）
平均数							
标准差							
期末测定统计指标	剩余料量（kg）：_____ 全程耗料量（kg）：_____ 只均累计增重（kg）：_____ 只均累计耗料量（kg）：_____ 饲料转化比：_____						

注：该表为个体实测表，由承担测定任务的保种单位（种禽场）和有关专家填写。

填表人（签字）：_____ 电话：_____ 日期：_____年___月___日

表 5-11-7　珍珠鸡（火鸡、鹧鸪、雉鸡、鹌鹑）屠宰性能测定登记表

地点：_____省（自治区、直辖市）_____市（州、盟）_____县（市、区、旗）_____乡（镇）_____村

场名：_____　联系人：_____　联系方式：_____

品种名称：_____　性别：_____　屠宰日龄：_____

序号	宰前活重 (g)	屠体重 (g)	屠宰率 (%)	半净膛重 (g)	半净膛率 (%)	全净膛重 (g)	全净膛率 (%)	胸肌重 (g)	胸肌率 (%)	腿肌重 (g)	腿肌率 (%)	腹脂重 (g)	腹脂率 (%)
平均数													
标准差													

注：该表为个体实测表，由承担测定任务的保种单位（种禽场）和有关专家填写。所有测量结果保留小数点后一位。

填表人（签字）：_____　电话：_____　日期：____年__月__日

表 5-11-8 珍珠鸡（火鸡、鹌鹑、雉鸡）肉品质测定登记表
（选填）

地点：_____ 省（自治区、直辖市）_____ 市（州、盟）_____ 县（市、区、旗）_____ 乡（镇）_____ 村

场名：_____

品种名称：_____ 性别：_____ 联系人：_____ 上市日龄：_____ 联系方式：_____

序号	剪切力 (N)	滴水损失 (%)	pH	肉色			水分 (%)	蛋白质 (%)	脂肪 (%)	灰分 (%)
				红度值 (a)	黄度值 (b)	亮度值 (L)				
平均数										
标准差										

注：该表为个体实测表，选填，由承担测定任务的保种单位（种禽场）和有关专家填写。所有测量结果保留小数点后一位。

填表人（签字）：_____ 电话：_____ 日期：_____ 年____ 月____ 日

表 5-11-9　珍珠鸡（火鸡、鹌鹑、雉鸡）蛋品质测定登记表

地点：_____省（自治区、直辖市）_____市（州、盟）_____县（市、区、旗）_____乡（镇）_____村

场名：_____　　联系人：_____　　联系方式：_____

品种名称：_____　日龄：_____

序号	蛋重 (g)	纵径 (mm)	横径 (mm)	蛋形指数	蛋壳颜色	蛋壳强度* (kg/cm²)	蛋壳厚度 (mm)*			蛋黄色泽*（级）	蛋白高度 (mm)*				哈氏单位	蛋黄重 (g)	蛋黄比率*	血肉斑*（有/无）
							钝端	中端	尖端	均值		1	2	3	均值				
平均数																			
标准差																			

注：该表为个体实测表，由承担测定任务的保种单位（种禽场）和有关专家填写。所有测量结果保留小数点后一位，有特殊说明的除外。标 * 者为选填项。

填表人（签字）：_____　　电话：_____　　日期：____年__月__日

表 5-11-10　珍珠鸡（火鸡、鹌鹑、雏鸡）繁殖性能表

地点：＿＿＿＿＿省（自治区、直辖市）＿＿＿＿＿市（州、盟）＿＿＿＿＿县（市、区、旗）＿＿＿＿＿乡（镇）＿＿＿＿＿村

场名：＿＿＿＿＿　联系人：＿＿＿＿＿　联系方式：＿＿＿＿＿

品种名称：＿＿＿＿＿

群体编号	群体大小（只）	饲养方式	配种方式	公母配比*	开产日龄（d）	年产蛋周期（个）	周期产蛋数（个）	年产蛋数（个）	育雏期成活率（%）	育成期存活率（%）	产蛋期成活率（%）	种蛋受精率（%）	受精蛋孵化率（%）	繁殖季节	使用年限（a）	其他

注：该表为群体调查和/或测定表，由承担测定任务的保种单位（种禽场）和有关专家填写。所有结果保留小数点后一位。标 * 者为选填。

填表人（签字）：＿＿＿＿＿　电话：＿＿＿＿＿　日期：＿＿＿＿＿年＿＿月＿＿日

表 5-11-11　珍珠鸡（火鸡、鹧鸪、雉鸡）**遗传资源影像材料**

地点：_____省（自治区、直辖市）_____市（州、盟）_____县（市、区、旗）_____乡
（镇）_____村　场名：_____　联系人：_____　联系方式：_____
品种名称：_____

成年公禽照片 1	成年公禽照片 2
成年母禽照片 1	成年母禽照片 2
群体照片 1	群体照片 2
雏禽照片 1	雏禽照片 2
独特性状特写 1	独特性状特写 2
视频资料 1	视频资料 2

注：每个品种要有成年公禽、成年母禽、群体照片和雏禽照片各 2 张，如有独特性状（如耳羽、颈环等）拍特写 2 张，有不同羽色类型的品种按羽色类型分别提供照片原图，照片精度在 800
万像素以上，内存在 1.2MB 以上。

拍照人（签字）：_____　电话：_____　日期：_____年___月___日

十二、鸵鸟（鸸鹋）遗传资源系统调查

（一）鸵鸟（鸸鹋）遗传资源概况

1. 品种名称　按《国家畜禽遗传资源品种名录（2021 年版）》和《中国畜禽遗传资源志·特种畜禽志》填写，新发现的遗传资源和新培育的品种按有关规定填写。

2. 其他名称　填写该品种的曾用名、俗名等。

3. 品种类型　根据《国家畜禽遗传资源品种名录（2021 年版）》填写地方品种、培育品种及配套系或引入品种及配套系。

4. 品种来源及形成历史　根据品种类型填写。地方品种填写（原）产地及形成历史；培育品种及配套系填写培育地、培育单位及育种过程、审定时间、证书编号；引入品种及配套系填写主要的输出国家以及引种历史等。

5. 中心产区　地方品种、培育品种、引入品种填写该品种在本省的主要分布区域，且存栏量占本省该品种存栏量的 20% 以上。可填写至县级，地方品种可填写至乡镇。配套系填写商品代主要推广区域。

6. 分布区域　根据 2021 年普查结果填写。

7. 存栏数量　根据 2021 年普查结果填写，从全国畜禽遗传资源信息系统里导出。

8. 自然生态条件　地方品种填写原产地的自然生态条件，分布在原产地之外的地方品种和培育品种、引入品种填写中心产区的自然生态条件。

配套系不填写自然生态条件。

（1）地貌　在山地、盆地、丘陵、平原、高原中选择，可多选。

（2）海拔　填写产区范围内的海拔高度，单位为米（m）。如：×× ～ ××m。

（3）经纬度　填写产区范围，东经 ××°××′—××°××′；北纬 ××°××′—××°××′。

（4）气候类型　在热带雨林气候、热带草原气候、热带季风气候、热带沙漠气候、亚热带季风和湿润气候、地中海气候、温带季风气候、温带海洋性气候、温带大陆性气候、亚寒带针叶林气候、高原山地气候中选择，可多选。

（5）年降水量　正常年年均降水量，单位为毫米（mm）。

（6）日照　年日照时数。

（7）无霜期　年均总天数；时间：××—×× 月。

（8）气温　单位为摄氏度（℃）。

（9）水源土质　产区流经的主要河流等。

（10）主要农作物、饲草料种类及生产情况。

9. 消长形势　描述近 15 年内数量规模变化、品质性能变化情况以及濒危程度。

10. 分子生物学测定　是指该品种是否进行过生化或分子遗传学相关测定，如有，需要填写测定单位、测定时间和行业公认的代表性结果；如没有，可填写无。

11. 品种评价 填写该品种遗传特点、优异特性、可供研究开发利用的主要方向。

12. 资源保护情况 填写该品种是否制订保种和利用计划，是否设有保护区、保种场，是否建立了品种登记制度，如有，需要填写具体情况，包括保种场（保护区）名称、级别、存栏量等。

13. 开发利用情况 本品种选育及在新品种（配套系）培育中的使用情况，利用本品种等素材选育的专门化品系及各自特点。现有品种标准（注明标准号）及产品商标、品牌情况。配套系需填写推广情况。

14. 疫病情况 填写调查该品种原产地或中心产区的流行性传染病和寄生虫病发生情况，以及该品种易感和抗病情况。

15. 以上内容对应表 5–12–1。

（二）鸵鸟（鸸鹋）体型外貌登记（成年）

1. 测定数量要求 在生产条件下选择健康群体观测，观测有代表性的成年公禽 30 只以上、成年母禽 300 只以上，尽可能囊括该品种的所有外貌特征。

2. 以上内容对应表 5–12–2。

（三）鸵鸟（鸸鹋）体型外貌登记（雏禽）

1. 测定数量要求 观测雏禽为出雏后 24h 内的雏禽，雏禽背部绒毛、头颈部绒毛、腹部绒毛和胫色等。观测有代表性的雏禽 300 只以上。不同类型注明各类型所占比例。

2. 以上内容对应表 5–12–3。

（四）鸵鸟（鸸鹋）体型外貌汇总登记

1. 成禽羽色及羽毛的特征 羽色需要描述头、颈、背、腹、翼、尾等不同部位羽毛的颜色及其比例；羽毛特征包括耳羽、顶羽等，能定量的需写明具体比例、数值或范围。

2. 成禽肉色、胫色、肤色 分为白、黄、青、黑等，重点说明能稳定遗传的性状；有不同表型要说明各种类型的比例。

3. 成禽体型外貌特征 体型特征包括大小、形状等。头部大小、喙色及形状（长或短）等该品种的其他典型特征。

4. 雏禽 包括绒毛、头部斑点、背部绒毛带、胫色等，能定量的需写明具体比例。

5. 以上内容对应表 5–12–4。

（五）鸵鸟（鸸鹋）体尺体重测定登记

测定数量要求：测定成年（24 月龄）公、母禽各 30 只以上。

1. 体重 禁食 12h 空腹活重，单位为 kg。

2. 背长　用皮尺沿体表测量背部第一胸椎到第一尾椎的长度（cm）。

3. 胸宽　用皮尺测量两肩关节之间的体表距离（cm）。

4. 颈长　用皮尺测量由第一颈椎至颈基部的长度（cm）。

5. 荐高　用测仗测量由综荐骨最高点至地面的垂直距离（cm）。

6. 胫长　用皮尺测量由膝关节只跗关节的长度（cm）。

7. 管围　用皮尺测量胫部远端最细处的周长（cm）。

8. 以上内容对应表 5-12-5。

（六）鸵鸟（鸸鹋）生长性能测定登记

1. 测定月龄为初生、1 月龄、3 月龄、6 月龄、12 月龄，测定时间为早上喂料前。

2. 初生测定混雏 100 只以上，其他月龄测定公、母各 30 只。

3. 以上内容对应表 5-12-6。

（七）鸵鸟（鸸鹋）屠宰性能测定登记

测定数量要求：选择 12 月龄鸵鸟和鸸鹋进行屠宰性能测定，屠宰前禁食（不断水）12h。屠宰数量为公、母禽各 10 只以上。

1. 宰前活重　屠宰前空腹 12 h 后体重（kg）。

2. 皮重　放血和拔毛后，剥离的整张皮的重量（kg）。

3. 皮面积　用皮尺测量和计算的整张皮的面积（cm²）。

4. 羽毛重　拔出的所有羽毛的重量（kg）。

5. 胴体重　指放血、拔毛、剥皮后，沿寰枕关节切除头，沿跗跖关节切除脚，开膛除去肾和腹脂以外的全部内脏，剩下的部分称重（kg）。

$$屠宰率 = 胴体重 / 宰前体重 × 100\%$$

6. 腿肌重　去腿骨、皮下脂肪后的全部腿肌的重量。

$$腿肌率 = 两侧腿净肌肉重 / 胴体重 × 100\%$$

7. 胸肌重　沿着胸骨脊用刀切离附着于胸骨脊侧面的肌肉和肩胛部肌腱，即可将整块胸肌剥离，称重（kg）。

$$胸肌率 = 两侧胸肌重 / 胴体重 × 100\%$$

8. 腹脂重　腹部脂肪的重量（kg）。

$$腹脂率 = 腹脂重 / 胴体重 × 100\%$$

9. 以上内容对应表 5-12-7。

（八）鸵鸟（鸸鹋）肉品质测定登记

选择 12 月龄鸵鸟和鸸鹋进行肉品质测定。测定数量为公、母禽各 10 只。测定部位为屠宰分离的股骨肌。

1. 剪切力　反映肉品的嫩度。

测定方法：待测肉样沿肌纤维方向修成宽 1.0cm、厚 0.5cm 长条肉样（无筋腱、脂肪、肌膜），用肌肉嫩度仪测定剪切力值，剪切时刀具垂直于肉样的肌纤维走向，每个肉样剪切 3 次，计算平均数。

2. 滴水损失　屠宰后 2h 内测定，切取一块股骨肌，准确称重；然后用铁丝钩住肉块一端，使肌纤维垂直向下，悬挂在塑料袋中（肉样不得与塑料袋壁接触），扎紧袋口，吊挂与冰箱内，在 4℃条件下保持 24h；取去肉块，称重；计算重量减少的百分比。

$$滴水损失 = （新鲜肉样重 - 吊挂后肉样重）/ 新鲜肉样重 \times 100\%$$

3. pH　取屠宰后 2h 内新鲜胸肌，采用胴体肌肉 pH 检测仪直接插入肌肉中测定。

4. 肉色　待测肉样选取 3 个不同位点进行测定。利用全自动测色色差计紧贴肉样表面测定肌肉红度值（a）、黄度值（b）、亮度值（L）3 个指标。

5. 其他指标　包括水分、脂肪、蛋白质、灰分等，可混样测定。按性别每 3 只混合成一个样品。

6. 以上内容对应表 5-12-8。

（九）鸵鸟（鸸鹋）蛋品质测定登记

选择成年母禽所产的蛋，群体测定数量不少于 60 个禽蛋，并且应在蛋产出后 24h 内测定。

1. 蛋重　随机收集 3 群体当日所产蛋 60 个（20 个 / 群），用电子天平（精确到 0.1g）逐个称取，求平均数；群体记录连续称 3d 产蛋总重，求平均数。

2. 蛋形指数　用游标卡尺测量蛋的纵径和横径（精确度为 0.01mm）。

$$蛋形指数 = 纵径 / 横径$$

3. 蛋壳颜色　以白色、乳白色、粉色、墨绿色、青绿色等表示。

4. 蛋壳厚度　用蛋壳厚度测定仪或游标卡尺测定，分别取钝端、中端和锐端的蛋壳剔除内壳膜后，分别测量厚度，求其平均数（精确到 0.01mm）。

5. 蛋壳重　去除蛋清和蛋黄后，单独称蛋壳的重量（g）。

$$蛋壳比例 = 蛋壳重 / 蛋重 \times 100\%$$

6. 蛋白重　分离蛋清液，单独称重（g）。

$$蛋白比例 = 蛋清液重 / 蛋重 \times 100\%$$

7. 蛋黄重　分离并单独称蛋黄重（g）。

$$蛋黄比例 = 蛋黄重 / 蛋重 \times 100\%$$

8. 以上内容对应表 5-12-9。

（十）鸵鸟（鸸鹋）繁殖性能登记

1. 开产月龄　按日产蛋率 5% 时月龄计算。

2. 开产体重　达到开产月龄时母禽的体重。测定不少于 30 只母禽的平均体重。

3. 年产蛋数　指第二个产蛋年后的年平均产蛋数。

4. 年产蛋周期　指一个产蛋年内的产蛋周期数（个）。

5. 周期产蛋数　指每个产蛋周期的平均产蛋数（个）。

6. 受精方式　人工授精、自然交配。

7. 雌雄比例　指在自然交配方式下合适的雌雄比例。

8. 种蛋合格率　按照人工孵化要求，一批种蛋中合格作为种蛋孵化的个数占总蛋数的比例。

$$种蛋合格率 = 合格种蛋数 / 总蛋数 \times 100\%$$

9. 种蛋受精率　受精蛋占入孵蛋的百分比。

$$种蛋受精率 = 受精蛋数 / 入孵蛋数 \times 100\%$$

10. 受精蛋孵化率　出雏数占受精蛋数的百分比。

$$受精蛋孵化率 = 出雏数 / 受精蛋数 \times 100\%$$

11. 健雏率　孵化出雏时健康活泼雏禽数占出雏数的百分比。

$$健雏率 = 健康雏禽数 / 出雏数 \times 100\%$$

12. 育雏期存活率　育雏期结束时存活的雏禽数占入舍雏禽数的百分比。

$$育雏期存活率 = 育雏期末存活禽数 / 育雏期入舍禽数 \times 100\%$$

13. 育成期存活率　育成期结束时存活的禽数占育成期开始时入舍禽数的百分比。

$$育成期存活率 = 育成期末存活禽数 / 育成期入舍禽数 \times 100\%$$

14. 繁殖季节　一年中产蛋的月份。

15. 使用年限　作为种禽用的利用年限（a）。

16. 以上内容对应表 5-12-10。

（十一）鸵鸟（鸸鹋）遗传资源影像材料

1. 每个品种要有成年公禽、成年母禽、群体照片和雏禽照片各 2 张。

2. 如有独特性状（如顶羽、冠斑、颈环等），需提供独特性状特写照片 2 张。

3. 有不同羽色类型的品种，需按羽色类型分别提供照片。

4. 照片精度在 800 万像素以上，内存在 1.2MB 以上。

5. 视频资料要能反映品种所处的自然生态环境、群体概貌、品种特征、饲养方式等。

视频格式：每个视频时长不超过 5min，尽量在 3min 以内（大小不超过 80MB）。视频格式应为 MP4 格式。

6. 以上内容对应表 5-12-11。

表 5-12-1　鸵鸟（鸸鹋）遗传资源概况表

省级普查机构：_____

品种名称		其他名称	
品种类型	地方品种 □　　培育品种 □　　培育配套系 □　　引入品种 □ 引入配套系 □		
品种来源及形成历史			
中心产区			
分布区域			
存栏数量			

自然生态条件	地貌、海拔与经纬度					
	气候类型					
	年降水量					
	日照					
	无霜期					
	气温	年最高		年最低		年平均	
	水源土质					
	主要农作物、饲草料种类及生产情况					

（续）

消长形势	
分子生物学测定	
品种评价	
资源保护情况	
开发利用情况	
疫病情况	

注：此表由该品种分布地的省级普查机构组织有关专家填写。

填表人（签字）：_____ 电话：_____ 日期：_____年____月____日

表 5-12-2　鸵鸟（鸸鹋）体型外貌登记表

（成年，公母各一张表）

地点：_____省（自治区、直辖市）_____市（州、盟）_____县（市、区、旗）_____乡（镇）_____村　场名：_____　联系人：_____　联系方式：_____

品种名称									性别	
观测数量									日龄	

类别	部位	裸毛	白色	白环	灰色	黄色	黑色	褐色	红色	其他
成禽颜色占比（%）	头羽									
	颈羽									
	背羽									
	胸羽									
	腹羽									
	翼羽									
	尾羽									
	眼睑									
	肤色									
	喙色									
	胫色									
	腿色									
	跗跖色									
	虹膜色									

成禽其他外貌特征占比（%）	头		喙		耳羽		冠斑		顶羽	
	大	小	长	短	有	无	有	无	有	无

成禽体型特征（包括特殊结构的象形性描述）	

注：该表为测定场群体实测表，由承担测定任务的保种单位（繁育场）和有关专家填写。

填表人（签字）：_____　电话：_____　日期：_____年___月___日

表 5-12-3　鸵鸟（鸸鹋）体型外貌登记表
（雏禽）

地点：_____　省（自治区、直辖市）_____　市（州、盟）_____　县（市、区、旗）_____　乡（镇）_____　村_____

场名：_____

联系人：_____　联系方式：_____

品种名称		群体数量																				
序号		背部绒毛						头颈部绒毛					腹部绒毛				胫色				其他
		黑	灰	褐	白	带纹	其他	灰白	黄褐	斑点	带纹	其他	黄	灰白	褐	其他	黄	白	青	其他	

注：该表为个体实测表，由承担测定任务的保种单位（繁育场）和有关专家填写。相应栏目内填写比例（%），有其他类型的简单文字说明。

填表人（签字）：_____　电话：_____

日期：____年____月____日

表 5-12-4 鸵鸟（鸸鹋）体型外貌汇总表

地点：_____省（自治区、直辖市）_____市（州、盟）_____县（市、区、旗）_____乡
（镇）_____村 场名：_____ 联系人：_____ 联系方式：_____
品种名称：_____

成禽羽色及羽毛的特征	
成禽肉色、胫色、肤色	
成禽体型外貌特征	
雏禽	

注：此表基于但不限于体型外貌登记表，由承担测定任务的保种单位（繁育场）和有关专家根
据群体登记表、《中国畜禽遗传资源志·特种畜禽志》和实际情况填写。

填表人（签字）：_____ 电话：_____ 日期：_____年___月___日

表 5-12-5 鸵鸟（鸸鹋）体尺体重测定登记表

地点：_____省（自治区、直辖市）_____市（州、盟）_____县（市、区、旗）_____乡
（镇）_____村 场名：_____ 联系人：_____ 联系方式：_____
品种名称：_____ 性别：_____ 日龄：_____

序号	个体号	体重 (kg)	背长 (cm)	胸宽 (cm)	颈长 (cm)	荐高 (cm)	胫长 (cm)	管围 (cm)	其他
平均数									
标准差									

注：该表为个体实测表，由承担测定任务的保种单位（繁育场）和有关专家填写。所有测量结果保留小数点后一位。

填表人（签字）：_____ 电话：_____ 日期：_____年___月___日

表 5-12-6 鸵鸟（鸸鹋）生长性能测定登记表

地点：_____ 省（自治区、直辖市）_____ 市（州、盟）_____ 县（市、区、旗）_____ 乡
（镇）_____ 村 场名：_____ 联系人：_____ 联系方式：_____
品种名称：_____ 性别：_____ 月龄：_____

序号	体重（g）	序号	体重（g）	序号	体重（g）	序号	体重（g）
平均数							
标准差							
饲料组成及营养成分							

注：该表为个体实测表，由承担测定任务的保种单位（繁育场）和有关专家填写。所有测量结果保留小数点后一位。

填表人（签字）：_____ 电话：_____ 日期：_____ 年____ 月____ 日

表 5-12-7 鸵鸟（鸸鹋）屠宰性能测定登记表

地点：_____ 省（自治区、直辖市）_____ 市（州、盟）_____ 县（市、区、旗）_____ 乡（镇）_____ 村

场名：_____ 联系人：_____ 联系方式：_____

品种名称：_____ 性别：_____ 屠宰日龄：_____

序号	宰前活重 (kg)	皮重 (kg)	皮面积 (cm²)	羽毛重 (kg)	胴体重 (kg)	屠宰率 (%)	腿肌重 (kg)	腿肌率 (%)	胸肌重 (kg)	胸肌率 (%)	腹脂重 (kg)	腹脂率 (%)	其他
平均数													
标准差													

注：该表为个体实测表，由承担测定任务的保种单位（繁育场）和有关专家填写。所有测量结果保留小数点后一位。

填表人（签字）：_____ 电话：_____ 日期：_____ 年_____ 月_____ 日

表 5-12-8 鸵鸟（鸸鹋）肉品质测定登记表

（选填）

地点: _____ 省（自治区、直辖市） _____ 市（州、盟） _____ 县（市、区、旗） _____ 乡（镇） _____ 村

场名: _____ 联系人: _____ 联系方式: _____

品种名称: _____ 性别: _____ 上市日龄: _____

| 序号 | 剪切力 (N) | 滴水损失 (%) | pH | 肉色 | | | 水分 (%) | 蛋白质 (%) | 脂肪 (%) | 灰分 (%) |
				红度值 (a)	黄度值 (b)	亮度值 (L)				
平均数										
标准差										

注: 该表为个体实测表，选填，由承担测定任务的保种单位（繁育场）和有关专家填写。所有测量结果保留小数点后一位。

填表人（签字): _____ 电话: _____ 日期: ___年___月___日

表 5-12-9 鸵鸟（鸸鹋）蛋品质测定登记表

地点：_____ 省（自治区、直辖市）_____ 市（州、盟）_____ 县（市、区、旗）_____ 乡（镇）_____ 村

场名：_____

品种名称：_____ 日龄：_____ 联系人：_____ 联系方式：_____

序号	蛋重 (g)	纵径 (mm)	横径 (mm)	蛋形指数	蛋壳颜色	蛋壳厚度 (mm)*				蛋壳重 (g)*	蛋壳比率 (%)*	蛋白重 (g)*	蛋白比率 (%)*	蛋黄重 (g)*	蛋黄比率 (%)*	其他
						钝端	中端	锐端	均值							
平均数																
标准差																

注：该表为个体实测表，选填，由承担测定任务的保种单位（繁育场）和有关专家填写。测量结果保留小数点后一位，有特殊说明的指标除外。标*者为选填项。

填表人（签字）：_____ 电话：_____ 日期：_____ 年 _____ 月 _____ 日

表5-12-10　驼鸟（鸸鹋）繁殖性能表

地点：_____省（自治区、直辖市）_____市（州、盟）_____县（市、区、旗）_____乡（镇）_____村

场名：_____　联系人：_____　联系方式：_____

品种名称：_____

群体编号	群体大小（只）	开产月龄	开产体重（kg）	蛋重（g）	年产蛋数（g）	年产蛋周期（个）	周期产蛋数（个）	受精方式	雌雄比例	种蛋合格率（%）	种蛋受精率（%）	入孵蛋的孵化率（%）	受精蛋孵化率（%）	健雏率（%）	孵化方式	育雏期存活率（%）	育成期存活率（%）	繁殖季节	使用年限（a）	其他

注：该表为群体调查和/或测定表，由承担测定任务的保种单位（繁育场）和有关专家填写。所有结果保留小数点后一位。

填表人（签字）：_____　电话：_____　日期：_____年____月____日

表 5-12-11 鸵鸟（鸸鹋）遗传资源影像材料

地点：＿＿＿省（自治区、直辖市）＿＿＿市（州、盟）＿＿＿县（市、区、旗）＿＿＿乡（镇）＿＿＿村 场名：＿＿＿＿＿ 联系人：＿＿＿＿＿ 联系方式：＿＿＿＿＿＿

品种名称：＿＿＿＿＿＿＿＿

成年公禽照片 1	成年公禽照片 2
成年母禽照片 1	成年母禽照片 2
群体照片 1	群体照片 2
雏禽照片 1	雏禽照片 2
独特性状特写 1	独特性状特写 2
视频资料 1	视频资料 2

注：每个品种要有成年公禽、成年母禽、群体照片和雏禽照片各 2 张，如有独特性状（如豁眼、凤头等）拍特写 2 张，有不同羽色类型的品种按羽色类型分别提供照片原图，照片精度在 800 万像素以上，内存在 1.2MB 以上。

拍照人（签字）：＿＿＿＿＿ 电话：＿＿＿＿＿ 日期：＿＿＿年＿＿月＿＿日

十三、水禽遗传资源系统调查

（一）水禽遗传资源概况

1. 品种名称　按《国家畜禽遗传资源品种名录（2021 年版）》和《中国畜禽遗传资源志·家禽志》填写，新发现的水禽遗传资源和新培育的水禽品种按有关规定填写。

2. 其他名称　填写该品种的曾用名、俗名等。

3. 品种类型　根据《国家畜禽遗传资源品种名录（2021 年版）》填写地方品种、培育品种及配套系或引入品种及配套系。

4. 品种来源及形成历史根据品种类型填写。地方品种填写（原）产地及形成历史；培育品种及配套系填写培育地、培育单位及育种过程、审定时间、证书编号；引入品种及配套系填写主要的输出国家以及引种历史等。

5. 中心产区　地方品种、培育品种、引入品种填写该品种在本省的主要分布区域，且存栏量占本省该品种存栏量的 20% 以上。可填写至县级，地方品种可填写至乡镇。配套系填写商品代主要推广区域。

6. 分布区域　根据 2021 年普查结果填写。

7. 存栏数量　根据 2021 年普查结果填写，从全国畜禽遗传资源信息系统里导出。

8. 自然生态条件　地方品种填写原产地的自然生态条件，分布在原产地之外的地方品种和培育品种、引入品种填写中心产区的自然生态条件。

配套系不填写自然生态条件。

（1）地貌　在山地、盆地、丘陵、平原、高原中选择，可多选。

（2）海拔　填写产区范围内的海拔高度，单位为米（m）。如：××～××m。

（3）经纬度　填写产区范围，东经 ××°××′—××°××′；北纬 ××°××′—××°××′。

（4）气候类型　在热带雨林气候、热带草原气候、热带季风气候、热带沙漠气候、亚热带季风和湿润气候、地中海气候、温带季风气候、温带海洋性气候、温带大陆性气候、亚寒带针叶林气候、高原山地气候中选择，可多选。

（5）年降水量　正常年均降水量，单位为毫米（mm）。

（6）日照　年日照时数。

（7）无霜期　年均总天数；时间：××—×× 月。

（8）气温　单位为摄氏度（℃）。

（9）水源土质　产区流经的主要河流等。

（10）主要农作物、饲草料种类及生产情况。

9. 消长形势　描述近 15 年内数量规模变化、品质性能变化情况以及濒危

程度。

10. 分子生物学测定 是指该品种是否进行过生化或分子遗传学相关测定，如有，需要填写测定单位、测定时间和行业公认的代表性结果；如没有，可填写无。

11. 品种评价 填写该品种遗传特点、优异特性、可供研究开发利用的主要方向。

12. 资源保护情况 填写该品种是否制订保种和利用计划，是否设有保护区、保种场，是否建立了品种登记制度，如有，需要填写具体情况，包括保种场（保护区）名称、级别、存栏量等。

13. 开发利用情况 本品种选育及在新品种（配套系）培育中的使用情况，利用本品种等素材选育的专门化品系及各自特点。现有品种标准（注明标准号）及产品商标、品牌情况。配套系需填写推广情况。

14. 疫病情况 填写调查该品种原产地或中心产区的流行性传染病和寄生虫病发生情况，以及该品种易感和抗病情况。

15. 以上内容对应表 5–13–1。

（二）水禽外貌特征登记（成年）

在生产条件下选择健康群体观测，观测群体数不少于 3 个，每个群体公禽不少于 30 只、母禽不少于 100 只（记录观测数量），尽可能囊括品种资源主要类型（类群）。按公母分别描述，若有不同类型的外貌特征，请注明各类型所占比例。

1. 成年禽羽色及羽毛重要遗传特征 成年羽色分为白、灰、黑、花、棕、褐麻、黄麻、浅麻、黄褐、墨绿、蓝紫、翠绿等，需要分述头部、颈部、胸部、背部、腹部、主翼羽、尾羽、性羽、镜羽等。

2. 肤色、喙色、喙豆颜色、胫色、蹼色、爪色 分为黄、黄绿、白、灰、橘红、黑色等。重点说明能稳定遗传的性状。

3. 头部特征

（1）鸭（含番鸭、绿头鸭。下同） 虹彩颜色、有无凤头、有无皮瘤等。

（2）鹅 有无肉瘤（肉瘤颜色、肉瘤形状）、虹彩颜色、有无豁眼、有无咽袋、有无顶心毛等。

4. 其他特征 包括本品种特有的性状，如腹褶、躯干部黑色或白色斑块等。无对应项在"其他"中自行填入。

5. 以上内容对应表 5–13–2。

（三）水禽外貌特征登记（雏禽）

观测出壳 1 日龄内雏禽群体绒毛、头部斑点、背部绒毛带等颜色，群体数量要求不少于 3 个，每个观测群体 60 只以上。若有不同类型的外貌特征，请注明各类型所占比例。

1. 雏禽羽色及羽毛重要遗传特征　雏禽绒毛颜色分黄、白、黑、灰、背部黑花、头尾黑等。

2. 喙色、胫蹼色　分为黄、黄绿、白、灰、橘红、黑等；重点说明能稳定遗传的性状。

3. 以上内容对应表 5-13-3。

（四）水禽群体体型外貌汇总登记

1. 成禽羽色特征　成禽羽色分为白、灰、黑、花、棕、褐麻、黄麻、浅麻、黄褐、墨绿、蓝紫、翠绿等，需要分述头部、颈部、胸部、背部、腹部、主翼羽、尾羽、性羽、镜羽等。如有多种羽色，请注明各羽色所占比例。

2. 成禽喙、喙豆、皮肤、胫、蹼、爪颜色　分为黄、黄绿、白、灰、橘红、黑等。重点说明能稳定遗传的性状，有不同表型要说明各种类型所占的比例。

3. 成禽头部及其他外貌特征　包括鸭虹彩颜色、有无凤头、有无皮瘤，鹅有无肉瘤、肉瘤颜色、肉瘤形状、虹彩颜色、有无豁眼、有无咽袋、有无顶心毛等，也包括本品种特有性状，如腹褶、躯干部黑色或白色斑块等，有不同表型要说明各种类型所占的比例。

4. 雏禽　重点描述雏禽绒毛颜色和喙、胫蹼颜色，有不同表型要说明各种类型所占的比例。

5. 以上内容对应表 5-13-4。

（五）水禽成年体尺体重测定登记

测定周龄为 43 周龄左右（填写具体测定日龄）；测量个体数不少于 60 只，公母各半。

1. 体重　用电子秤称取空腹时（停料 6h 以上）的重量（g）。

2. 体斜长　体表测量肩关节至坐骨结节间距离（cm）。

3. 半潜水长　从嘴尖到髋骨连线中点的距离（cm）。

4. 颈长　第一颈椎前沿到颈根部的距离（cm）。

5. 龙骨长　体表龙骨突前端到龙骨末端的距离（cm）。

6. 胫长　从胫部上关节到第三、四趾间的直线距离（cm）。

7. 胫围　胫部中部的周长（cm）。

8. 胸深　用卡尺在体表测量第一胸椎到龙骨前缘的距离（cm）。

9. 胸宽　用卡尺测量两肩关节之间的体表距离（cm）。

10. 髋骨宽　用卡尺测量两髋骨结节之间的距离（cm）。

11. 以上内容对应表 5-13-5。

（六）水禽生长性能测定登记

混雏测定 60 只以上，其他周龄公、母禽各 30 只以上。

1. 在 0 周龄（出壳后 24h 以内）至 8 周龄（鸭）或 10 周龄（鹅），每两周测定一次体重。测定时间点包括初生、2 周龄末、4 周龄末、6 周龄末、8 周龄末，鹅还要测定 10 周龄末的体重。若当地上市日龄高于 8 周龄（鸭）或 10 周龄（鹅），则增加上市周龄的测定。在最后一次测定时，需要同时测定剩余料量，用总给料量减去剩余料量计算全程耗料量，然后计算只均累计增重、只均累计耗料量和全程饲料转化比。

2. 体重　测量前停料 6h 以上，用电子秤称重，单位为 g。

3. 以上内容对应表 5-13-6，肉用型和兼用型必填。

（七）水禽屠宰性能测定登记

随机抽取 60 只以上，公母各半，进行测定和分析。屠宰日龄应与当地上市日龄尽量一致。

1. 宰前活重　宰前禁食 6h 后的活重（g）。

2. 屠体重　活禽放血，去羽毛、脚角质层、趾壳和喙壳后的重量（g）。

3. 半净膛重　屠体去除气管、食管、肠、脾、胰、胆和生殖器官、肌胃内容物以及角质膜后的重量（g）。

4. 全净膛重　半净膛重减去心、肝、腺胃、肌胃、肺、腹脂后的重量（g）。

5. 腿肌重　去腿骨、皮肤、皮下脂肪后的全部腿肌的重量。测定单侧腿肌重，乘以 2 得到腿肌重（g）。

6. 胸肌重　沿着胸骨脊切开皮肤并向背部剥离，用刀切离附着于胸骨脊侧面的肌肉和肩胛部肌腱，即可将整块去皮的胸肌剥离，然后称重。测定单侧胸肌重，乘以 2 得到胸肌重。

7. 腹脂重　腹部脂肪和肌胃周围的脂肪重量。

8. 皮脂重　皮、皮下脂肪及腹脂的总重量。剥离皮和皮下脂肪时，不包括头、脚、翅膀部位。

9. 以上内容对应表 5-13-7，肉用型和兼用型必填。

（八）水禽肉品质测定登记

测定样品来自屠宰测定，为屠宰分割取下的胸肌。每个品种随机抽取 40 只，公母各半。

1. 肉色　待测肉样选取 3 个不同位点进行测定。利用全自动测色色差计紧贴肉样表面测定肌肉红度值（a）、黄度值（b）、亮度值（L）3 个指标。

2. pH　采用胴体肌肉 pH 检测仪直接插入肌肉中测定，应在宰后 1h 内完成测定。

3. 剪切力　反映肉品的嫩度。测定方法：待测肉样沿肌纤维方向修成宽1.0cm、厚 0.5cm 长条肉样（无筋腱、脂肪、肌膜），用肌肉嫩度仪测定剪切力值，剪切时刀具垂直于肉样的肌纤维走向，每个肉样剪切 3 次，计算平均数。

4. 滴水损失　屠宰后 2h 内测定，切取一块胸肌，准确称重；然后用铁丝钩住肉块一端，使肌纤维垂直向下，悬挂在塑料袋中（肉样不得与塑料袋壁接触），扎紧袋口，吊挂与冰箱内，在 4℃条件下保持 24h；取去肉块，称重；计算重量减少的百分比。

滴水损失＝（新鲜肉样重－吊挂后肉样重）/ 新鲜肉样重×100%

5. 脂肪、蛋白质、水分等　将肉样剔除筋腱、肌膜，剪碎后用高速破碎仪绞碎成肉泥，再用食品成分快速测定仪测定脂肪、蛋白质、水分等含量。可混样测定。按性别每 5 只混合成一个样品。

6. 以上内容对应表 5-13-8，选填。

(九) 水禽毛绒性能测定登记

随机抽取 60 只以上，公母各半。

1. 毛绒总重　鸭、鹅屠宰时，收集单个个体的所有羽毛、羽绒，去除杂质，清洗，装入网兜晾干，并在鼓风干燥箱内 65℃烘干 4h 后称重。

2. 绒重　去除所收集毛绒中的大毛、羽片后剩余绒子、绒丝的重量。

3. 以上内容对应表 5-13-9，毛绒性能突出的品种必填。

(十) 水禽肥肝性能测定登记

随机抽取 60 只以上，公母各半。如只用某性别填饲，则测定该性别 30 只以上。

1. 填饲结束体重　填饲结束，屠宰前停饲 6h 以上测定体重。

2. 填饲期只均耗料量　对填饲的鸭、鹅，记录每天填饲所用的饲料量，累加得填饲饲料总量，除以填饲群体个体只数，得出填饲期只均耗料量。

3. 填饲结束肝重　对填饲的鸭、鹅，填饲结束后进行屠宰测定，称测肝重。

4. 以内容对应表 5-13-10，肥肝性能突出的品种必填。

(十一) 水禽蛋品质测定登记

在 43 周龄左右（注明具体日龄）随机抽取当天产出的禽蛋 30 枚，在 24h 内完成测定。

1. 蛋重　电子秤称测蛋的重量，单位为克（g），精确度为 0.1g。

2. 蛋形指数　用游标卡尺测量蛋的纵径和横径，精确度为 0.1mm。纵径与横径的比值为蛋形指数。

3. 蛋壳厚度　用蛋壳厚度测定仪测定，分别取钝端、中端、锐端的蛋壳剔除内壳膜后，分别测量其厚度，求平均数。以 mm 为单位，精确到 0.01mm。

4. 蛋壳强度　将蛋垂直放在蛋壳强度测定仪上，钝端向上，测定蛋壳表面单位面积上承受的压力（kg/cm²）。

5. 蛋黄色泽　按罗氏（Roche）蛋黄比色扇 15 个蛋黄色泽等级对比分级，统计各级的数量与百分比，求平均数。

6. 蛋黄重和蛋黄比率　去除蛋白和系带，称蛋黄重量（g），计算蛋黄重占蛋重的百分比。

7. 蛋白高度和哈氏单位　取产出 24h 内的蛋，称蛋重。测量破壳后蛋黄边缘与浓蛋白边缘的中点的浓蛋白高度（避开系带），测量成正三角形的三个点，取平均数。哈氏单位按如下公式计算：

$$A=100 \times \log \left(H-1.7 \times W^{0.37}+7.57\right)$$

式中：A——哈氏单位；H——浓蛋白高度值，单位为毫米（mm）；W——蛋重值，单位为克（g）。

8. 蛋壳色泽　以白色、浅绿色、绿色等表示。

9. 血斑 / 肉斑率　观察所测禽蛋中血斑和肉斑的情况，统计有血斑和肉斑的蛋所占的比率。

10. 蛋营养组成　蛋的水分、蛋白质、脂肪、灰分含量为选测指标，按相关国家标准测定，或混匀后用食物营养成分分析仪测定。

11. 以上内容对应表 5-13-11，蛋用和兼用型必填。

（十二）水禽繁殖性能登记

进行群体繁殖和产蛋性能调查时，每个品种应调查 3 个以上群体。

1. 开产日龄　肉用和兼用型鸭品种为达 5% 产蛋日龄，蛋用型鸭品种为达 50% 产蛋日龄，鹅为达 3% 产蛋日龄。

2. 43 周龄产蛋率　于 43 周龄时，记录连续 3d 的群体产蛋率，求平均数。

3. 产蛋数　蛋鸭为 72 周龄入舍母鸭产蛋数，肉鸭、兼用型鸭、鹅为 66 周龄入舍母禽产蛋数。

4. 就巢率　记录在整个产蛋期内出现就巢的个体，统计有就巢性母禽的占比。

5. 配种方式　人工授精或本交。

6. 公母配比　人工授精或本交情况下，确保良好受精率的公母禽配比数。

7. 种蛋合格率　种母禽所产符合本品种要求的种蛋数占产蛋总数的百分比。

8. 种蛋受精率　受精蛋数（包括死胚蛋）占入孵蛋数的百分比，记录至少 5 个批次，取平均数。

9. 受精蛋孵化率　出雏数占受精蛋数的百分比，记录至少 5 个批次，取平均数。

10. 健雏率　健雏（适时出雏，绒毛正常、脐部愈合良好、精神活泼、无畸形的畜禽）数占出雏数的百分比，记录至少 5 个批次，取平均数。

11. 育雏期存活率　育雏期末合格雏禽数占入舍雏禽数的百分比。

12. 育成期成活率　育成期末合格育成禽数占育雏期末入舍雏禽数的百分比。

13. 产蛋期存活率　产蛋期末存活母禽数占入舍母禽数的百分比。

14. 利用年限　公禽和母禽的平均利用年限。

15. 繁殖季节性和繁殖期　是否存在繁殖季节性，繁殖期从几月至几月。

16. 有未涉及的特性时需填写。

17. 以上内容对应表 5-13-12。

（十三）水禽遗传资源影像材料

1. 每个品种要有成年公禽、成年母禽、群体照片和雏禽照片各 2 张。

2. 如有独特性状（如豁眼、凤头等），需提供独特性状特写照片 2 张。

3. 有不同羽色类型的品种，需按羽色类型分别提供照片。

4. 照片精度在 800 万像素以上，内存在 1.2MB 以上。

5. 视频资料要能反映品种所处的自然生态环境、群体概貌、品种特征、饲养方式等。

视频格式：每个视频时长不超过 5min，尽量在 3min 以内（大小不超过 80MB）。视频格式应为 MP4 格式。

6. 以上内容对应表 5-13-13。

表 5-13-1　水禽遗传资源概况表

省级普查机构：＿＿＿＿＿＿＿＿

品种名称		其他名称	
品种类型	地方品种 □　培育品种 □　培育配套系 □　引入品种 □　引入配套系 □		
品种来源及形成历史			
中心产区			
分布区域			
存栏数量			

自然生态条件	地貌、海拔与经纬度					
	气候类型					
	年降水量					
	日照					
	无霜期					
	气温	年最高		年最低		年平均
	水源土质					
	主要农作物、饲草料种类及生产情况					

（续）

消长形势	
分子生物学测定	
品种评价	
资源保护情况	
开发利用情况	
疫病情况	

注：此表由该品种分布地的省级普查机构组织有关专家填写。

填表人（签字）：_____　电话：_____　　　日期：_____年___月___日

表 5-13-2 水禽外貌特征登记表

（成年）

地点：＿＿＿省（自治区、直辖市）＿＿＿市（州、盟）＿＿＿县（市、区、旗）＿＿＿乡（镇）＿＿＿村　场名：＿＿＿＿　联系人：＿＿＿＿　联系方式：＿＿＿＿＿＿

品种名称：＿＿＿＿　群体号：＿＿＿　观测数量：＿＿＿　性别：＿＿＿　日龄：＿＿＿

	部位	白	灰	黑	花	棕	褐麻	黄麻	浅麻	黄褐	墨绿	蓝紫	翠绿	其他
成禽颜色占比（%）	头部													
	颈部													
	胸部													
	背部													
	腹部													
	主翼羽													
	尾羽													
	性羽（公）													
	镜羽（公）													

	部位	黄	黄绿	白	灰	橘红	黑	其他
	喙							
	喙豆							
	皮肤							
	胫							
	蹼							
	爪							

		虹彩颜色	有无凤头		有无皮瘤	
头部特征占比（%）	鸭/番鸭		无	有，＿＿＿%	无	有，＿＿＿%

		虹彩颜色	有无肉瘤		有无豁眼		有无咽袋		有无顶心毛	
头部特征占比（%）	鹅		无	有，颜色：＿＿＿ 形状：＿＿＿	无	有，＿＿＿%	无	有，＿＿＿%	无	有，＿＿＿%
	其他									

	腹褶		躯干黑色斑块		躯干白色斑块		其他
其他特征	无	有，＿＿＿%	无	有，＿＿＿%	无	有，＿＿＿%	

注：该表为群体实测登记表，由承担测定任务的保种单位（种禽场）和有关专家填写。

填表人（签字）：＿＿＿＿　电话：＿＿＿＿　日期：＿＿＿年＿＿月＿＿日

表 5-13-3 水禽外貌特征登记表
（雏禽）

地点：_____省（自治区、直辖市）_____市（州、盟）_____县（市、区、旗）_____乡
（镇）_____村 场名：_____ 联系人：_____ 联系方式：_____
品种名称：_____

群体序号	群体数量	绒毛颜色（%）							喙色和胫蹼色（%）							
		黄	白	黑	灰	背黑花	头尾黑	其他	部位	黄	黄绿	白	灰	橘红	黑	其他
									喙							
									胫蹼							
									喙							
									胫蹼							
									喙							
									胫蹼							
									喙							
									胫蹼							
									喙							
									胫蹼							
									喙							
									胫蹼							
									喙							
									胫蹼							
									喙							
									胫蹼							
									喙							
									胫蹼							
									喙							
									胫蹼							
									喙							
									胫蹼							
									喙							
									胫蹼							
									喙							
									胫蹼							

注：该表为群体实测登记表，由承担测定任务的保种单位（种禽场）和有关专家填写。相应栏目内填写比例（%），有其他类型的简单文字说明。

填表人（签字）：_____ 电话：_____ 日期：_____年___月___日

表 5-13-4　水禽群体型外貌汇总表

地点：_____省（自治区、直辖市）_____市（州、盟）_____县（市、区、旗）_____乡
（镇）_____村　场名：_____　联系人：_____　联系方式：_____
品种名称：_____

成禽羽色特征	
成禽喙、喙豆、皮肤、胫、蹼、爪颜色	
成禽头部及其他外貌特征	
雏禽	

注：该表为群体特征表，由承担测定任务的保种单位（种禽场）和有关专家基于但不限于"水禽外貌特征登记表"，结合《中国畜禽遗传资源志·家禽志》和实际情况填写。

填表人（签字）：_____　电话：_____　日期：_____年___月___日

表 5-13-5　水禽成年体尺体重测定登记表

地点：＿＿＿省（自治区、直辖市）＿＿＿市（州、盟）＿＿＿县（市、区、旗）＿＿＿乡（镇）＿＿＿村　场名：＿＿＿＿＿　联系人：＿＿＿＿＿＿　联系方式：＿＿＿＿＿＿＿＿

品种名称：＿＿＿＿＿＿＿＿＿　性别：＿＿＿＿＿＿　日龄：＿＿＿＿＿＿＿＿

序号	个体号	体重（g）	体斜长（cm）	半潜水长（cm）	颈长（cm）	龙骨长（cm）	胫长（cm）	胫围（cm）	胸深（cm）	胸宽（cm）	髋骨宽（cm）
平均数											
标准差											

注：该表为个体实测表，由承担测定任务的保种单位、养殖场和有关专家填写。测量值精确到小数点后一位。

填表人（签字）：＿＿＿＿＿＿　电话：＿＿＿＿＿＿＿＿　日期：＿＿＿年＿＿月＿＿日

表 5-13-6 水禽生长性能测定登记表
(肉用型和兼用型必填)

地点:＿＿＿省(自治区、直辖市)＿＿＿市(州、盟)＿＿＿县(市、区、旗)＿＿＿乡
(镇)＿＿＿村 场名:＿＿＿＿ 联系人:＿＿＿＿ 联系方式:＿＿＿＿＿＿
品种名称:＿＿＿＿＿＿＿＿＿ 周龄:＿＿＿＿＿＿＿＿＿
周末存栏量(只):＿＿＿＿＿＿＿ 周给料量(kg):＿＿＿＿＿＿＿＿＿

公禽序号	体重(g)	公禽序号	体重(g)	母禽序号	体重(g)	母禽序号	体重(g)
平均数				平均数			
标准差				标准差			
期末测定统计指标	剩余料量(kg):＿＿＿＿ 全程耗料量:＿＿＿＿ 只均累计增重:＿＿＿＿ 只均累计耗料量:＿＿＿＿ 全程饲料转化比:＿＿＿＿						

注:该表为个体实测表,由承担测定任务的保种单位(种禽场)和有关专家填写。测量值精确
到小数点后一位。
填表人(签字):＿＿＿＿ 电话:＿＿＿＿ 日期:＿＿＿年＿＿月＿＿日

表 5-13-7　水禽屠宰性能测定登记表

（肉用型和兼用型必填）

地点：_____省（自治区、直辖市）_____市（州、盟）_____县（市、区、旗）_____乡
（镇）_____村　场名：_____　联系人：_____　联系方式：_____
品种名称：_____　　　性别：_____　　　屠宰日龄：_____

序号	个体号	宰前活重（g）	屠体重（g）	半净膛重（g）	全净膛重（g）	腿肌重（g）	胸肌重（g）	腹脂重（g）	皮脂重（g）
平均数									
标准差									
备注									

注：该表为个体实测表，由承担测定任务的保种单位（种禽场）和有关专家填写。测量值精确到小数点后一位。备注中填写屠宰个体来源、饲养方式、饲料组成及主要营养水平。
填表人（签字）：_____　电话：_____　日期：_____年___月___日

表 5-13-8 水禽肉品质测定登记表

（选填）

地点：_____省（自治区、直辖市）_____市（州、盟）_____县（市、区、旗）_____乡
（镇）_____村 场名：_____ 联系人：_____ 联系方式：_____
品种名称：_____ 性别：_____ 屠宰日龄：_____

序号	个体号	肉色			pH	剪切力（N）	滴水损失（%）	脂肪（%）	蛋白质（%）	水分（%）	其他
		红度值（*a*）	黄度值（*b*）	亮度值（*L*）							
平均数											
标准差											

注：该表为个体实测表，由承担测定任务的保种单位（种禽场）和有关专家填写。测量值精确到小数点后一位。

填表人（签字）：_____ 电话：_____ 日期：_____年___月___日

表 5-13-9　水禽毛绒性能测定登记表
（毛绒性能突出的品种必填）

地点：_____省（自治区、直辖市）_____市（州、盟）_____县（市、区、旗）_____乡
（镇）_____村　场名：_____　联系人：_____　联系方式：_____
品种名称：_____　性别：_____　日龄：_____

序号	个体号	毛绒总重（g）	绒重（g）	序号	个体号	毛绒总重（g）	绒重（g）
平均数				平均数			
标准差				标准差			

注：该表为实测表，由承担测定任务的保种单位（种禽场）和有关专家填写。测量值精确到小数点后一位。

填表人（签字）：_____　电话：_____　日期：_____年___月___日

表 5-13-10　水禽肥肝性能测定登记表
（肥肝性能突出的品种必填）

地点：_____省（自治区、直辖市）_____市（州、盟）_____县（市、区、旗）_____乡
（镇）_____村　场名：_____　联系人：_____　联系方式：_____
品种名称：_____　性别：_____　填饲开始日龄：_____
填饲结束日龄：_____　填饲期只均耗料量：_____

序号	个体号	填饲结束体重 （g）	填饲后肝重 （g）	序号	个体号	填饲结束体重 （g）	填饲后肝重 （g）
平均数				平均数			
标准差				标准差			
备注							

注：该表为实测表，由承担测定任务的保种单位（种禽场）和有关专家填写。测量值精确到小数点后一位。备注中填写饲料组成及主要营养水平。

填表人（签字）：_____　电话：_____　　　　　日期：_____年___月___日

表5-13-11 水禽蛋品质测定登记表
（蛋用和兼用型用必填）

地点：_____省（自治区、直辖市）_____市（州、盟）_____县（市、区、旗）_____乡（镇）_____村

场名：_____

品种名称：_____ 群体号：_____ 日龄：_____ 联系人：_____ 联系方式：_____

序号	蛋重 (g)	纵径 (mm)	横径 (mm)	蛋形指数	蛋壳色泽	蛋壳厚度 (mm)				蛋壳强度* (kg/cm²)	蛋黄色泽* (级)	蛋黄重 (g)	蛋黄比率 (%)	蛋白高度* (mm)			哈氏单位	血斑/肉斑 有/无	蛋营养组成 (%) *			
						钝端	中端	锐端	平均数					1	2	3			水分	蛋白质	脂肪	灰分
平均数																						
标准差																						

注：该表为实测表，由承担测定任务的保种单位（种禽场）和有关专家填写。测定数据精确到小数点后一位。标*者为选测项。

填表人（签字）：_____ 电话：_____ 日期：_____年____月____日

表 5-13-12 水禽繁殖性能表

地点：_____省（自治区、直辖市）_____市（州、盟）_____县（市、区、旗）_____乡（镇）_____村

场名：_____ 联系人：_____ 联系方式：_____

品种名称：_____

群体编号	群体大小（只）	开产日龄（d）	开产体重（kg）	43周龄产蛋率（%）	产蛋数（枚）	就巢率（%）	配种方式	公母配比*	种蛋合格率	种蛋受精率（%）	受精蛋孵化率（%）	健雏率（%）	育雏期成活率（%）	育成期存活率（%）	产蛋期成活率（%）	孵化方式	利用年限（a）	繁殖季节（有/无）	繁殖期	其他

注：该表为群体汇总表，由承担测定任务的保种单位（种禽场）和有关专家填写。标*者为选测项。配种方式如填写了本交，需填写公母配比。

填表人（签字）：_____ 电话：_____ 日期：_____年_____月_____日

表5-13-13　水禽遗传资源影像材料

地点：_____省（自治区、直辖市）_____市（州、盟）_____县（市、区、旗）_____乡（镇）_____村　场名：_____　联系人：_____　联系方式：_____

品种名称：_____

成年公禽照片1	成年公禽照片2
成年母禽照片1	成年母禽照片2
群体照片1	群体照片2
雏禽照片1	雏禽照片2
独特性状特写1	独特性状特写2
视频资料1	视频资料2

注：每个品种要有成年公禽、成年母禽、群体照片和雏禽照片各2张，如有独特性状（如豁眼、凤头等）拍特写2张，有不同羽色类型的品种按羽色类型分别提供照片原图，照片精度在800万像素以上，内存在1.2MB以上。

拍照人（签字）：_____　电话：_____　日期：_____年____月____日

十四、水貂（狐、貉）遗传资源系统调查

（一）水貂（狐、貉）遗传资源概况

1. 品种名称　按《国家畜禽遗传资源品种名录（2021 年版）》和《中国畜禽遗传资源志·特种畜禽志》填写，新发现的水貂（狐、貉）遗传资源和新培育的水貂（狐、貉）品种按有关规定填写。

2. 其他名称　填写该品种的曾用名、俗名等。

3. 品种类型　根据《国家畜禽遗传资源品种名录（2021 年版）》填写地方品种、培育品种或引入品种。

4. 品种来源及形成历史　根据品种类型填写。地方品种填写（原）产地及形成历史；培育品种填写培育单位及育种过程、审定时间、证书编号；引入品种填写主要的输出国家以及引种历史等。

5. 中心产区　该品种在本省的主要分布区域，且存栏量占本省该品种存栏量的 20% 以上。可填写至县级。

6. 分布区域　按照 2021 年普查结果填写。

7. 群体数量及种公、种母　根据 2021 年普查结果填写，从全国畜禽遗传资源信息系统里导出。种公是指群体数量中计划当年年底留作种用的公畜数量；种母是指群体数量中计划当年年底留作种用的母畜数量。

8. 自然生态条件　地方品种填写原产地的自然生态条件，分布在原产地之外的地方品种和培育品种、引入品种填写中心产区的自然生态条件。

（1）地貌　在山地、盆地、丘陵、平原、高原中选择，可多选。

（2）海拔　填写产区范围内的海拔高度，单位为米（m）。如：××～××m。

（3）经纬度　填写产区范围，东经 ××°××′—××°××′；北纬 ××°××′—××°××′。

（4）气候类型　在热带雨林气候、热带草原气候、热带季风气候、热带沙漠气候、亚热带季风和湿润气候、地中海气候、温带季风气候、温带海洋性气候、温带大陆性气候、亚寒带针叶林气候、高原山地气候中选择，可多选。

（5）气温　单位为摄氏度（℃）。

（6）年降水量　正常年年均降水量，单位为毫米（mm）。

（7）无霜期　年均总天数；时间：××—×× 月。

（8）水源土质　产区流经的主要河流等。

（9）耕地、农作物种类及生产情况。

（10）当地动物性饲料。

9. 消长形势　描述近 15 年数量规模变化、品质性能变化，以及遗传多样性变化情况。

10. 分子生物学测定　该品种是否进行过生化或分子遗传学相关测定，如有，需要填写测定单位、测定时间和行业公认的代表性结果；如没有，可填写无。

11. 品种评价　填写该品种遗传特点、优异特性、可供研究开发利用的主要方向。

12. 资源保护情况　填写该品种是否制订保种和利用计划，是否设有保护区、保种场，如有，需要填写具体情况，包括保种场（保护区）名称、级别、群体数量。填写是否建立了品种登记制度，如有，需要填写开始时间和负责单位。

13. 开发利用情况　包括但不限于纯繁生产、杂交利用、新品种（系）培育、品种标准（注明标准号），以及产品开发、品牌创建、农产品地理标志等。

14. 饲养管理情况　填写管理难易程度、饲料组成、饲养方式，如庭院式养殖、合作社养殖、集约化养殖等。说明本品种是否有特殊的饲养、繁殖方式，介绍传统的饲养方式和目前的饲养方式。

15. 疫病情况　填写调查该品种中心产区的流行性传染病和寄生虫病发生情况，以及该品种易感和抗病情况。

16. 以上内容对应表 5-14-1。

（二）水貂（狐、貉）体型外貌群体特征登记

1. 填写成年（9 月龄及以上）个体的群体特征。

2. 调查成年个体 60 只以上，公母各半，并注明观测群体数量。

3. 被毛特征、形态特征按实际观测情况填写。综合描述内容包括但不限于被毛特征、形态特征、生殖系统等。

4. 以上内容对应表 5-14-2、表 5-14-3。

（三）水貂（狐、貉）体尺体重和生长性能登记

初生、45 日龄、3 月龄、6 月龄和 9 月龄的体重和体长为必填项，11 月龄体重和体长为选填项。每个阶段需调查测定 60 只以上，公母各半。

1. 同窝仔数　指包括该个体在内的初生时的窝产仔总数（只）。

2. 初生窝重　一只母畜产下全部仔畜的当天窝仔畜的总重量（g）。

3. 仔畜初生重　指初生窝重除以窝仔畜数（g／只）。

4. 体重　指早饲前空腹状态下的活体重量（g）。

测定时，用电子秤称量串貂笼重量，再称量串貂笼和水貂（狐、貉）的总重量。体重（g）=［笼＋水貂（狐、貉）］重（g）－笼重（g）。

5. 体长　指伸直状态下鼻端到尾根的直线距离（cm）。

测定时，使水貂（狐、貉）伸直，用直尺量取鼻端到尾根（坐骨端）的直线距离，即为体长（cm）。

6. 以上内容对应表 5-14-4。

（四）水貂（狐、貉）被毛品质登记

随机选取公、母水貂（狐、貉）季节皮各 30 张以上。

1. 毛样采集　用铁网（1cm×1cm）分别在背中部、腹中部、臀部和十字部选取 1cm² 的被毛紧贴表皮剪下，将毛样按每只水貂（狐、貉）的编号和不同部位分类放入封口袋中待测。

2. 针（绒）毛细度　指每根针（绒）毛中间部位的围度（μm）。

用眼科镊子夹取针（绒）毛的一端放在数显外径千分尺的测量杆部位，测其中间部位的围度（μm）。每个部位各测量 30 根以上。该部位的针（绒）毛长度以平均值表示。

3. 针（绒）毛长度　指自然伸直状态下的针（绒）毛，从毛根到毛尖的长度（mm）。

将毛样置于湿润的载玻片上，使其自然伸直，用刻度尺测量毛根到毛尖的长度（mm）。每个部位各测量 30 根以上。该部位的针（绒）毛长度以平均值表示。

4. 针绒毛长度比　指针毛长度与绒毛长度的比值；即：针毛长度（mm）/ 绒毛长度（mm）。

5. 被毛密度　指单位毛皮面积内针毛和绒毛的总数量（根 /cm²）。

用电子天平准确称量背中部的毛样重量，记录数据 M；随机选取毛样的 $1/10 \sim 1/5$ 作为分析样本称重，记录数据 $m1$；用眼科镊子和放大镜逐根数出分析样本毛纤维数量，记录数据 $W1$；根据 2 份毛样的重量关系，计算出被毛密度 W。

$$W（根 /cm²）= W1 \times M/m1 \times S$$

$W1$：分析样本毛纤维数量（根）；M：毛样重量（mg）；$m1$：分析样本重量（mg）；S：取样面积（1cm²）

以背中部被毛密度的平均值代表全身被毛密度。

此外，被毛密度的测定也可采用扫描电镜法测定，即取备检皮张，在背部 1/2 处剪取 1cm² 毛皮样品，将毛绒刮干净，做成石蜡切片，在扫描电子显微镜下测定毛束的数量及毛束内针毛（绒毛）的数量，计算出 1cm² 针毛（绒毛）的数量，单位为万根 /cm²。

6. 皮张长度　指剥取的水貂（狐、貉）季节皮从鼻尖至尾根的长度（cm）。

测定时，处死水貂（狐、貉）剥取皮张后上楦（必须使用标准楦板）固定，用直尺量取鼻端到尾根的直线距离，即为皮张尺寸。

7. 以上内容对应表 5-14-5。

（五）水貂（狐、貉）繁殖性能登记

1. 留种母畜数　上一年年底留种母畜数量（只）。

2. 参配母畜数　指留种母畜中实际接受交配的母畜数量（只）。

3. 妊娠期　产仔日期与交配日期的差值（d）；即：妊娠期（d）＝产出仔畜的日期 − 最后一次成功交配日期。

4. 产仔母畜数　指留种母畜中实际产仔的母畜数量（只）。

5. 产仔日期　指产出仔畜的日期（年月日）。应填写范围。

6. 窝重　窝产仔总重量（g）。

7. 窝产仔数　指一窝仔畜的总数量（包括死胎、畸形胎等在内）(只)。

8. 窝产活仔数　产下的一窝仔畜中活的仔畜数量（只）。

9. 断奶成活数　指一窝仔畜中断奶分窝时活的仔畜数量（只）。

10. 取皮成活数　指一窝仔畜中到屠宰取皮时的数量（只）。

11. 配种方式　指本交或人工授精。

12. 本交　指自然交配。

13. 人工授精　用器械采取公畜的精液，再用器械将精液注入发情母畜生殖道内的配种方法。

14. 利用年限　指公畜或母畜具备种用价值的年数。

15. 留种公畜数　上一年年底留种公畜数量（只）。

16. 参配公畜数　指留种公畜中实际参加交配的公畜数量（只）。

17. 公母交配比例　指参配公畜数与参配母畜数之比。例：参配公畜 40 只，参配母畜 120 只，公母交配比例即为 1∶3。

18. 公畜配种次数　指在一个繁殖季节里公畜交配的总次数（次）。

19. 种公畜利用率　指参配公畜数与留种公畜数之比（%）；即：参配公畜数 / 留种公畜数 ×100%。

20. 采精公畜数　指留种公畜中实际采精的公畜数量（只）。

21. 采精次数　指在一个繁殖季节里，采精公畜采精总次数与采精公畜总数之比（次 / 只）；即：采精总次数 / 采精公畜数。

22. 采精量　指在一个繁殖季节里，采精公畜的采精总量与采精次数之比（mL）；即：采精总量 / 采精次数［mL/（只·次）］。

测定时，于室温 18 ～ 25℃条件下，采用按摩法采集狐或貉精液，待射出乳白色精液后用集精杯收集精液，读取精液量（mL）。隔天采精 1 次。

23. 精子活力　指精液中呈直线前进运动的精子数占精子总数的百分比。可用精子密度仪直接测定，或用显微镜镜检法评定。

显微镜镜检法评定：在普通载玻片上滴一滴精液，然后用盖玻片均匀覆盖整个液面，做成压片镜检；在 400 ～ 600 倍带有恒温加热板（33 ～ 37℃）的显微镜下进行目测评定；观察 3 ～ 5 个视野，观测总精子数不少于 200 个；采用 0 ～ 1.0 的 10 级评分标准对精液样品中前进运动精子所占百分率进行测定；100% 直线前进运动者为 1.0 分，即精子活力 1.0，90% 直线前进运动者为 0.9 分，即精子活力 0.9，以此类推。

24. 精子密度　指单位体积内精液中所含的精子总数。用血细胞计算法测定或用精子密度估测法，有条件的也可以用精子分析仪测定。

（1）血细胞计数法　用 1mL 细管吸取 3% NaCl 溶液 0.2mL 或 2mL 注入小试管内；根据稀释倍数要求，用血吸管吸取并弃去 10μL 或 20μL 的 3% NaCl 溶液（或稀释液）；再用血吸管吸取被检精液 10μL，注入小试管内摇匀；取一滴稀释后精液滴于计算板上的盖玻片边缘，使精液渗入计算室内，充满其中，不得有气泡；在 400～600 倍显微镜下统计出四角及中央计算室的 5 个中方格内的精子数；对于头部压边界线的精子应遵循"数上不数下，数左不数右"的原则。

计算公式：精子密度（1mL 原精内的精子数）=5 个中方格内的精子数 × 50 000 × 被检精液稀释倍数

（2）精子密度估测法　在 400～600 倍显微镜下根据精子的稠密程度及其分布，将精子密度分为密、中、稀三级。

密：整个视野内充满精子几乎看不到空隙，很难见到单个精子活动，密度在 10 亿个 /mL 左右。

中：视野内精子之间有相当于一个精子长度的明显空隙，可见单个精子的活动，密度在 3 亿～5 亿个 /mL。

稀：视野内精子之间的空隙大于 3 个以上精子的长度，甚至可查清所有精子数，密度在 2 亿个 /mL 以下。

"0" 代表在整个视野中未发现精子。

25. 每只公畜精液输精母畜数　指在一个繁殖季节里，采精公畜的采精总量与每只母畜被输精总量之比（只）；即：采精总量 / 每只母畜被输精总量。

26. 以上内容对应表 5-14-6。

（六）水貂（狐、貉）遗传资源影像材料

1. 照片用数码相机拍摄，图像的精度 800 万像素以上，照片大小在 1.2MB 以上。

2. 以 .jpg 格式保存，不对照片进行编辑。

3. 照片正面不携带年月日等其他信息。

4. 个体照片文件用"品种名称＋年龄＋性别＋顺序号"命名，群体照片用"品种名称＋群体＋顺序号"命名，同时附相关 word 文档，对每张照片的品种名称、年龄、性别、拍摄日期、拍摄者姓名、饲养者名称及拍摄地点等进行详细说明。

5. 每个品种要有成年公、成年母标准照片，并提供原生态群体照片各 2 张（水貂不需要群体照片）。

6. 拍摄能反映品种特征的公、母个体照片，能反映所处生态环境的群体照片（水貂不需要群体照片）。

7. 视频资料要能反映品种所处的自然生态环境、群体概貌、品种特征、饲养方式等。

视频格式：每个视频时长不超过 5min，尽量在 3min 以内（大小不超过 80MB）。视频格式应为 MP4 格式。

8. 以上内容对应表 5-14-7。

表 5-14-1　水貂（狐、貉）遗传资源概况表

省级普查机构：_____

品种名称			其他名称		
品种类型	地方品种 □		培育品种 □		引入品种 □
品种来源及形成历史					
中心产区					
分布区域					
群体数量（只）			其中	种公（只）	
				种母（只）	

自然生态条件	地貌、海拔与经纬度						
	气候类型						
	气温	年最高		年最低		年平均	
	年降水量						
	无霜期						
	水源土质						
	耕地、农作物种类及生产情况						
	当地动物性饲料						

（续）

消长形势	
分子生物学测定	
品种评价	
资源保护情况	
开发利用情况	
饲养管理情况	
疫病情况	

注：此表由该品种分布地的省级普查机构组织有关专家填写。

填表人（签字）：_____　电话：_____　　　日期：_____年____月____日

表 5-14-2　水貂体型外貌群体特征表

地点：____省（自治区、直辖市）____市（州、盟）____县（市、区、旗）____乡（镇）____村 场名：_____ 联系人：_____ 联系方式：_____

品种名称：_____ 调查群体数：____ 成年公：____ 成年母：____

被毛特征					
被毛颜色	黑褐色□　　深咖啡色□　　浅咖啡色□　　铁灰□　　银蓝□　　白色□ 米黄□　　蓝宝石□　　紫罗兰□　　珍珠□　　其他_____				
针毛	长针毛□　　　　　　适中□　　　　　　短针毛□				
被毛性状*	针绒毛分布均匀一致□　　被毛丰厚灵活□　　光泽较强□ 针毛平齐□　　　　　　毛峰挺直□　　　　绒毛细□				
形态特征					
头型*	大□　　　小□ 方正□　　三角□　　其他_____				
眼睛颜色	黑色□　　红色□　　棕黄色□　　其他_____				
鼻镜颜色	粉红色□　　黑褐色□　　其他_____				
颈部*	粗□　　　细□ 长□　　　短□　　其他_____				
体躯*	方型□　　长方型□ 背平□　　背凹□　　其他_____				
体况	极瘦□　　瘦□　　修长□　　胖□　　极胖□　　其他____				
四肢*	粗□　　　细□ 腿高□　　腿矮□　　其他_____				
尾*	短□　　适中□　　长□ 粗□　　适中□　　细□ 尾毛蓬松□　　尾毛不蓬松□				
睾丸发育情况	正常□　　中等□　　差□　　其他_____				
乳房发育情况	良好□　　中等□　　差□　　其他_____				
综合描述					

注：该表为群体特征调查表，由承担测定任务的养殖场和有关专家填写。标 * 者为多选项。

填表人（签字）：_____ 电话：_____ 日期：____年____月____日

表 5-14-3 狐（貉）体型外貌群体特征表

地点：_____省（自治区、直辖市）_____市（州、盟）_____县（市、区、旗）_____乡
（镇）_____村 场名：_____ 联系人：_____ 联系方式：_____
品种名称：_____ 调查群体数：_____ 成年公：_____ 成年母：_____

被毛特征				
被毛颜色	红色 □ 银霜 □	银黑色 □ 金岛色 □	蓝色 □ 蓝霜 □	白色 □ 其他_____
针毛	长针毛 □	适中 □	短 □	其他_____
被毛性状*	针绒毛分布均匀一致 □ 针毛平齐□	被毛丰厚灵活□ 毛峰挺直□	光泽较强□ 绒毛细□	
形态特征				
头型*	大 □ 方正 □	小 □ 三角 □ 其他_____		
眼睛颜色	黑色 □	蓝色 □	鸳鸯眼 □	其他_____
耳朵形状	直立 □	宽圆 □	其他_____	
吻	长尖 □	短宽 □	其他_____	
鼻镜颜色	粉红色 □	黑褐色 □	其他_____	
颈部*	粗□ 长 □	细□ 短 □	其他_____	
体躯*	方型□ 背平 □	长方型□ 背凹 □	其他_____	
体况	极瘦□ 瘦□	修长□	胖□	极胖□ 其他_____
四肢*	粗□ 腿高 □	细□ 腿矮 □	其他_____	
尾*	短□ 粗□ 尾毛蓬松 □	适中□ 适中□ 尾毛不蓬松 □	长□ 细□	
尾尖*	白□ 灰□ 颜色宽□ 圆柱状□	灰白□ 黄□ 颜色窄□ 圆锥状□	黄白□ 黑□ 其他_____ 颜色适中□ 其他_____ 其他_____	
睾丸发育情况	正常□	中等□	差□	其他_____
乳房发育情况	良好□	中等□	差□	其他_____
综合描述				

注：该表为群体特征调查表，由承担测定任务的养殖场和有关专家填写。标 * 者为多选项。
填表人（签字）：_____ 电话：_____ 日期：_____年_____月_____日

表5-14-4　水貂（狐、貉）体尺体重和生长性能登记表

地点：
省（自治区、直辖市）____　市（州、盟）____　县（市、区、旗）____　乡（镇）____　村____
场名：
　　　　　　　　　　联系人：____　联系方式：____
品种名称：____　性别：公□　母□

序号	个体号	同窝仔畜数量（只）	初生窝重（g）	仔畜初生重（g）	45日龄		3月龄		6月龄		9月龄		11月龄*	
					体重（g）	体长（cm）	体重（g）	体长（cm）	体重（g）	体长（cm）	体重（g）	体长（cm）	体重（g）	体长（cm）
平均数±标准差														

注：该表为个体实测和（或）调查表，由承担测定任务的养殖场有关专家填写。所有测量结果保留小数点后一位。标*者为选填项。
填表人（签字）：____　电话：____　日期：____年____月____日

表 5-14-5 水貂（狐、貉）被毛品质登记表

地点：_____
场名：_____
品种名称：_____

省（自治区、直辖市）_____ 市（州、盟）_____ 县（市、区、旗）_____ 乡（镇）_____ 村_____

联系人：_____ 联系方式：_____

性别：公 □ 母 □

序号	个体号	部位	针毛 密度*（根/cm²）	针毛 长度（mm）	针毛 细度（μm）	绒毛 密度*（根/cm²）	绒毛 长度（mm）	绒毛 细度（μm）	针绒毛长度比	被毛密度*（根/cm²）	皮张长度（cm）
		背中部									
		臀部									
		腹中部									
		十字部									
		背中部									
		臀部									
		腹中部									
		十字部									
		背中部									
		臀部									
		腹中部									
		十字部									
		背中部									
		臀部									
		腹中部									
		十字部									
平均数±标准差											

注：该表为个体实测表，由承担测定任务的养殖场和有关专家填写。所有测量结果保留小数点后一位。水貂、狐和貉只测定背中部的被毛密度。

填表人（签字）：_____ 电话：_____ 日期：_____年_____月_____日

表 5–14–6　水貂（狐、貉）繁殖性能登记表

地点：＿＿＿省（自治区、直辖市）＿＿＿市（州、盟）＿＿＿县（市、区、旗）＿＿＿乡
（镇）＿＿＿村　场名：＿＿＿＿＿　联系人：＿＿＿＿＿　联系方式：＿＿＿＿＿＿＿
品种名称：＿＿＿＿＿＿＿＿＿＿

母畜	性成熟月龄		受配月龄	
	留种母畜数（只）		参配母畜数（只）	
	妊娠期（d）		产仔母畜数（只）	
	产仔日期		窝重（g）	
	窝产仔数（只）		窝产活仔数（只）	
	断奶成活数（只）		取皮成活数（只）	
	利用年限（a）		配种方式	本交□ 人工授精□
公畜	留种公畜数（只）		参配公畜数（只）	
	种公畜利用率（%）		利用年限（a）	
	本交 □		公母交配比例	
			本交次数	
	人工授精 □		采精公畜数（只）	
			采精次数	
			采精量（mL）	
			精子活力	
			精子密度（亿个/mL）	
			每只公畜精液输精母畜数（只）	

注：该表为群体调查表，由承担测定任务的保种单位、养殖场和有关专家填写。所有测量结果保留小数点后一位。测定数据用"平均值 ± 标准差"记录。

填表人（签字）：＿＿＿＿＿　电话：＿＿＿＿＿　　　　日期：＿＿＿年＿＿月＿＿日

表 5-14-7　水貂（狐、貉）遗传资源影像材料

地点：_____省（自治区、直辖市）_____市（州、盟）_____县（市、区、旗）_____乡
（镇）_____村　场名：_____　联系人：_____　联系方式：_____
品种名称：_____　电话：_____

成年公水貂（狐、貉）照片 1	成年公水貂（狐、貉）照片 2
成年母水貂（狐、貉）照片 1	成年母水貂（狐、貉）照片 2
特征照片 1	特征照片 2
群体照片 1 （水貂不拍群体照片）	群体照片 2 （水貂不拍群体照片）
视频资料 1	视频资料 2

拍照人（签字）：_____　电话：_____　日期：_____年___月___日

十五、鹿遗传资源系统调查

(一) 鹿遗传资源概况

1.品种（类群）名称　按《国家畜禽遗传资源品种名录（2021 年版）》和《中国畜禽遗传资源志·特种畜禽志》填写，新发现的鹿遗传资源和新培育的鹿品种按有关规定填写。

2.其他名称　填写该品种的曾用名、俗名等。

3.品种类型　根据《国家畜禽遗传资源品种名录（2021 年版）》填写地方品种、培育品种或引入品种。

4.品种来源及形成历史　根据品种类型填写。地方品种填写（原）产地及形成历史；培育品种填写培育单位及育种过程、审定时间、证书编号；引入品种填写主要的输出国家以及引种历史等。

5.中心产区　该品种在本省的主要分布区域，且存栏量占本省该品种存栏量的 20% 以上。可填写至县级。

6.分布区域　按照 2021 年普查结果填写。

7.群体数量及上锯公鹿、能繁母鹿　根据 2021 年普查结果填写，从全国畜禽遗传资源信息系统里导出。

8.自然生态条件　地方品种填写原产地的自然生态条件，分布在原产地之外的地方品种和培育品种、引入品种填写中心产区的自然生态条件。

（1）地貌　在山地、盆地、丘陵、平原、高原中选择，可多选。

（2）海拔　填写产区范围内的海拔高度，单位为米（m）。如：×× ～ ×× m。

（3）经纬度　填写产区范围，东经 ××°×× ′—××°×× ′；北纬 ××°×× ′—××°×× ′。

（4）气候类型　在热带雨林气候、热带草原气候、热带季风气候、热带沙漠气候、亚热带季风和湿润气候、地中海气候、温带季风气候、温带海洋性气候、温带大陆性气候、亚寒带针叶林气候、高原山地气候中选择，可多选。

（5）气温　单位为摄氏度（℃）。

（6）年降水量　正常年年均降水量，单位为毫米（mm）。

（7）无霜期　年均总天数；时间：××—×× 月。

（8）水源土质　产区流经的主要河流等。

（9）耕地及草地面积。

（10）主要农作物、饲草料种类及生产情况。

9.消长形势　描述近 15 年数量规模变化、品质性能变化，以及遗传多样性变化情况。

10.分子生物学测定　该品种是否进行过生化或分子遗传学相关测定，如有，需要填写测定单位、测定时间和行业公认的代表性结果，如没有可填写无。

11. 品种评价　填写该品种遗传特点、优异特性、可供研究开发利用的主要方向。

12. 资源保护情况　填写该品种是否制定保种和利用计划，是否设有保护区、保种场，如有，需要填写具体情况，包括保种场（保护区）名称、级别、群体数量。填写是否建立了品种登记制度，如有，需要填写开始时间和负责单位。

13. 开发利用情况　包括但不限于纯繁生产、杂交利用、新品种（系）培育、品种标准（注明标准号），以及产品开发、品牌创建、农产品地理标志等。

14. 饲养管理情况　填写管理难易程度、饲料组成、饲养方式。说明本品种是否有特殊的饲养、繁殖方式，介绍传统的饲养方式和目前的饲养方式。

15. 疫病情况　填写调查该品种原产地或中心产区的流行性传染病和寄生虫病发生情况，以及该品种易感和抗病情况。

16. 以上内容对应表 5–15–1。

（二）鹿体型外貌个体登记

1. 测定 48 月龄以上的成年个体（妊娠期和哺乳期的母鹿除外）60 头及以上，公母各半。

2. 被毛特征应填写夏季的成年鹿的被毛特征。

3. 以上内容对应表 5–15–2。

（三）鹿体型外貌群体特征登记

1. 被毛描述包括夏毛、臀斑、尾毛、背线等，填写该品种毛色类型及占比。例如，某品种毛色以棕红色毛为主，其次为棕黄色毛等毛色；据调查统计，棕红色毛占 46%，棕黄色毛占 35%，其他毛色占 19%。

2. 体型外貌特征描述内容包括但不限于头、颈、躯干、四肢、尾等。

3. 外生殖器官和鹿茸描述根据实际情况填写。

4. 以上内容对应表 5–15–3。

（四）鹿体尺体重和生长发育性能登记

调查测定初生、3 月龄、6 月龄、18 月龄和 48 月龄以上成年个体的体尺和体重。每个阶段需调查测定 20 头及以上（妊娠期和哺乳期的母鹿除外），公母各半。

1. 体重　指早饲前空腹状态下的重量。

2. 体斜长　肩端前缘到臀端的直线距离。可用测杖测量。

3. 体高　指肩胛顶点至地面的垂直高度。可用测杖测量。

4. 头长　指额顶至鼻镜上缘的直线距离。可用圆形测定器测量。

5. 胸围　指沿肩胛后缘垂直绕胸部的圆周长度。可用软尺测量。

6. 胸深　鬐甲最高点至胸下缘直线距离。可用测杖测量。

7. 额宽　指额的最大宽度，即两眼眶外侧缘间的直线距离。可用圆形测定器测量。

8. 角柄距　指贴近额骨量取的左右角柄中心间的直线距离；或左右角柄内侧最短与外侧最大距离的平均值。可用圆形测定器测量。

9. 管围　指左前肢管部上 1/3 最细处的围径。可用软尺测量。

10. 尾长　从第 1 尾椎前缘到尾端（不含尾毛）的距离。可用软尺测量。

11. 以上内容对应表 5-15-4。

（五）鹿屠宰性能登记

测定年龄相近的成年个体（妊娠期和哺乳期个体除外），10 头及以上，公母各半。

1. 宰前活重　指禁食 24 h 后临宰时的体重。可用地秤称量。

2. 胴体重　屠宰放血后，去掉腕附关节以下的四肢、头、尾、生殖器官及周围脂肪、皮及内脏，冷凉后的重量。可用电子台秤称量。

3. 净肉重　指胴体剔掉骨骼的重量。可用电子台秤称量。

4. 屠宰率　胴体重占宰前活重的百分率。

5. 净肉率　净肉重占宰前活重的百分率。

6. 骨重　胴体的全部骨骼重。

7. 骨肉比　骨重与净肉重之比。

8. 以上内容对应表 5-15-5。

（六）鹿产茸性能登记

梅花鹿测定 5 锯三杈茸，马鹿测定 6 锯四杈茸，各 15 头及以上。

1. 冒桃月龄　幼鹿发育到开始生茸冒桃时的月龄。

2. 脱盘日期　脱掉角盘的时间（年、月、日）。

3. 头茬茸　生茸季节第一次锯取的茸。

4. 再生茸　成年公鹿当年第二次收获的鹿茸。

5. 锯茸日期　锯取鹿茸的时间（年、月、日）。

6. 茸型　一般分毛桃、莲花、二杠、三杈、四杈、多枝、怪角、畸形等。如茸型特殊可单独描述记录。

7. 鲜茸重　鹿茸从公鹿头部锯下所称得的重量。

8. 主干长度　指锯口边缘至鹿茸顶端的自然长度。可用软尺沿鹿茸主干后侧测量。

9. 主干围度　也称茸围度。梅花鹿茸主干围度指主干中部最细部的围度；马鹿鹿茸主干围度指冰枝与中枝间主干最细部的围度。

10. 以上内容对应表5-15-6。

（七）鹿繁殖性能登记

1. 性成熟月龄　母鹿是指幼鹿发育到发情排卵时的月龄，公鹿是指幼鹿发育到发情可以配种或可产生精子时的月龄。

2. 初配月龄　指性成熟后首次参加配种的月龄。

3. 繁殖季节　指成年鹿自然状态下正常发情配种繁殖所处季节的起止日期。

4. 利用年限　种公鹿（种母鹿）配种繁殖的可利用年数。

5. 产仔率　产仔母鹿数占参配母鹿数的百分比。

6. 双胎率　产双胎的母鹿数占本年度分娩母鹿总数的百分率。

7. 发情周期　鹿自然状态下上次发情至下次发情（或上次排卵至下次排卵）的时间间隔。

8. 繁殖成活率　本年度末成活的仔鹿数占上年度终能繁母鹿数的百分比。

9. 配种数　指一个繁殖季节种公鹿通过本交所配母鹿的平均数量。

10. 采精次数　指一个繁殖季节采精公鹿有效的平均采精次数。

11. 采精量　指一个繁殖季节采精种公鹿有效的平均采精量。集精杯带刻度时采精后可直接读取，集精杯无刻度时可用2mL注射器将精液吸入后测定。

12. 精子密度　指单位体积内精液中所含的精子总数。用血细胞计算法测定或用精子密度估测法，有条件的也可以用精子分析仪测定。

（1）血细胞计数法　用1mL细管吸取3% NaCl溶液0.2mL或2mL注入小试管内；根据稀释倍数要求，用血吸管吸取并弃去10μL或20μL的3% NaCl溶液（或稀释液）；再用血吸管吸取被检精液10μL，注入小试管内摇匀；取一滴稀释后精液滴于计算板上的盖玻片边缘，使精液渗入计算室内，充满其中，不得有气泡；在400～600倍显微镜下统计出四角及中央计算室的5个中方格内的精子数；对于头部压边界线的精子应遵循"数上不数下，数左不数右"的原则。

计算公式：精子密度（1mL原精内的精子数）=5个中方格内的精子数×50 000×被检精液稀释倍数

（2）精子密度估测法　在400～600倍显微镜下根据精子的稠密程度及其分布，将精子密度分为密、中、稀三级。

密：整个视野内充满精子几乎看不到空隙，很难见到单个精子活动，密度在10亿个/mL左右。

中：视野内精子之间有相当于一个精子长度的明显空隙，可见单个精子的活动，密度在3亿～5亿个/mL。

稀：视野内精子之间的空隙大于3个以上精子的长度，甚至可查清所有精子数，密度在2亿个/mL以下。

"0"：代表在整个视野中未发现精子。

13. 精子活力 指精液中呈直线前进运动的精子数占精子总数的百分比。可用精子密度仪直接测定，或用显微镜镜检法评定。

显微镜镜检法评定：在普通载玻片上滴一滴精液，然后用盖玻片均匀覆盖整个液面，做成压片镜检；在 400 ~ 600 倍带有恒温加热板（33 ~ 37℃）的显微镜下进行目测评定；观察 3 ~ 5 个视野，观测总精子数不少于 200 个；采用 0 ~ 1.0 的 10 级评分标准对精液样品中前进运动精子所占百分率进行测定；100% 直线前进运动者为 1.0 分，即精子活力 1.0，90% 直线前进运动者为 0.9 分，即精子活力 0.9，以此类推。

14. 以上内容对应表 5–15–7。

（八）鹿遗传资源影像材料

1. 照片用数码相机拍摄，图像的精度 800 万像素以上，照片大小在 1.2MB 以上。

2. 以 .jpg 格式保存，不对照片进行编辑。

3. 照片正面不携带年月日等其他信息。

4. 个体照片文件用"品种名称＋年龄＋性别＋顺序号"命名，群体照片用"品种名称＋群体＋顺序号"命名，同时附相关 word 文档，对每张照片的品种名称、年龄、性别、拍摄日期、拍摄者姓名、饲养畜主或法人代表名称及拍摄地点等进行详细说明。

5. 每个品种要有成年公、成年母标准照片，并提供原生态群体照片各 2 张。

6. 拍摄能反映品种特征的公、母个体照片，能反映所处生态环境的群体照片。

7. 视频资料要能反映品种所处的自然生态环境、群体概貌、品种特征、饲养方式等。

视频格式：每个视频时长不超过 5min，尽量在 3min 以内（大小不超过 80MB）。视频格式应为 MP4 格式。

8. 以上内容对应表 5–15–8。

表 5–15–1　鹿遗传资源概况表

省级普查机构：＿＿＿＿＿＿＿＿＿＿＿

品种（类群）名称		其他名称		
品种类型	地方品种 □ 　　培育品种 □ 　　引入品种 □			
品种来源及形成历史				
中心产区				
分布区域				
群体数量（头）		其中	上锯公鹿（头）	
			能繁母鹿（头）	

自然生态条件	地貌、海拔与经纬度			
	气候类型			
	气温	年最高　　　　年最低　　　　年平均		
	年降水量			
	无霜期			
	水源土质			
	耕地及草地面积			
	主要农作物、饲草料种类及生产情况			

（续）

消长形势	
分子生物学测定	
品种评价	
资源保护情况	
开发利用情况	
饲养管理情况	
疫病情况	

注：此表由该品种分布地的省级普查机构组织有关专家填写。

填表人（签字）：＿＿＿＿＿＿＿　电话：＿＿＿＿＿＿＿　日期：＿＿＿年＿＿月＿＿日

表 5-15-2 鹿体型外貌个体登记表

地点：_____省（自治区、直辖市）_____市（州、盟）_____县（市、区、旗）_____乡（镇）_____村 场名：_____ 联系人：_____ 联系方式：_____

品种（类群）名称：_____ 性别：公□ 母□ 个体号：_____

夏毛	体侧毛	毛色：棕红色□ 赤红色□ 棕黄色□ 灰色□ 灰褐色□ 白色□ 其他 白斑：无□ 有□*：大□ 小□；密□ 疏□；明显□ 不明显□；整齐□ 不整齐□
	臀斑	形状：圆形□ 心形□ 桃形□ 其他 内圈：白色□ 黄色□ 橙色□ 其他 边圈*：完整□ 不完整□；黑色□ 黄色□ 白色□ 其他
	喉斑	无□ 有□*：大□ 小□；明显□ 不明显□；白色□ 褐色□ 其他
	尾毛	背面*：黑色□ 黑棕色□ 黑褐色□ 黄白色□ 黄色□ 其他 腹面：白色□ 黄色□ 其他 尾尖*：黑色□ 黄色□ 其他（　　　）
	背线	无□ 有□*：颈部–尾部□ 颈部–腰部□；间断□ 连续□；黑色□ 棕色□；浅□ 深□ 浅黑□ 灰黑□ 其他（　　　）
茸	茸色	红黄□ 红褐□ 黄褐□ 红□ 黑褐□ 灰棕□ 其他
	形状	正形□ 畸形□
	茸毛*	密□ 疏□；长□ 短□
头部	头型	方形□ 楔形□ 其他
	额*	宽□ 中□ 窄□；凸□ 平□ 凹□
	鼻	隆起□ 直□ 凹陷□
	耳*	大□ 小□；直立□ 下垂□
	眼	泪窝：明显□ 不明显□ 眼球：黄色□ 白色□ 蓝色□ 黑色□ 其他
	角柄*	粗□ 细□；圆□ 不圆□；高□ 低□
	唇部	下唇黑斑：有□ 无□
颈部*		粗□ 细□；长□ 短□
体躯	肩	肩峰：有□ 无□
	胸*	宽□ 中□ 窄□；深□ 中□ 浅□
	背腰*	凸□ 平□ 凹□；长□ 中□ 短□
	腹部*	松弛□ 紧凑□；下垂□ 平直□
	臀部*	丰满□ 欠丰满□；圆□ 不圆□
四肢	前后肢*	粗□ 细□；长□ 短□
	蹄*	端正□ 不端正□；大□ 小□
尾		长□ 中□ 短□
睾丸发育情况		
乳房发育情况		
其他特征		

注：该表为个体实测表，由承担测定任务的保种单位（种鹿场）和有关专家填写。标*者为多选项。

填表人（签字）：_____ 电话：_____ 日期：_____年_____月_____日

表 5-15-3 鹿体型外貌群体特征表

地点：_____省（自治区、直辖市）_____市（州、盟）_____县（市、区、旗）_____乡（镇）_____村　场名：_____　联系人：_____　联系方式：_____

品种（类群）名称：_____　调查群体数：_____公鹿：_____母鹿：_____

被毛描述	
体型外貌特征描述	
鹿茸描述	
外生殖器官描述	
其他典型特征描述	

注：该表为群体特征调查汇总表，由承担测定任务的保种单位（种鹿场）和有关专家基于但不限于外貌个体登记表，结合《中国畜禽遗传资源志·特种畜禽志》和实际情况填写。

填表人（签字）：_____　电话：_____　　　　日期：_____年___月___日

表 5-15-4　鹿体尺体重和生长发育性能登记表

地点：____省（自治区、直辖市）____市（州、盟）____县（市、区、旗）____乡（镇）____村

场（户）名：____　　联系人：____　　联系方式：____

品种（类群）名称：____　　性别：公 □　母 □

序号	个体号	月龄	体重(kg)	体斜长(cm)	体高(cm)	头长(cm)	胸围(cm)	胸深(cm)	额宽(cm)	角柄距(cm)	管围(cm)	尾长(cm)
平均数 ± 标准差												

注：该表为个体实测表，由承担测定任务的保种单位（种鹿场）和有关专家填写。所有测量结果保留小数点后一位。初生、3 月龄、6 月龄、18 月龄和 48 月龄以上成年个体应分别测定，每个阶段需抽测 20 头及以上（妊娠期和哺乳期的母鹿除外），公母各半。

填表人（签字）：____　　电话：____　　日期：____年__月__日

表 5-15-5 鹿屠宰性能登记表

地点：_____ 省（自治区、直辖市）_____ 市（州、盟）_____ 县（市、区、旗）_____ 乡（镇）_____ 村

场（户）名：_____ 联系人：_____ 联系方式：_____

品种（类群）名称：_____ 性别：公□ 母□

序号	个体号	月龄	宰前活重（kg）	胴体重（kg）	净肉重（kg）	骨重（kg）	屠宰率（%）	净肉率（%）	骨肉比
平均数±标准差									

注：该表为个体实测表，由承担测定任务的保种单位（种鹿场）和有关专家填写。所有测量结果保留小数点后一位。

填表人（签字）：_____ 电话：_____ 日期：_____年_____月_____日

表5-15-6　鹿产茸性能登记表

地点：_____省（自治区、直辖市）_____市（州、盟）_____县（市、区、旗）_____乡（镇）_____村

场（户）名：_____　联系人：_____　联系方式：_____

品种（类群）名称：_____

序号	个体号	锯别	冒桃月龄	脱盘日期	头茬茸							再生茸		
					锯茸日期	茸型	鲜茸重(kg)	主干长度(cm)		主干围度(cm)		锯茸日期	茸型	鲜茸重(kg)
								左	右	左	右			
平均数±标准差														

注：该表为个体实测表，由承担测定任务的保种单位（种鹿场）和有关专家填写。所有测量结果保留小数点后一位。

填表人（签字）：_____　电话：_____　日期：_____年___月___日

表 5-15-7 鹿繁殖性能登记表

地点：_____省（自治区、直辖市）_____市（州、盟）_____县（市、区、旗）_____乡（镇）_____村 场名：_____ 联系人：_____ 联系方式：_____
品种（类群）名称：_____

母鹿	性成熟月龄			
	初配月龄			
	繁殖季节			
	利用年限（a）			
	发情周期*（d）			
	妊娠期*（d）			
	产仔率（%）			
	双胎率（%）			
	繁殖成活率（%）			
公鹿	性成熟月龄			
	初配月龄			
	繁殖季节			
	利用年限（a）			
	配种方式	本交□	配种数（头）	
		人工授精□	采精次数（次）	
			采精量（mL）	
			精子密度（亿个/mL）	
			精子活力	

注：该表为群体调查表，由承担测定任务的保种单位（种鹿场）和有关专家填写。此表中的指标应填写范围值。标 * 者所测数据用"平均值 ± 标准差"记录。
填表人（签字）：_____ 电话：_____ 日期：_____年___月___日

表 5-15-8　鹿遗传资源影像材料

地点：_____省（自治区、直辖市）_____市（州、盟）_____县（市、区、旗）_____乡
（镇）_____村　场名：_____　联系人：_____　联系方式：_____
拍摄人：_____　电话：_____

成年公鹿照片 1	成年公鹿照片 2
成年母鹿照片 1	成年母鹿照片 2
群体照片 1	群体照片 2
视频资料 1	视频资料 2

拍照人（签字）：_____　电话：_____　日期：_____年___月___日

十六、蜜蜂遗传资源系统调查

（一）蜜蜂遗传资源概况

1. 品种名称　按《中国畜禽遗传资源志·蜜蜂志》填写，新发现的遗传资源和新培育的品种（系、配套系）按有关规定填写。

2. 其他名称　填写该品种的曾用名、俗名等。

3. 品种类型　地方品种、培育品种（系、配套系）或引入品种。

4. 品种来源及形成历史　根据品种类型填写。地方品种填写（原）产地及形成历史；培育品种（系、配套系）填写培育地、培育单位及育种过程、审定时间、证书编号；引入品种填写主要的输出国家以及引种历史等。

5. 中心产区　该品种在本省的主要分布区域，且饲养量占该品种在本省总量30% 以上的区、县。可填写至县级。

6. 分布区域　中心产区以外、饲养本蜜蜂资源的区、县。

7. 群体数量　该品种在本省饲养的总群数。按照 2021 年普查结果填写。

8. 自然生态条件　地方品种填写原产地的自然生态条件，分布在原产地之外的地方品种和培育品种、引入品种填写中心产区的自然生态条件。

（1）地貌　在山地、盆地、丘陵、平原、高原中选择，可多选。

（2）海拔　填写产区范围内的海拔高度，单位为米（m）。如：×× ～ ××m。

（3）经纬度　填写产区范围，东经 ××°××′—××°××′；北纬 ××°××′—××°××′。

（4）气候类型　在热带雨林气候、热带草原气候、热带季风气候、热带沙漠气候、亚热带季风和湿润气候、地中海气候、温带季风气候、温带海洋性气候、温带大陆性气候、亚寒带针叶林气候、高原山地气候中选择，可多选。

（5）气温　单位为摄氏度（℃）。

（6）年降水量　正常年年均降水量，单位为毫米（mm）。

（7）无霜期　年均总天数；时间：××—×× 月。

（8）水源土质　产区流经的主要河流等。

（9）蜜源条件　主要蜜源，辅助蜜源（蜜源种类、分布范围及面积、花期起止时间）。

（10）主要植被类型　在落叶针叶林、常绿针叶林、针阔叶混交林、落叶阔叶林、常绿落叶阔叶混交林、常绿苔藓林、常绿硬叶林、常绿阔叶林、热带雨林、热带季雨林、热带海岸林、竹林、常绿针叶灌丛、常绿革叶灌丛、落叶阔叶灌丛、常绿阔叶灌丛、肉刺灌丛、竹丛、温带草原、高山草原、稀树草原、草甸、疏灌草坡、温带荒漠、高山荒漠、高山冻原、高山垫状植被、高山流石堆植被、沼泽、淡水水生植被、咸水水生植被等植被类型中选择。

（11）主要农作物类型　主要指当地的大宗农作物。

9. 消长形势　近15年数量规模变化，品质性能变化；与第二次资源普查情况相比，当地蜜蜂遗传资源的演变规律及发展趋势。

10. 分子生物学测定　该品种是否进行过生化或分子遗传学相关测定，如有，需要填写测定单位、测定时间和行业公认的代表性结果；如没有，可填写无。

11. 品种评价　包括品种的遗传特点、优异特性、可供研究利用的主要方向。

12. 资源保护情况　该品种是否制订保种和利用计划，是否设有保护区、保种场，是否建立了品种登记制度，如有，需要填写具体情况，包括保种场（保护区）名称、级别、群体数量。

13. 开发利用情况　蜜蜂资源的饲养发展简史，以及传统文化、艺术、传统医疗等利用蜜蜂及蜂产品的情况，如授粉、产浆、产蜜等。以及蜂产品的品牌创建，农产品地理标志等。

14. 饲养管理情况　指饲养方式（定地、转地、活框、传统饲养），蜂箱类型，取蜜习惯，饲养要点等。

15. 疫病情况　填写调查该品种原产地（中心产区）的主要病害及采取的防治措施、该品种易感病和抗病情况，以及主要敌害。主要病害包括欧幼病、小蜂螨、大蜂螨、白垩病、美幼病、中囊病等。主要敌害是指动物、鸟类、其他昆虫等天敌。

16. 以上内容对应表5–16–1。

（二）蜜蜂形态特征登记和蜜蜂形态特征汇总登记

1. 测定数量　每个蜂场测定10群蜜蜂，每群测定15只成年工蜂个体。

2. 第四背板绒毛带宽度　腹部第四背板上绒毛带沿体轴方向的长度，单位为毫米（mm）。

3. 第四背板绒毛带至背板后缘的宽度　腹部第四背板绒毛带后缘至背板后缘的长度，单位为毫米（mm）。

4. 第五背板覆毛长度　单位为毫米（mm）。

5. 后翅钩数　用"个"表示。

6. 第二背板色度　对照色型图谱用0～9数字表示。

7. 第三背板色度　对照色型图谱用0～9数字表示。

8. 第四背板色度　对照色型图谱用0～9数字表示。

9. 小盾片Sc区色度、小盾片K区色度、小盾片B区色度　小盾片色泽的等级，对照色型图谱，小盾片Sc区由深到浅分别用0～8数字表示，小盾片K/B区由深到浅分别用0～6数字表示。

10. 上唇色度　上唇色泽的等级，对照色型图谱分别用0～5数字表示。

11. 吻长　吻的长度，单位为毫米（mm）。

12. 前翅长　前翅的长度，单位为毫米（mm）。

13. 前翅宽　前翅的宽度，单位为毫米（mm）。

14. 前翅翅脉角　前翅翅脉间相交的角度，包括 A4、B4、D7、E9、J10、L13、J16、G18、K19、N23 和 O26 共 11 个角。

15. 肘脉 a、肘脉 b、肘脉指数　前翅的第二回脉将第三亚缘室的肘脉分为 a、b 两段，这两段的长度分别为肘脉 a、肘脉 b，其比值（肘脉 a/ 肘脉 b）即为肘脉指数。

16. 第三腹板长　第三腹板沿体轴方向长度，单位为毫米（mm）。

17. 第三腹板蜡镜长　第三腹板蜡镜沿体轴方向长度，单位为毫米（mm）。

18. 第三腹板蜡镜斜长　第三腹板蜡镜斜长，单位为毫米（mm）。

19. 第三腹板蜡镜间距离　第三腹板蜡镜之间的宽度，单位为毫米（mm）。

20. 第六腹板长　第六腹板沿体轴方向长度，单位为毫米（mm）。

21. 第六腹板宽　第六腹板沿体轴方向宽度，单位为毫米（mm）。

22. 第三背板长　第三背板沿体轴方向长度，单位为毫米（mm）。

23. 第四背板长　第四背板沿体轴方向长度，单位为毫米（mm）。

24. 后足股节长　后足股节长度，单位为毫米（mm）。

25. 后足胫节长　后足胫节长度，单位为毫米（mm）。

26. 后足基跗节长　后足基跗节长度，单位为毫米（mm）。

27. 后足基跗节宽　后足基跗节宽度，单位为毫米（mm）。

28. 体色　蜂王，在黄色、棕色、黑色、杂色中选填；雄蜂，在黄色、黑色中选填。

29. 体长　蜂王和雄蜂头部至尾部末端的长度（单位：mm）；可在体式显微镜下用测微尺测量。

30. 初生重　出房 24h 内蜂王、雄蜂的重量，单位：g。可用天平称重。

31. 蜜蜂形态特征测定相关图示见附件 5-16-1。

32. 以上内容对应表 5-16-2 和表 5-16-3，表 5-16-2 与表 5-16-3 的蜂群编号要对应，表 5-16-3 每群蜂的测定指标的数值来源于表 5-16-2 的"平均数 ± 标准差"。

（三）蜜蜂遗传资源性能登记

1. 产蜜量　单位为 kg/（群·年），东、西蜂均需填写。每群蜂年均产蜂蜜量。

2. 主要流蜜期的蜂蜜群均产量　单位为 kg/ 群。在主要流蜜期内每群蜂的平均产蜜量，选择产量最高的流蜜期进行记录。

3. 主要流蜜期的蜜源植物　在产量最高的流蜜期中，蜜蜂采集花蜜的植物。

4. 产浆量　单位为 kg/（群·年），西蜂必填。每群蜂年均产蜂王浆量。

5. 产胶量　单位为 g/（群·年），西蜂必填。每群蜂年均产蜂胶量。

6. 产蜡量　单位为 kg /（群·年），西蜂必填。每群蜂年均产蜂蜡量。

7. 产粉量　单位为 kg /（群·年），西蜂必填。每群蜂年均产蜂花粉量。

8. 产毒量　单位为 g /（群·年），可选项，不生产可不填。每群蜂年均产蜂毒量。

9. 蜂王日均有效产卵数（粒）　用有效产卵量来衡量。有效产卵量就是封盖子（蛹）的数量。具体做法是，在蜂群繁殖期，西方蜜蜂每隔 12d 测一次，东方蜜蜂每隔 11d 测一次。连续测量 3 次。可用方格网进行测量（西方蜜蜂用 5cm×5cm 方格网，东方蜜蜂用 4.4cm×4.4cm 方格网），每个方格中约含有 100 个巢房。统计出有效产卵总量，计算出平均有效日产卵量。

10. 维持最大群势　即达到多少框蜂时发生分蜂热（标准箱框数）。

11. 越冬性　蜂群对严冬的适应能力。在保温措施一致的情况下，强：对饲养地区严冬的适应能力强，群势下降小（低于 30%）；中：对饲养地区严冬的适应能力中等，群势下降中等（介于 40% ～ 50%）；弱：对饲养地区严冬的适应能力弱，群势下降大（高于 60%）。

12. 越夏性　蜂群对炎夏的适应能力。在越夏饲养方式一致的情况下，一般分三级记录。强：对饲养地区酷暑天气的适应能力强，群势下降小（低于 30%）；中：对饲养地区酷暑天气的适应能力中等，群势下降中等（介于 40% ～ 50%）；弱：对饲养地区酷暑天气的适应能力弱，群势下降大（高于 60%）。

13. 盗性　在一般饲养管理条件下，分三级记录。弱：不产生盗蜂；中：偶尔产生盗蜂；强：经常产生盗蜂。

14. 温驯性　在一般饲养管理条件下，分三级记录。差：开箱检查时需要大量使用喷烟器；一般：开箱检查时需要少量使用喷烟器；好：开箱检查时不需要使用喷烟器。

15. 迁徙性　东方蜜蜂填写。东方蜜蜂遇到恶劣环境时全群飞逃，另觅新巢的习性。一般分 2 级记录：弱：在一般饲养管理条件下，不发生迁徙；强：容易发生迁徙。

16. 分蜂性　东方蜜蜂填写。弱：在一般饲养管理条件下，不发生分蜂热而保持强大群势的蜂群；中：采用了控制分蜂热的措施后，能迅速恢复正常活动的蜂群；强：容易发生分蜂热，在采用了控制分蜂热的措施后，其分蜂热不易解除的蜂群。

17. 抗病性　抗何病，易感何病。

18. 以上内容对应表 5–16–4。

（四）蜜蜂遗传资源影像材料

1. 每个品种拍摄工蜂、雄蜂、蜂王、群体、蜂场、生态环境和主要蜜源植物彩照不少于 2 张，根据需要增加拍摄数量。每张照片不低于 800 万像素。

2. 工蜂、雄蜂、蜂王应选择能代表本品种的个体，以白色为背景色拍摄俯视图，每只蜂应头部向上，触角、翅膀与 3 对足自然展开，清晰可见，不被遮挡。

3. 蜂群照片中，同一张照片应至少包含蜂王和工蜂，同时尽量包含雄蜂。

4. 蜂场照片应能反映蜂箱和蜂场特点。

5. 生态环境照片应能反映当地地形地貌和植被情况。

6. 主要蜜源植物照片应选择有蜂在花上采集时拍摄。

7. 大蜜蜂、小蜜蜂、黑大蜜蜂、黑小蜜蜂、无刺蜂参照蜜蜂拍摄（图 5-16-1）。

扫码看彩图

工蜂照片

雄蜂照片

蜂王照片

群体照片

蜂场照片

生态环境照片

主要蜜源植物

图 5-16-1　蜜蜂影像材料示例

8. 视频资料要能反映品种所处的自然生态环境、群体概貌、品种特征、饲养方式等。

视频格式：每个视频时长不超过 5min，尽量在 3min 以内（大小不超过 80MB）。视频格式应为 MP4 格式。

9. 以上内容对应表 5-16-5。

附件 5-16-1

扫码看彩图

蜜蜂形态特征测定相关图示

1.第四背板绒毛带宽度、第四背板绒毛带至背板后缘的宽度、第五背板覆毛长

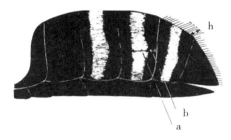

第四背板绒毛带宽度（a）、第四背板绒毛带至
背板后缘的宽度（b）、第五背板覆毛长（h）

2.蜜蜂第二、三、四背板色型图谱

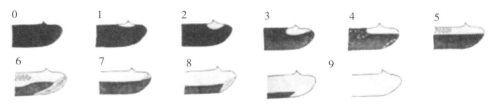

蜜蜂第二、三、四背板色型

3.蜜蜂小盾片 Sc 区、K 区和 B 区

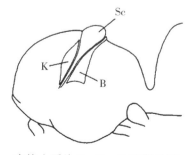

蜜蜂小盾片 Sc 区、K 区和 B 区

4. 小盾片色型图谱

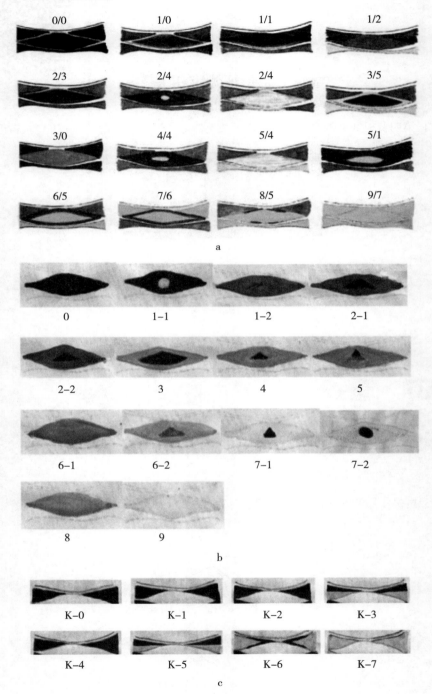

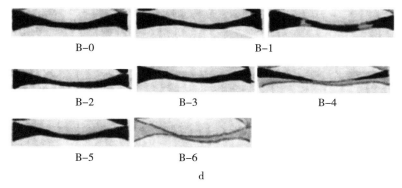

B–0　　　　　B–1

B–2　　　　　B–3　　　　　B–4

B–5　　　　　B–6

d

小盾片色型
a. 西方蜜蜂小盾片色型　b. 东方蜜蜂小盾片 Sc 区色型
c. 东方蜜蜂小盾片 K 区色型　d. 东方蜜蜂小盾片 B 区色型

5. 上唇

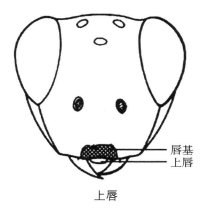

唇基
上唇

上唇

6. 上唇色型图谱

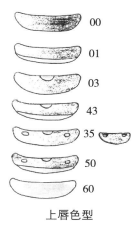

00

01

03

43

35

50

60

上唇色型

7. 吻长

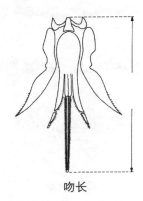

吻长

8. 前翅长、前翅宽、肘脉

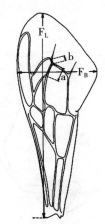

前翅长（F_L）、前翅宽（F_B）、肘脉 a、肘脉 b、肘脉指数（a/b）

9. 前翅翅脉角

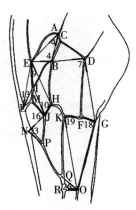

前翅翅脉角

10. 第三腹板长、第三腹板蜡镜长、第三腹板蜡镜间距离、第三腹板蜡镜斜长

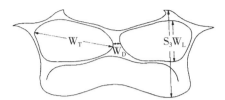

第三腹板长（S_3）、第三腹板蜡镜长（W_L）、第三腹
板蜡镜间距离（W_D）、第三腹板蜡镜斜长（W_T）

11. 第六腹板长、第六腹板宽

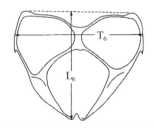

第六腹板长（L_6）、第六腹板宽（T_6）

12. 第三背板长、第四背板长

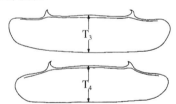

第三背板长（T_3）、第四背板长（T_4）

13. 后足股节长、后足胫节长、后足基跗节长、后足基跗节宽

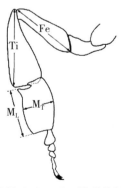

后足股节长（Fe）、后足胫节长（Ti）、后足基跗节长（M_L）、后足基跗节宽（M_T）

表 5-16-1 蜜蜂遗传资源概况表

省级普查机构：＿＿＿＿＿＿＿＿＿＿＿＿＿＿＿＿＿

品种名称			其他名称	
品种类型	地方品种 □	培育品种（系、配套系）□		引入品种 □
品种来源及形成历史				
中心产区				
分布区域				
群体数量				
自然生态条件	地貌、海拔与经纬度			
	气候类型			
	气温	年最高	年最低	年平均
	年降水量			
	无霜期			
	水源土质			
	蜜源条件			
	主要植被类型			
	主要农作物类型			
消长形势				

（续）

分子生物学测定	
品种评价	
资源保护情况	
开发利用情况	
饲养管理情况	
疫病情况	

注：此表由该品种分布地的省级普查机构组织有关专家填写。大蜜蜂、小蜜蜂、黑大蜜蜂、黑小蜜蜂、无刺蜂参照蜜蜂统计。

填表人（签字）：_____　电话：_____　　　日期：_____年____月____日

表 5-16-2 蜜蜂形态特征登记表

地点：_____省（自治区、直辖市）_____市（州、盟）_____县（市、区、旗）_____乡（镇）_____村 场名：_____ 联系人：_____ 联系方式：_____

取样点海拔：_____ 取样点经纬度：_____

品种名称：_____ 蜂群原编号：_____ 蜂群编号：_____

序号	测定指标	工蜂个体编号															平均数 ± 标准差
		1	2	3	4	5	6	7	8	9	10	11	12	13	14	15	
1	第四背板绒毛带宽度																
2	第四背板绒毛带至背板后缘的宽度																
3	第五背板覆毛长度																
4	后翅钩数																
5	第二背板色度																
6	第三背板色度																
7	第四背板色度																
8	小盾片 Sc 区色度																
9	小盾片 K 区色度																
10	小盾片 B 区色度																
11	上唇色度																
12	吻长																
13	前翅长 F_L																
14	前翅宽 F_B																
15	前翅翅脉角 A4																
16	前翅翅脉角 B4																
17	前翅翅脉角 D7																
18	前翅翅脉角 E9																
19	前翅翅脉角 J10																
20	前翅翅脉角 L13																
21	前翅翅脉角 J16																
22	前翅翅脉角 G18																

（续）

序号	测定指标	工蜂个体编号															平均数 ±标准差
		1	2	3	4	5	6	7	8	9	10	11	12	13	14	15	
23	前翅翅脉角 K19																
24	前翅翅脉角 N23																
25	前翅翅脉角 O26																
26	肘脉 a																
27	肘脉 b																
28	肘脉指数																
29	第三腹板长																
30	第三腹板蜡镜长																
31	第三腹板蜡镜斜长																
32	第三腹板蜡镜间距离																
33	第六腹板长																
34	第六腹板宽																
35	第三背板长																
36	第四背板长																
37	后足股节长																
38	后足胫节长																
39	后足基跗节长																
40	后足基跗节宽																
蜂王	体色			————————————————————————													
	体长			————————————————————————													
	初生重			————————————————————————													
雄蜂	体色			————————————————————————													
	体长			————————————————————————													
	初生重			————————————————————————													

注：此表为个体实测表，由承担测定任务的保种单位、养殖场（户）和有关专家填写。大蜜蜂、小蜜蜂、黑大蜜蜂、黑小蜜蜂、无刺蜂参照蜜蜂测定和统计。

填表人（签字）：_____　电话：_____　　　　日期：_____年___月___日

表 5-16-3 蜜蜂形态特征汇总表

地点：_____省（自治区、直辖市）_____市（州、盟）_____县（市、区、旗）_____乡（镇）_____村 场名：_____ 联系人：_____ 联系方式：_____

品种名称：_____

	测定指标	蜂群编号										平均数 ±标准差
		1	2	3	4	5	6	7	8	9	10	
工蜂	第四背板绒毛带宽度											
	第四背板绒毛带至背板后缘的宽度											
	第五背板覆毛长度											
	后翅钩数											
	第二背板色度											
	第三背板色度											
	第四背板色度											
	小盾片 Sc 区色度											
	小盾片 K 区色度											
	小盾片 B 区色度											
	上唇色度											
	吻长											
	前翅长 F_L											
	前翅长 F_B											
	前翅翅脉角 A4											
	前翅翅脉角 B4											
	前翅翅脉角 D7											
	前翅翅脉角 E9											
	前翅翅脉角 J10											
	前翅翅脉角 L13											
	前翅翅脉角 J16											
	前翅翅脉角 G18											

（续）

	测定指标	蜂群编号										平均数 ± 标准差
		1	2	3	4	5	6	7	8	9	10	
工蜂	前翅翅脉角 K19											
	前翅翅脉角 N23											
	前翅翅脉角 O26											
	肘脉 a											
	肘脉 b											
	肘脉指数											
	第三腹板长											
	第三腹板蜡镜长											
	第三腹板蜡镜斜长											
	第三腹板蜡镜间距离											
	第六腹板长											
	第六腹板宽											
	第三背板长											
	第四背板长											
	后足股节长											
	后足胫节长											
	后足基跗节长											
	后足基跗节宽											
蜂王	体色											
	体长											
	初生重											
雄蜂	体色											
	体长											
	初生重											

注：此表为个体实测表，由承担测定任务的保种单位、养殖场（户）和有关专家填写。大蜜蜂、小蜜蜂、黑大蜜蜂、黑小蜜蜂、无刺蜂参照蜜蜂测定和统计。

填表人（签字）：_____　电话：_____　日期：_____年___月___日

表 5-16-4 蜜蜂生产性能和生物学特性登记表

地点:_____省(自治区、直辖市)_____市(州、盟)_____县(市、区、旗)_____乡(镇)_____村 场名:_____ 联系人:_____ 联系方式:_____

品种名称:_____

生产性能			
产蜜量〔kg/(群·年)〕		主要流蜜期的蜂蜜群均产量(kg/群)	
产浆量〔kg/(群·年)〕		主要流蜜期的蜜源植物	
产胶量〔g/(群·年)〕		产蜡量〔kg/(群·年)〕	
产粉量〔kg/(群·年)〕		产毒量〔g/(群·年)〕	
生物学特性			
蜂王日均有效产卵数(粒)			
维持最大群势(标准箱框数)			
群势发展能力	□高	□中	□低
越冬性	□弱	□中	□强
越夏性	□弱	□中	□强
盗性	□弱	□中	□强
温驯性	□好	□一般	□差
迁徙性	□弱	□强	
分蜂性	□弱	□中	□强
抗病性			

注:此表为群体调查和实测表,由承担测定任务的保种单位、养蜂场和有关专家填写。大蜜蜂、小蜜蜂、黑大蜜蜂、黑小蜜蜂、无刺蜂参照蜜蜂统计。

填表人(签字):_____ 电话:_____ 日期:_____年____月____日

表 5-16-5 蜜蜂遗传资源影像材料

地点：_____省（自治区、直辖市）_____市（州、盟）_____县（市、区、旗）_____乡（镇）_____村 场名：_____ 联系人：_____ 联系方式：_____

工蜂照片 1 （单只，俯视图）	工蜂照片 2 （单只，俯视图）
雄蜂照片 1 （单只，俯视图）	雄蜂照片 2 （单只，俯视图）
蜂王照片 1 （单只，俯视图）	蜂王照片 2 （单只，俯视图）
群体照片 1 （蜂群内部，多只工蜂＋蜂王＋雄蜂）	群体照片 2 （蜂群内部，多只工蜂＋蜂王＋雄蜂）
蜂场照片 1 （蜂场全景）	蜂场照片 2 （蜂场全景）
生态环境照片 1	生态环境照片 2
主要蜜源植物 1 （蜂采集照片）	主要蜜源植物 2 （蜂采集照片）
视频资料 1	视频资料 2

拍照人（签字）：_____ 电话：_____ 日期：_____年___月___日

十七、熊蜂遗传资源系统调查

（一）熊蜂遗传资源概况

1. 品种名称　按《中国畜禽遗传资源志·蜜蜂志》填写，新发现的遗传资源和新培育的品种（系、配套系）按有关规定填写。

2. 其他名称　填写该品种的曾用名、俗名等。

3. 品种类型　地方品种、培育品种（系、配套系）或引入品种。

4. 品种来源及形成历史　根据品种类型填写。地方品种填写（原）产地及形成历史；培育品种（系、配套系）填写培育地、培育单位及育种过程、审定时间、证书编号；引入品种填写主要的输出国家以及引种历史等。

5. 中心产区　该品种在本省的主要分布区域，且饲养量占该品种在本省总量30%以上的区、县。可填写至县级。

6. 分布区域　中心产区以外、饲养本蜜蜂资源的区、县。

7. 群体数量　该品种在本省饲养的总群数。按照 2021 年普查结果填写。

8. 自然生态条件　地方品种填写原产地的自然生态条件，分布在原产地之外的地方品种和培育品种、引入品种填写中心产区的自然生态条件。

（1）地貌　在山地、盆地、丘陵、平原、高原中选择，可多选。

（2）海拔　填写产区范围内的海拔高度，单位为米（m）。如：××～××m。

（3）经纬度　填写产区范围，东经 ××°××′—××°××′；北纬 ××°××′—××°××′。

（4）气候类型　在热带雨林气候、热带草原气候、热带季风气候、热带沙漠气候、亚热带季风和湿润气候、地中海气候、温带季风气候、温带海洋性气候、温带大陆性气候、亚寒带针叶林气候、高原山地气候中选择，可多选。

（5）气温　单位为摄氏度（℃）。

（6）年降水量　正常年年均降水量，单位为毫米（mm）。

（7）无霜期　年均总天数；时间：××—×× 月。

（8）水源土质　产区流经的主要河流等。

（9）蜜源条件　主要蜜源，辅助蜜源（蜜源种类、分布范围及面积、花期起止时间）。

（10）主要植被类型　在落叶针叶林、常绿针叶林、针阔叶混交林、落叶阔叶林、常绿落叶阔叶混交林、常绿苔藓林、常绿硬叶林、常绿阔叶林、热带雨林、热带季雨林、热带海岸林、竹林、常绿针叶灌丛、常绿革叶灌丛、落叶阔叶灌丛、常绿阔叶灌丛、肉刺灌丛、竹丛、温带草原、高山草原、稀树草原、草甸、疏灌草坡、温带荒漠、高山荒漠、高山冻原、高山垫状植被、高山流石堆植被、沼泽、淡水水生植被、咸水水生植被等植被类型中选择。

（11）主要农作物类型　主要指当地的大宗农作物。

9. 消长形势　近 15 年数量规模变化，品质性能变化；与第二次资源普查情况相比，当地蜜蜂遗传资源的演变规律及发展趋势。

10. 分子生物学测定　该品种是否进行过生化或分子遗传学相关测定，如有，需要填写测定单位、测定时间和行业公认的代表性结果；如没有，可填写无。

11. 品种评价　包括品种的遗传特点、优异特性、可供研究利用的主要方向。

12. 资源保护情况　该品种是否制订保种和利用计划，是否设有保护区、保种场，是否建立了品种登记制度，如有，需要填写具体情况，包括保种场（保护区）名称、级别、群体数量。

13. 开发利用情况　熊蜂资源的饲养发展简史，以及传统文化、艺术、传统医疗等利用熊蜂的情况，如农业授粉、蜂毒利用等。以及品牌创建，农产品地理标志等。

14. 饲养管理情况　指饲养方式（定地、转地、活框、传统饲养），蜂箱类型，取蜜习惯，饲养要点等。

15. 疫病情况　填写调查该品种原产地（中心产区）的主要病害及采取的防治措施、该品种易感病和抗病情况，以及主要敌害。主要病害包括熊蜂孢子虫、熊蜂短膜虫、布赫纳蝗螨、熊蜂微孢子虫等。主要敌害是指动物、鸟类和其他昆虫等天敌。

16. 以上内容对应表 5-17-1。

（二）熊蜂形态特征登记

1. 熊蜂毛色特征

（1）测定数量要求　人工饲养的熊蜂，每个品种选 3 群蜂，工蜂、蜂王和雄蜂各测定 10 只以上；野外采集的熊蜂，各种工蜂和雄蜂各测定 30 只以上。

（2）测定方法　对照图 5-17-1 进行工蜂、蜂王和雄蜂背部毛色特征评分。

扫码看彩图

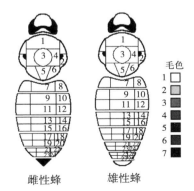

图 5-17-1　熊蜂背部毛色色块划分模型

2. 雌蜂脸型特征

（1）测定数量要求 各种熊蜂测定工蜂 30 只以上（蜂王脸型和工蜂接近，如果数量不够可以不测）。如果是人工饲养熊蜂，每种选 3 群蜂，每群取 10 只以上工蜂测定即可；如果是野外采集的野生熊蜂，各种测定 30 只以上工蜂。

（2）测定方法 工蜂或蜂王脸型特征对照图 5-17-2 进行评分。

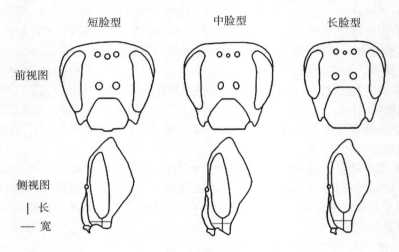

图 5-17-2 雌蜂脸型模型

3. 雄蜂生殖器特征

（1）测定数量要求 各种熊蜂测定雄蜂 6 只以上。如果是人工饲养熊蜂，每种选 3 群蜂，每群取 2 只以上雄蜂测定；如果是野外采集的野生熊蜂，各种测定 6 只以上雄蜂。

（2）测定方法 对照图 5-17-3 进行评分。

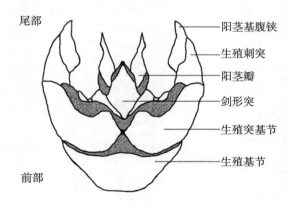

图 5-17-3 雄蜂生殖器特征模型

4. 以上内容对应表 5-17-2。

（三）熊蜂性能登记

1. 生产性能　需至少测定 2 个世代，每代 20 群以上。

2. 群均工蜂数量　必填项，平均每群熊蜂中的工蜂数量。

3. 群均授粉寿命　必填项，利用熊蜂蜂群为农作物授粉的平均工作时长（d）。

4. 最高工作温度　熊蜂从事正常授粉工作时能够忍耐的最高环境温度。

5. 最低工作温度　熊蜂从事正常授粉工作时能够忍耐的最低环境温度。

6. 繁殖性能　需至少测定 2 个世代，每代 20 群以上。

7. 蜂王产卵率　人工饲养条件下，能够正常产卵的蜂王数量占全部饲养蜂王数量的比例。

8. 蜂王性成熟日龄　人工饲养条件下，新生蜂王出房后达到性成熟时的日龄。

9. 蜂群成群率　必填项，人工饲养条件下，能够正常繁殖并发展成健康蜂群（工蜂数量达到 60 只以上）的蜂王数量占全部饲养蜂王数量的比例。

10. 雄蜂性成熟日龄　人工饲养条件下，新生雄蜂出房后达到性成熟时的日龄。

11. 群均蜂王数量　必填项，人工饲养条件下，蜂群所产新生蜂王的平均数量。

12. 蜂王交尾成功率　必填项，人工控制条件下，和雄蜂成功完成交尾过程的蜂王数量占交尾笼内总蜂王数量的比例。

13. 群均雄蜂数量　必填项，人工饲养条件下，蜂群所产新生雄蜂的平均数量。

14. 以上内容对应表 5-17-3。

（四）熊蜂遗传资源影像材料

1. 每个品种拍摄工蜂、雄蜂、蜂王、群体、蜂场、生态环境和主要蜜源植物彩照不少于 2 张，根据需要增加拍摄数量。每张照片不低于 800 万像素（图 5-17-4）。

2. 工蜂、雄蜂、蜂王应选择能代表本品种群的个体，以白色为背景色拍摄俯视图，每只蜂应头部向上，触角、翅膀与 3 对足自然展开，清晰可见，不被遮挡。

3. 蜂群照片中，同一张照片应至少包含蜂王和工蜂，同时尽量包含雄蜂。

扫码看彩图

4. 蜂场照片应能反映蜂箱和蜂场特点。

5. 主要蜜源植物照片应选择有蜂在花上采集时拍摄。

蜂王照片

工蜂照片

雄蜂照片

群体照片

传粉植物

图 5-17-4　熊蜂影像材料示例

6. 视频资料要能反映品种所处的自然生态环境、群体概貌、品种特征、饲养方式等。

视频格式：每个视频时长不超过 5min，尽量在 3min 以内（大小不超过80MB）。视频格式应为 MP4 格式。

7. 以上内容对应表 5-17-4。

表 5-17-1　熊蜂遗传资源概况表

省级普查机构：_____

品种名称		其他名称		

品种类型	地方品种 □　　培育品种（系、配套系）□　　引入品种 □

品种来源及形成历史	

中心产区	

分布区域	

群体数量	

自然生态条件	地貌、海拔与经纬度					
	气候类型					
	气温	年最高		年最低		年平均
	年降水量					
	无霜期					
	水源土质					
	蜜源条件					
	主要植被类型					
	主要农作物类型					

消长形势	

（续）

分子生物学测定	
品种评价	
资源保护情况	
开发利用情况	
饲养管理情况	
疫病情况	

注：此表由该品种分布地的省级普查机构组织有关专家填写。

填表人（签字）：_____ 电话：_____ 日期：_____年___月___日

表 5-17-2　熊蜂形态特征登记表

地点：＿＿＿省（自治区、直辖市）＿＿＿市（州、盟）＿＿＿县（市、区、旗）＿＿＿乡（镇）＿＿＿村　场名：＿＿＿＿＿　联系人：＿＿＿＿＿＿＿　联系方式：＿＿＿＿＿＿＿＿＿

品种名称：＿＿＿＿＿＿＿＿＿＿　个体编号：＿＿＿＿＿＿＿＿＿＿

色块编号	毛色特征	选择色号
	熊蜂背部毛色	
1	［1］灰白色,［2］黄色,［3］橙棕色,［4］橙红色,［5］深棕色,［6］橄榄色,［7］黑色	
2	［1］灰白色,［2］黄色,［3］橙棕色,［4］橙红色,［5］深棕色,［6］橄榄色,［7］黑色	
3	［1］灰白色,［2］黄色,［3］橙棕色,［4］橙红色,［5］深棕色,［6］橄榄色,［7］黑色	
4	［1］灰白色,［2］黄色,［3］橙棕色,［4］橙红色,［5］深棕色,［6］橄榄色,［7］黑色	
5	［1］灰白色,［2］黄色,［3］橙棕色,［4］橙红色,［5］深棕色,［6］橄榄色,［7］黑色	
6	［1］灰白色,［2］黄色,［3］橙棕色,［4］橙红色,［5］深棕色,［6］橄榄色,［7］黑色	
7	［1］灰白色,［2］黄色,［3］橙棕色,［4］橙红色,［5］深棕色,［6］橄榄色,［7］黑色	
8	［1］灰白色,［2］黄色,［3］橙棕色,［4］橙红色,［5］深棕色,［6］橄榄色,［7］黑色	
9	［1］灰白色,［2］黄色,［3］橙棕色,［4］橙红色,［5］深棕色,［6］橄榄色,［7］黑色	
10	［1］灰白色,［2］黄色,［3］橙棕色,［4］橙红色,［5］深棕色,［6］橄榄色,［7］黑色	
11	［1］灰白色,［2］黄色,［3］橙棕色,［4］橙红色,［5］深棕色,［6］橄榄色,［7］黑色	
12	［1］灰白色,［2］黄色,［3］橙棕色,［4］橙红色,［5］深棕色,［6］橄榄色,［7］黑色	
13	［1］灰白色,［2］黄色,［3］橙棕色,［4］橙红色,［5］深棕色,［6］橄榄色,［7］黑色	
14	［1］灰白色,［2］黄色,［3］橙棕色,［4］橙红色,［5］深棕色,［6］橄榄色,［7］黑色	
15	［1］灰白色,［2］黄色,［3］橙棕色,［4］橙红色,［5］深棕色,［6］橄榄色,［7］黑色	
16	［1］灰白色,［2］黄色,［3］橙棕色,［4］橙红色,［5］深棕色,［6］橄榄色,［7］黑色	
17	［1］灰白色,［2］黄色,［3］橙棕色,［4］橙红色,［5］深棕色,［6］橄榄色,［7］黑色	
18	［1］灰白色,［2］黄色,［3］橙棕色,［4］橙红色,［5］深棕色,［6］橄榄色,［7］黑色	
19	［1］灰白色,［2］黄色,［3］橙棕色,［4］橙红色,［5］深棕色,［6］橄榄色,［7］黑色	
20	［1］灰白色,［2］黄色,［3］橙棕色,［4］橙红色,［5］深棕色,［6］橄榄色,［7］黑色	
21	［1］灰白色,［2］黄色,［3］橙棕色,［4］橙红色,［5］深棕色,［6］橄榄色,［7］黑色	
22	［1］灰白色,［2］黄色,［3］橙棕色,［4］橙红色,［5］深棕色,［6］橄榄色,［7］黑色	
23	［1］灰白色,［2］黄色,［3］橙棕色,［4］橙红色,［5］深棕色,［6］橄榄色,［7］黑色	
24	［1］灰白色,［2］黄色,［3］橙棕色,［4］橙红色,［5］深棕色,［6］橄榄色,［7］黑色	
25	［1］灰白色,［2］黄色,［3］橙棕色,［4］橙红色,［5］深棕色,［6］橄榄色,［7］黑色	
26	［1］灰白色,［2］黄色,［3］橙棕色,［4］橙红色,［5］深棕色,［6］橄榄色,［7］黑色	
27	［1］灰白色,［2］黄色,［3］橙棕色,［4］橙红色,［5］深棕色,［6］橄榄色,［7］黑色	
28	［1］灰白色,［2］黄色,［3］橙棕色,［4］橙红色,［5］深棕色,［6］橄榄色,［7］黑色	

（续）

雌蜂脸型特征		
形态	特征	选择
脸型	［1］短脸型：长小于宽；［2］中短脸型：长约等于宽； ［3］长短脸型：长大小宽	
下颚	［1］下颚具有 2 个前向牙齿，后向牙齿缺失或弱化； ［2］下颚具有 2 个前向牙齿，后向牙齿分开明显； ［3］下颚具有 6 个牙齿	
下颚后向沟	［1］下颚后向沟不明显或缺失；［2］下颚后向沟明显。	
颚眼距长宽比	［1］颚眼距长宽比为 0.66 ～ 0.95 倍； ［2］颚眼距长宽比为 0.95 ～ 2.6 倍	
颚眼区外点刻	［1］颚眼区外半部有大和小的点刻，内半部无点刻； ［2］颚眼区大部分有大点刻，具很少或无小点刻； ［3］颚眼区全部分布中点刻	
中单眼位置	［1］中单眼前缘位于复眼背侧连线上； ［2］中单眼前缘位于复眼背侧连线之前	
侧单眼直径	［1］侧单眼直径等于或小于单眼之间距离的一半； ［2］侧单眼直径大于单眼之间距离的一半	
雄蜂生殖器特征		
形态	特征	选择
剑形突形状	［1］剑形突基部为圆形；［2］剑形突基部为榨尖形	
剑形突长宽	［1］剑形突最大宽小于长；［2］剑形突最大宽大于长	
阳茎瓣头	［1］阳茎瓣头 1/3 处腹向宽度小于总长度的 1/3； ［2］阳茎瓣头 1/3 处腹向宽度大于总长度的 1/3	
阳茎瓣顶端	［1］阳茎瓣顶端形状直的、向外弯曲尖细的、茅头状； ［2］阳茎瓣顶端形状直的、向外弯曲茅状，近端常带有刺； ［3］阳茎瓣顶端向外弯曲呈扁平斧头状； ［4］阳茎瓣顶端向外弯曲呈管状； ［5］阳茎瓣顶端向内弯曲呈匙状，常带有刺； ［6］阳茎瓣顶端向内弯曲呈扁平镰刀状，有时退化； ［7］阳茎瓣顶端内向弯曲呈扁平镰刀状，变窄成为细箭头状	
阳茎瓣基端	［1］阳茎瓣基端腹向角宽圆或缺失； ［2］阳茎瓣基端腹向角呈明显的角状； ［3］阳茎瓣基端腹向角横向桨状形	
阳茎基腹铗	［1］阳茎基腹铗内向突形状两个钩； ［2］阳茎基腹铗内向突呈宽弯沟状，带有一个钩； ［3］阳茎基腹铗内向突呈宽弯沟状，没有钩； ［4］阳茎基腹铗内向突缺失	

注：此表为个体实测表，由承担测定任务的保种单位、养蜂场和有关专家填写。

填表人（签字）：＿＿＿＿＿＿＿＿　电话：＿＿＿＿＿＿＿＿＿　日期：＿＿＿年＿＿月＿＿日

表 5-17-3 熊蜂性能登记表

地点：_____省（自治区、直辖市）_____市（州、盟）_____县（市、区、旗）_____乡
（镇）_____村 场名：_____ 联系人：_____ 联系方式：_____
品种名称：_____

生产性能			
群均工蜂数量（只）		群均授粉寿命（d）	
最高工作温度（℃）		最低工作温度（℃）	
繁殖性能			
蜂王产卵率（%）		蜂王性成熟日龄（d）	
蜂群成群率（%）		雄蜂性成熟日龄（d）	
群均蜂王数量（只）		蜂王交尾成功率（%）	
群均雄蜂数量（只）			

注：此表为群体实测表，由承担测定任务的保种单位、养蜂场和有关专家填写。

填表人（签字）：_____ 电话：_____ 日期：_____年___月___日

表 5-17-4 熊蜂遗传资源影像材料

地点：＿＿＿省（自治区、直辖市）＿＿＿市（州、盟）＿＿＿县（市、区、旗）＿＿＿乡（镇）＿＿＿村 场名：＿＿＿＿＿ 联系人：＿＿＿＿＿ 联系方式：＿＿＿＿＿＿

蜂王照片 1 （单只，侧视图）	蜂王照片 2 （单只，侧视图）
工蜂照片 1 （单只，侧视图）	工蜂照片 2 （单只，侧视图）
雄蜂照片 1 （单只，侧视图）	雄蜂照片 2 （单只，侧视图）
群体照片 1 （蜂群内部，多只工蜂＋蜂王＋雄蜂）	群体照片 2 （蜂群内部，多只工蜂＋蜂王＋雄蜂）
传粉植物 1 （蜂采集照片）	传粉植物 2 （蜂采集照片）
视频资料 1	视频资料 2

拍照人（签字）：＿＿＿＿＿ 电话：＿＿＿＿＿ 日期：＿＿＿年＿＿月＿＿日

十八、壁蜂（切叶蜂）遗传资源系统调查

（一）壁蜂（切叶蜂）遗传资源概况

1. 品种名称　按《中国畜禽遗传资源志·蜜蜂志》填写，新发现的遗传资源和新培育的品种（系、配套系）按有关规定填写。

2. 其他名称　填写该品种的曾用名、俗名等。

3. 品种类型　地方品种、培育品种（系、配套系）或引入品种。

4. 品种来源及形成历史　根据品种类型填写。地方品种填写（原）产地及形成历史；培育品种（系、配套系）填写培育地、培育单位及育种过程、审定时间、证书编号；引入品种填写主要的输出国家以及引种历史等。

5. 中心产区　该品种在本省的主要分布区域，且饲养量占该品种在本省总量30%以上的区、县。可填写至县级。

6. 分布区域　中心产区以外、饲养本蜜蜂资源的区、县。

7. 群体数量　该品种在本省饲养的总群数。按照2021年普查结果填写。

8. 自然生态条件　地方品种填写原产地的自然生态条件，分布在原产地之外的地方品种和培育品种、引入品种填写中心产区的自然生态条件。

（1）地貌　在山地、盆地、丘陵、平原、高原中选择，可多选。

（2）海拔　填写产区范围内的海拔高度，单位为米（m）。如：×× ～ ××m。

（3）经纬度　填写产区范围，东经 ××°×× ′—××°×× ′；北纬 ××°×× ′—××°×× ′。

（4）气候类型　在热带雨林气候、热带草原气候、热带季风气候、热带沙漠气候、亚热带季风和湿润气候、地中海气候、温带季风气候、温带海洋性气候、温带大陆性气候、亚寒带针叶林气候、高原山地气候中选择，可多选。

（5）气温　单位为摄氏度（℃）。

（6）年降水量　正常年年均降水量，单位为毫米（mm）。

（7）无霜期　年均总天数；时间：××—×× 月。

（8）水源土质　产区流经的主要河流等。

（9）蜜源条件　主要蜜源，辅助蜜源（蜜源种类、分布范围及面积、花期起止时间）。

（10）主要植被类型　在落叶针叶林、常绿针叶林、针阔叶混交林、落叶阔叶林、常绿落叶阔叶混交林、常绿苔藓林、常绿硬叶林、常绿阔叶林、热带雨林、热带季雨林、热带海岸林、竹林、常绿针叶灌丛、常绿革叶灌丛、落叶阔叶灌丛、常绿阔叶灌丛、肉刺灌丛、竹丛、温带草原、高山草原、稀树草原、草甸、疏灌草坡、温带荒漠、高山荒漠、高山冻原、高山垫状植被、高山流石堆植被、沼泽、淡水水生植被、咸水水生植被等植被类型中选择。

（11）主要农作物类型　主要指当地的大宗农作物。

9.消长形势　近15年数量规模变化，品质性能变化；与第二次资源普查情况相比，当地蜜蜂遗传资源的演变规律及发展趋势。

10.分子生物学测定　该品种是否进行过生化或分子遗传学相关测定，如有，需要填写测定单位、测定时间和行业公认的代表性结果；如没有，可填写无。

11.品种评价　包括品种的遗传特点、优异特性、可供研究利用的主要方向。

12.资源保护情况　该品种是否制订保种和利用计划，是否设有保护区、保种场，是否建立了品种登记制度，如有，需要填写具体情况，包括保种场（保护区）名称、级别、群体数量。

13.开发利用情况　壁蜂（切叶蜂）资源的饲养发展简史，以及传统文化、艺术、传统医疗等利用壁蜂（切叶蜂）的情况，如农业授粉等。以及品牌创建，农产品地理标志等。

14.饲养管理情况　指饲养方式（定地、转地、活框、传统饲养），蜂箱类型，取蜜习惯，饲养要点等。

15.疫病情况　填写调查该品种原产地（中心产区）的主要病害及采取的防治措施、该品易感病和抗病情况，以及主要敌害。主要病害包括欧幼病、小蜂螨、大蜂螨、白垩病、美幼病、中囊病等。主要敌害是指动物、鸟类、其他昆虫等天敌。

16.以上内容对应表5-18-1。

（二）壁蜂（切叶蜂）形态特征登记

1.测定数量　每个蜂种测定20只成年蜂个体。雌雄各10只。

2.体长　成年蜂从头部顶端至腹部末端的长度，单位为毫米（mm）。

3.头宽　成年蜂头部两端最宽处的长度，单位为毫米（mm）。

4.喙长　成年蜂喙的长度，单位为毫米（mm）。

5.上颚长度　成年蜂上颚的长度，单位为毫米（mm）。

6.上颚宽度　成年蜂上颚的宽度，单位为毫米（mm）。

7.上颚切脊（有/无）　成年蜂上颚齿间是否存在切脊。

8.上颚齿数量　成年蜂上颚中齿的数量。

9.触角第一节长度　成年蜂触角的第一节长度，单位为毫米（mm）。

10.触角第二节长度　成年蜂触角的第二节长度，单位为毫米（mm）。

11.触角第三节长度　成年蜂触角的第三节长度，单位为毫米（mm）。

12.翅基宽　成年蜂翅基宽度，单位为毫米（mm）。

13.前翅长　成年蜂前翅的长度，单位为毫米（mm）。

14.前翅宽　成年蜂前翅的宽度，单位为毫米（mm）。

15.腹部第一节背板被毛颜色　成年蜂腹部第一节背板被毛颜色，从黑色、黄色、白色中选择。

　　16. 腹部第二节背板被毛颜色　成年蜂腹部第二节背板被毛颜色，从黑色、黄色、白色中选择。

　　17. 腹部第三节背板被毛颜色　成年蜂腹部第三节背板被毛颜色，从黑色、黄色、白色中选择。

　　18. 腹部第四节背板被毛颜色　成年蜂腹部第四节背板被毛颜色，从黑色、黄色、白色中选择。

　　19. 腹部第五节背板被毛颜色　成年蜂腹部第五节背板被毛颜色，从黑色、黄色、白色中选择。

　　20. 腹部第六节背板被毛颜色　成年蜂腹部第六节背板被毛颜色，从黑色、黄色、白色中选择。

　　21. 腹部第七节背板被毛颜色　成年雄蜂腹部第七节背板被毛颜色，从黑色、黄色、白色中选择。

　　22. 第二节腹部毛刷颜色　成年雌蜂腹部第二节毛刷颜色，从黄色、白色、黑色、金黄色中选择。

　　23. 第三节腹部毛刷颜色　成年雌蜂腹部第三节毛刷颜色，从黄色、白色、黑色、金黄色中选择。

　　24. 第四节腹部毛刷颜色　成年雌蜂腹部第四节毛刷颜色，从黄色、白色、黑色、金黄色中选择。

　　25. 第五节腹部毛刷颜色　成年雌蜂腹部第五节毛刷颜色，从黄色、白色、黑色、金黄色中选择。

　　26. 第六节腹部毛刷颜色　成年雌蜂腹部第六节毛刷颜色，从黄色、白色、黑色、金黄色中选择。

　　27. 前足距颜色　成年蜂前足距颜色，从黑色、黄色、褐色中选择。

　　28. 中足距颜色　成年蜂中足距颜色，从黑色、黄色、褐色中选择。

　　29. 后足距颜色　成年蜂后足距颜色，从黑色、黄色、褐色中选择。

　　30. 后足胫节长　成年蜂后足胫节的长度，单位为毫米（mm）。

　　31. 后足股节长　成年蜂后足股节的长度，单位为毫米（mm）。

　　32. 后足基跗节长　成年蜂后足基跗节的长度，单位为毫米（mm）。

　　33. 后足基跗节宽　成年蜂后足基跗节的宽度，单位为毫米（mm）。

　　34. 后足爪垫（有 / 无）　成年蜂后足爪间是否存在爪垫。

　　35. 以上内容对应表 5-18-2、表 5-18-3。测定相关图示见附件 5-18-1。

（三）壁蜂（切叶蜂）性能登记

　　1. 授粉性能　需至少测定 2 个世代，每代 5 群以上。

　　2. 群均授粉寿命　必填项，利用壁蜂（切叶蜂）群为农作物授粉的平均工作时长（d）。

3. 世代数　壁蜂（切叶蜂）群每年经历的世代数。

4. 最高工作温度　壁蜂（切叶蜂）从事正常授粉工作时能够忍耐的最高环境温度。

5. 最低工作温度　壁蜂（切叶蜂）从事正常授粉工作时能够忍耐的最低环境温度。

6. 出巢时间　壁蜂（切叶蜂）从事正常授粉工作时每天开始出巢至最后归巢的时间。

7. 采访延续时间　壁蜂（切叶蜂）从事正常授粉工作时单次出巢连续采访时间。

8. 访花朵数　壁蜂（切叶蜂）从事正常授粉工作时每分钟访花朵数。

9. 每日出访次数　壁蜂（切叶蜂）从事正常授粉工作时每天出访的频次。

10. 繁殖性能　需至少测定 2 个世代，每代 5 群以上。

11. 平均产卵数　壁蜂（切叶蜂）单个世代每个雌蜂产卵数，与在巢管的巢室数相等同。

12. 雌性成熟日龄　雌性其他壁蜂（切叶蜂）从卵期至羽化时的日龄。

13. 平均羽化率　成功羽化的个体数占总巢室数的百分比。

14. 雄性成熟日龄　雄性壁蜂（切叶蜂）从卵期至羽化时的日龄。

15. 产卵期长　雌性壁蜂（切叶蜂）在一个世代中持续产卵的天数。

16. 雌蜂寿命　雌性壁蜂（切叶蜂）从羽化至死亡的天数。

17. 以上内容对应表 5–18–4。

(四) 壁蜂（切叶蜂）**遗传资源影像材料**

1. 每个品种拍摄雌蜂、雄蜂、生态环境和主要传粉植物彩照不少于 2 张，根据需要增加拍摄数量。每张照片不低于 800 万像素。

2. 雌蜂、雄蜂应选择能代表本品种种群的个体，以白色为背景色拍摄俯视图，每只蜂应头部向上，触角、翅膀与 3 对足自然展开，清晰可见，不被遮挡。

3. 生态环境照片应该选择该物种种群分布中心区域的生态环境图像。

4. 主要传粉植物照片应选择有蜂在花上采集时拍摄。

5. 视频资料要能反映品种所处的自然生态环境、群体概貌、品种特征、饲养方式等。

视频格式：每个视频时长不超过 5min，尽量在 3min 以内（大小不超过 80MB）。视频格式应为 MP4 格式。

6. 以上内容对应表 5–18–5。

附件 5-18-1

壁蜂（切叶蜂）形态特征测定相关图示

1. 体长、翅基宽

体长（1）、翅基宽（11）

注:（1）（11）为表 5-18-2 和表 5-18-3 中编号，下同。（1）~（13）雌雄蜂相同，（14）后分别标注。

2. 头宽、上颚长度、上颚宽度

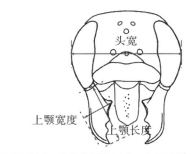

头宽（2）、上颚长度（4）、上颚宽度（5）

3. 喙长

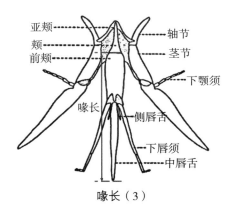

喙长（3）

4. 上颚切脊、上颚齿

上颚切脊（6）、上颚齿（7）

5. 触角第一节、触角第二节、触角第三节长度

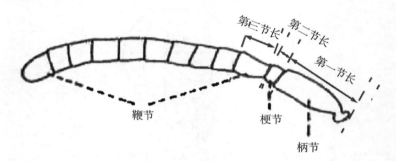

触角第一节（8）、触角第二节（9）、触角第三节长度（10）

6. 前翅长（F_L）、前翅宽（F_B）

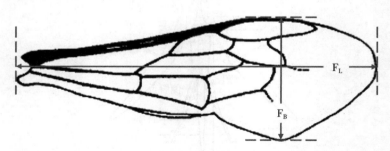

前翅长（F_L）（12）、前翅宽（F_B）（13）

7. 腹部第一至六节背板被毛（雌性），雄性为 7 节背板

腹部第一节背板
腹部第二节背板
腹部第三节背板
腹部第四节背板
腹部第五节背板
腹部第六节背板

＊图示为雌性，雄性腹部有 7 节

腹部第一至六节背板被毛（雌性)(14～19)；雄性为 7 节背板（14～20)

8. 腹部第二至六节毛刷（雌性）

腹部第二节毛刷
腹部第三节毛刷
腹部第四节毛刷
腹部第五节毛刷
腹部第六节毛刷

形态特征：腹部第二至六节毛刷（雌性)(20～24)

9. 足形态特征（雌性：25～32；雄性：21～28)

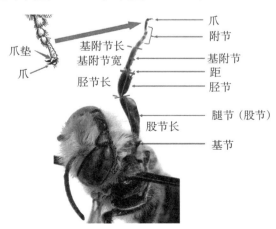

爪垫
爪
基附节长
基附节宽
胫节长
股节长

爪
附节
基附节
距
胫节
腿节（股节）
基节

足形态特征（雌性：25～32；雄性：21～28)

表 5-18-1 壁蜂（切叶蜂）遗传资源概况表

省级普查机构：＿＿＿＿＿＿＿＿＿＿＿＿＿＿＿＿＿

品种名称			其他名称		
品种类型	地方品种 □		培育品种（系、配套系）□		引入品种 □
品种来源及形成历史					
中心产区					
分布区域					
群体数量					

自然生态条件	地貌、海拔与经纬度					
	气候类型					
	气温	年最高		年最低		年平均
	年降水量					
	无霜期					
	水源土质					
	蜜源条件					
	主要植被类型					
	主要农作物类型					

（续）

消长形势	
分子生物学测定	
品种评价	
资源保护情况	
开发利用情况	
饲养管理情况	
疫病情况	

注：此表由该品种分布地的省级普查机构组织有关专家填写。

填表人（签字）：_____　电话：_____　日期：_____年____月____日

表 5-18-2 壁蜂（切叶蜂）雌蜂形态特征登记表

地点：_____省（自治区、直辖市）_____市（州、盟）_____县（市、区、旗）_____乡
（镇）_____村 场名：_____ 联系人：_____ 联系方式：_____
取样点海拔：_____ 取样点经纬度：_____
品种名称：_____

序号	测定指标	个体编号										平均数 ±标准差
		1	2	3	4	5	6	7	8	9	10	
1	体长											
2	头宽											
3	喙长											
4	上颚长度											
5	上颚宽度											
6	上颚切脊（有/无）											
7	上颚齿数量											
8	触角第一节长度											
9	触角第二节长度											
10	触角第三节长度											
11	翅基宽											
12	前翅长											
13	前翅宽											
14	腹部第一节背板被毛颜色											
15	腹部第二节背板被毛颜色											
16	腹部第三节背板被毛颜色											
17	腹部第四节背板被毛颜色											
18	腹部第五节背板被毛颜色											
19	腹部第六节背板被毛颜色											
20	第二节腹部毛刷颜色											
21	第三节腹部毛刷颜色											
22	第四节腹部毛刷颜色											
23	第五节腹部毛刷颜色											
24	第六节腹部毛刷颜色											
25	前足距颜色											
26	中足距颜色											
27	后足距颜色											
28	后足胫节长											
29	后足股节长											
30	后足基跗节长											
31	后足基跗节宽											
32	后足爪垫（有/无）											

注：此表为个体实测表，由承担测定任务的保种单位、养殖场（户）和有关专家填写。

填表人（签字）：_____ 电话：_____ 日期：_____年___月___日

表 5-18-3 壁蜂（切叶蜂）雄蜂形态特征登记表

地点：_____省（自治区、直辖市）_____市（州、盟）_____县（市、区、旗）_____乡
（镇）_____村 场名：_____ 联系人：_____ 联系方式：_____
取样点海拔：_____ 取样点经纬度：_____
品种名称：_____

序号	测定指标	个体编号										平均数 ± 标准差
		1	2	3	4	5	6	7	8	9	10	
1	体长											
2	头宽											
3	喙长											
4	上颚长度											
5	上颚宽度											
6	上颚切脊（有/无）											
7	上颚齿数量											
8	触角第一节长度											
9	触角第二节长度											
10	触角第三节长度											
11	翅基宽											
12	前翅长											
13	前翅宽											
14	腹部第一节背板被毛颜色											
15	腹部第二节背板被毛颜色											
16	腹部第三节背板被毛颜色											
17	腹部第四节背板被毛颜色											
18	腹部第五节背板被毛颜色											
19	腹部第六节背板被毛颜色											
20	腹部第七节背板被毛颜色											
21	前足距颜色											
22	中足距颜色											
23	后足距颜色											
24	后足胫节长											
25	后足股节长											
26	后足基跗节长											
27	后足基跗节宽											
28	后足爪垫（有/无）											

注：此表为个体实测表，由承担测定任务的保种单位、养殖场（户）和有关专家填写。

填表人（签字）：_____ 电话：_____ 日期：_____年___月___日

表 5-18-4 壁蜂（切叶蜂）性能登记表

地点：_____省（自治区、直辖市）_____市（州、盟）_____县（市、区、旗）_____乡（镇）_____村 场名：_____ 联系人：_____ 联系方式：_____

品种名称：_____

授粉性能			
群均授粉寿命（d）		世代数	
最高工作温度（℃）		最低工作温度（℃）	
平均出巢时间（h）		采访延续时间（min）	
访花朵数（朵/min）		每次出巢访花朵数	
繁殖性能			
平均产卵数		雌性成熟日龄（d）	
平均羽化率（%）		雄蜂性成熟日龄（d）	
产卵期长（d）		雌蜂寿命（d）	

注：此表为群体调查和实测表，由承担测定任务的保种单位、养蜂场和有关专家填写。

填表人（签字）：_____ 电话：_____ 日期：_____年___月___日

表 5-18-5　壁蜂（切叶蜂）遗传资源影像材料

地点：_____省（自治区、直辖市）_____市（州、盟）_____县（市、区、旗）_____乡（镇）_____村　场名：_____　联系人：_____　联系方式：_____

雌蜂照片 1 （单只，侧视图）	雌蜂照片 2 （单只，侧视图）
雄蜂照片 1 （单只，侧视图）	雄蜂照片 2 （单只，侧视图）
生态环境照片 1	生态环境照片 2
主要传粉植物 1 （蜂采集照片）	主要传粉植物 2 （蜂采集照片）
视频资料 1	视频资料 2

拍照人（签字）：_____　电话：_____　日期：_____年___月___日

十九、家蚕遗传资源系统调查

(一)家蚕遗传资源概况

1. 品种名称　遗传资源的原名，培育品种（母种）审定或登记时的名称。

2. 其他名称　填写该遗传资源的俗名、曾用名。

3. 品种类型　分为地方品种、培育品种、引入品种。具体为列入《中国家蚕品种志》的地方品种、引入品种（从国外引进）；国家和省级审定通过品种（杂交组合）的母种；经合法渠道引进的家蚕品种。

4. 经济类型　分为资源型和实用型，可多选。资源型指无规模化使用的遗传资源，实用型指生产用蚕品种的母种。实用型品种，按照茧丝量高低，分为多丝量（茧层率≥23.0%）、中丝量（茧层率≥20.0%）和少丝量（茧层率＜20.0%）品种，以春季或中秋季调查数据为依据；按照是否抗病抗逆，分为抗性品种、常规品种，抗性应明确具体抗病或抗逆的种类；按照茧色分为普通茧（白色）、彩色茧；按照是否具有限性斑纹，分为普通型和斑纹限性。

5. 地理系统　分为中国系统、日本系统、欧洲系统、热带系统。

6. 品种来源及形成历史　系统中已有品种来源，直接调用具体内容。系统中无此数据时，调查资源形成的历史，确定其来源和时间。来源主要分为：农家收集、野外采集、国外引进、国内其他单位引入和育种单位育成等。

7. 保存单位　遗传资源当前保存单位的名称。

8. 化性　调查并查阅资源保存记录，确认其化性。分为一化性、二化性、有滞育多化性、无滞育多化性。

9. 眠性　查阅资源保存记录，确认遗传资源的眠性。或者在资源饲养过程中，记载各龄期幼虫的饲食和止桑时间，统计幼虫眠或蜕皮的次数，即为眠性，分为三眠蚕、四眠蚕和五眠蚕等。

10. 适应生态区域　资源型品种，适应生态区域选保存地所属生态区域；实用型品种（母种）的适应性生态区域，选品种审定确认或推广区域，包括长江流域、黄河流域、珠江流域，或其他地区。可多选。

11. 适宜饲养季节　资源型品种选资源保存饲养的季节；实用型品种选审定确认或推广的季节。可多选。

12. 中心饲养区　资源型品种选"无"；培育品种，按该品种组配的并通过国家或省级审定的杂交组合的情况进行选择。

13. 资源评价　分为遗传特点、优异特性和利用方向 3 个方面，每个方向均可多选。遗传特点：是指该遗传资源是否具有特殊的遗传性状，如三眠蚕、致死突变、隐性遗传、限性遗传、特殊斑纹、彩色蚕茧等。如无特殊遗传性状，则记为常规。优异特性：是指该遗传资源是否具有高茧层率、长丝长、粗纤度、细纤度、产量高、丝质优、抗 BmNPV、抗高温多湿等其中 1 个或几个特性。利用方向：是指该遗传资源可以在哪些方面加以利用，如优质基因、育种素材、基因功能解析、生物医学模型等。

14. 开发利用情况　资源型品种选"无"；育成品种（母种），按该品种组配并通过国家或省级审定的杂交组合的情况进行选择。

15. 以上内容对应表 5-19-1。

（二）家蚕体型外貌登记

1. 一化性和二化性蚕品种可以在制种期调查，也可在冬季调查。多化性品种在制种期间调查。蚕卵调查以张为单位，每张 12 蛾或 14 蛾框制种。

2. 卵形和卵色　卵形、卵色，在自然光线下肉眼观察蚕卵的形状、整齐度和卵色。卵形以椭圆、纺锤、肾形、长形、特大等描述；卵色以绿色、灰绿色、灰色、灰紫色、紫色和淡黄色等描述。选择 2 个卵圈，拍摄彩色照片。

3. 蚁蚕体色　在孵化后、给桑前，在室内自然光下观察。以赤色、黑褐色、淡黄色等描述，多数品种蚁蚕为黑褐色。对特殊蚁色品种，应选取 1 个刚孵化的卵圈拍摄蚁蚕彩色照片。

4. 卵壳色　在自然光线下肉眼观察蚕卵孵化后留下的卵壳颜色，以白色、乳白色、淡黄色、黄色等描述。

5. 稚蚕趋性　在常规饲养条件下，观察 1～3 龄期稚蚕有无趋光性、趋密性、背光性、逸散性等。

6. 食桑习性　在 5 龄或末龄期给桑前观察，若蚕座底层有较多未食尽的桑叶而蚕压在桑叶上，则为踏叶；否则为不踏叶。

7. 壮蚕体色、体型和斑纹　观察饲育区内 5 龄或末龄幼虫的体色、体型和斑纹。体色用青白、青赤、黄色、灰黑色、油蚕、斑点油蚕等描述；体型以细长、普通、粗壮、有瘤状突起等描述；斑纹用素斑、普通斑、暗色斑、黑色蚕、黑缟、鹑斑、虎斑、褐圆斑、多星纹、斑点蚕、皋蚕、无半月纹等描述。取 2 头或 1 雌 +1 雄，拍摄彩色照片。

8. 体液色　普通品种随机取 1～2 头 5 龄或末龄幼虫，茧色限性品种雌、雄各取 1 头，剪去尾角或 1 个腹足，将血淋巴（体液）滴到载玻片上，立即在自然光下观察其颜色。非茧色限性品种，选择淡黄色、黄色；茧色限性品种，选雌蚕黄色、雄蚕淡黄色。

9. 老熟整齐度　分为齐涌、较齐和不齐。见熟后适时捉熟上蔟，记载始熟、盛熟和终熟时间，始熟后 24h 内终熟，则为老熟齐涌；36h 内终熟，则为较齐；36h 以上终熟，则为不齐。

10. 营茧特性　资源保存时，蔟具以塑料折蔟为宜，上蔟后用覆蔟网包紧。采茧时揭开覆蔟网，观察蚕茧的空间分布比例，分为多上层茧、多中层茧、多底层茧。

11. 蚕茧外观检验　观察饲育区内蚕茧的茧衣量、蚕茧形状、蚕茧颜色和缩皱粗细；触摸茧层厚薄或松软程度。选 2 颗蚕茧，拍摄彩色照片。

12. 茧色　分为白色、竹色、金黄、土黄、稻草黄、橘红色、桃红色、绿色等，不属于所列茧色的资源则选"其他"，并注明颜色。

13. 茧形　分为椭圆形、球形、束腰、纺锤形、长筒形、锥形、薄头茧、薄腰茧、缢痕等，不属于所列茧形的资源则选"其他"，并注明具体形状。

14. 缩皱　缩皱是指蚕茧表面细微凹凸不平的皱纹，以中等、粗、细描述。

15. 蛹体色　在复眼开始着色时，自然光下观察 1 个饲育区选留蚕蛹的体色，以棕色、褐色、黑色等描述。

16. 蛹体态　自然光下观察 1 个饲育区选留蚕蛹体态，分为正常蛹、鳌虾蛹、黑翅蛹、白翅蛹、小翅蛹、雏翅蛹、皱翅蛹、痕迹翅蛹、无翅蛹等，不属于所列体态的资源则选"其他"，并注明具体的体态。取 1 雌 +1 雄，腹面向上，拍摄彩色照片。

17. 成虫（蛾）　在见苗蛾的第 2 或第 3 日调查 1 个饲育区，在自然光线下观察羽化当日雌、雄蚕蛾的体态、体色、体型、复眼色、蛾翅斑纹以及行动情况。选取 1 对雌雄交尾状态蚕蛾，拍摄彩色照片。

18. 蛾体型　以正常、瘦小、肥大等描述。

19. 蛾体色　以正常、灰褐、暗红等描述。

20. 蛾体态　以正常蛾、小翅蛾、雏翅蛾、皱翅蛾、痕迹翅蛾、无翅蛾等描述。

21. 蛾眼色　在自然光线下观察蚕蛾，以白、红、黄、黑等描述。

22. 蛾翅　在自然光线下，观察雌、雄蚕蛾的翅膀，以有花纹斑、无花纹斑和无鳞毛（即透明翅）描述。

23. 蛾行动　分别观察饲育区雌雄蚕蛾的行为特点，以正常、活泼和文静描述。

24. 以上内容对应表 5–19–2。

（三）家蚕生产性能登记

1. 催青经过　在标准催青或简化催青条件下，从丙 2 胚胎至孵化的时间，精确到小时。简化催青：丙 2～戊 2 胚胎期，温度（22.5+0.5）℃、相对湿度 75%～80%，12h 明 /12h 暗；戊 3～己 5 胚胎期，温度（25.5±0.5）℃、相对湿度 80%～85%，18h 明 /6h 暗；转青后黑暗保护，隔日早晨曝光、孵化。

2. 五龄经过、幼虫期经过、蛰中经过　在常规温度、湿度条件下新鲜桑叶饲养，记录幼虫各龄期饷食、止桑或盛上蔟（盛熟）时间，计算五龄经过、幼虫期经过。蛰中经过指盛上蔟至盛发蛾的时间经过。

3. 蚕卵孵化情况　收蚁后调查，随机抽查 6 个卵圈，点数孵化蚕卵粒数、转青死卵粒数，按下式计算孵化率。分为齐（≥90%）、较齐（80%～90%）和不齐

（＜80%）。

$$蚕卵孵化率 = \frac{孵化蚕卵粒数}{孵化卵粒数 + 转青死卵粒数} \times 100\%$$

4. 眠起整齐度　分为齐、较齐和不齐，根据幼虫期各龄眠起情况判定。调查 1 个饲育区。

5. 四龄起蚕结茧率、死笼率和四龄起蚕虫蛹率　三龄入眠或四龄起蚕 1 日内数蚕，固定每个饲育区的蚕头数（400 头或 350 头）。饲养过程中记载四至五龄淘汰蚕头数，采茧时记载蔟中病死蚕头数，调查结茧头数，计算实际饲育头数。上蔟后 7～9d 调查死笼，将同宫茧、屑茧全部切剖，调查死笼头数；普通茧逐颗轻摇，依声音判别是否为死笼，遇可疑蚕茧则切剖鉴定，统计死笼总头数。僵病、蝇蛆和外伤引起的死蚕和死茧，不作为死笼。计算公式如下。

实际饲育头数（头）＝ 结茧头数 ＋ 四至五龄淘汰蚕头数 ＋ 蔟中病死蚕头数

死笼总头数（头）＝ 屑茧死笼头数 ＋ 同宫茧死笼头数 ＋ 普通茧死笼头数

$$四龄起蚕结茧率 = \frac{结茧蚕头数}{实际饲育蚕头数} \times 100\% \quad （保留 2 位小数）$$

$$死笼率 = \frac{死笼总头数}{结茧头数} \times 100\% \quad （保留 2 位小数）$$

四龄起蚕虫蛹率 ＝（100 － 死笼率）× 四龄起蚕结茧率　　（保留 2 位小数）

6. 茧长、茧幅　从普通茧中随机抽取 10 颗，用游标卡尺测量，计算平均数，精确到 0.1mm。

7. 茧层状态　触摸饲育区蚕茧，观察茧质，调查切剖的样茧，以紧实、多层和绵茧描述。

8. 普通茧质量百分率　采下的蚕茧按普通茧、同宫茧、屑茧分类，分别称量，按下式计算总收茧量和普通茧质量百分率。

总收茧量（g）＝ 普通茧质量 ＋ 同宫茧质量 ＋ 屑茧质量

$$普通茧质量百分率 = \frac{普通茧质量}{总收茧量} \times 100\% \quad （保留 2 位小数）$$

9. 全茧量、茧层量、茧层率　随机抽取约 60 颗蚕茧，切剖雌、雄各 25 颗，分别称量 25 颗全茧量（保留 2 位小数）、茧层量（保留 3 位小数），计算雌雄平均全茧量、茧层量，按下式计算茧层率。

$$茧层率 = \frac{雌雄平均茧层量}{雌雄平均全茧量} \times 100\% \quad （保留 2 位小数）$$

10. 丝质检验　茧丝长、解舒丝长、解舒率、茧丝量、茧丝纤度、洁净的数据由丝质检验单位提供。

留足继代用蚕茧后，从饲育区普通茧中随机抽取 80 颗以上蚕茧，用干燥箱或类似设备二次烘干法烘茧，头冲温度 104～96℃，二冲温度 99～70℃，温度可根据设备灵活掌握，达到如下公式理论烘率要求。

理论烘率＝（0.687 5×茧层率＋0.262 5）×100%　　（保留 2 位小数）

烘茧后一个星期内将干样茧送交指定的丝质检验单位，袋内外置挂标签，标明品种名称、饲育编号，净重、粒数。丝质检验单位收到样茧后，应详细记录样茧情况，并在 6 个月内完成检验。50 颗样茧，煮茧后新茧 8 粒生绪，共 3 绪，先添厚茧，至最后一绪不能保持 8 粒时，停止缫丝车，将丝取下。

11. 茧丝长（m）＝生丝总长（m）×定粒÷供试茧粒数　　（取整数）

12. 解舒丝长（m）＝茧丝长（m）×解舒率（%）　　（取整数）

13. 解舒率＝$\dfrac{\text{供试茧粒数}}{\text{供试茧粒数＋落绪茧总数}}$×100%

或　解舒率＝$\dfrac{\text{解舒丝长（m）}}{\text{茧丝长（m）}}$×100%

14. 茧丝量（g）＝解舒丝公量（g）÷供试茧粒数　　（保留 3 位小数）

15. 茧丝纤度（dtex）＝$\dfrac{\text{解舒丝公量（g）×10 000}}{\text{生长总长（m）×定粒数}}$　　（保留 3 位小数）

16. 洁净　取 30 颗煮熟的样茧，理出正绪茧，分为正绪 8 粒和副绪若干；正绪和副绪篾速相同。缫丝过程中保证正绪 8 粒蚕茧正常缫丝，若遇落绪，则以副绪蚕茧添绪，直至正绪缫丝结束为止；将正绪所得生丝全部翻至黑板，晾干后进行洁净检验，按如下公式计算。

洁净（分）＝每片净度分数总和÷检验片数　　（保留 2 位小数）

17. 羽化习性　始发蛾后第 2、3、4 天，每天早晨 6 点钟前开灯曝光，8 点钟以后统计当日雌、雄蚕蛾数量和比例。根据连续几日调查结果，确定该品种羽化习性，即雌雄的同步性和齐一性，以雌雄同步、雌先、雄先、发蛾齐涌和发蛾不齐描述。可多选。

18. 交尾性能　羽化后，当日上午同一品种资源不同饲育区或同一饲育区的雌、雄蚕蛾相互交配，观察交配性能，散对情况，以良好、一般、难交、易散对和不易散对描述。选取 1 对雌雄交尾状态的蚕蛾，拍摄彩色照片。可多选。

19. 产卵快慢　待雌雄蚕蛾交尾 3～5h 后拆开，制备框制蚕种，蚕连纸上标明品种名称、编号和产卵日期。若投蛾后 6h 80% 以上母蛾开始产卵，则记为产卵"快"；若 6h 只有不足 50% 的母蛾开始产卵，则记为产卵"慢"；若 6h 有 50%～80% 的母蛾开始产卵，则记为"中等"。调查 1 张蚕种。

20. 卵胶着性、产附平整性　投蛾后，第 2 天上午观察蚕连纸上蚕卵黏附是否牢固，所产蚕卵在蚕连纸上分布是否平整，以好、差和无胶着性描述。调查 1 张蚕种。

21. 单蛾产卵粒数、良卵率、不受精卵率　滞育卵产卵后第 5 天开始调查，颜色转为固有色的蚕卵为受精卵，颜色仍为淡黄色的为不受精卵。多化性品种非滞育卵在产下后转青时（第 7～8 天）调查，颜色转青的为受精卵，颜色不变的为不受精卵；或在孵化后调查。随机选取 1 张蚕种（12 或 14 蛾）中的 6 个卵圈，调查单蛾产卵粒数、良卵粒数、不受精卵粒数，计算平均数。

$$良卵率 = \frac{良卵粒数}{总卵粒数} \times 100\%$$

$$不受精卵率 = \frac{不受精卵粒数}{总卵粒数} \times 100\%$$

22. 生种　二化性品种由于某种原因，造成蚕卵滞育性不巩固，在产下后经过一定时间，部分发生孵化的蚕种称为生种。在蚕卵产下 10d 以后进行，观察 1 张蚕种上是否有孵化的蚁蚕或孵化留下的卵壳。随机选取 1 张蚕种（12 或 14 蛾）中的 6 个卵圈。

23. 以上内容对应表 5–19–3。

（四）家蚕遗传资源影像材料

1. 每个品种拍摄蚕卵、蚁蚕（特殊蚁色）、壮蚕、蚕茧、蚕蛹、成虫彩照各 2 张，参考图 5–19–1。

2. 蚕卵、蚁蚕以蚕连纸为背景直接拍摄，其他发育阶段以蓝色为背景色，像素 800 万以上，水平方向置 1 标尺。垂直拍摄，照片长宽比为 4：3，大小不低于 2MB。

3. 蚕卵 2 圈，滞育卵在产卵 5d 以后至翌年催青前拍摄；非滞育卵，产卵后 3～7d 拍摄。

4. 蚁蚕 1 圈，在孵化当日上午 8:00—10:00 拍摄。

5. 壮蚕，取 5 龄或末龄盛食期 2 头（斑纹限性品种 1 雌 +1 雄）放置于 5～10℃，2min 后取出，体长与垂直方向一致，背面朝上。

6. 普通茧 2 颗，蚕蛹 1 雌 +1 雄，体长与垂直方向一致。

7. 成虫，1 雌 1 雄交尾状态，雌蛾头部向下，雄蛾头部向上。

8. 视频资料要能反映品种所处的自然生态环境、群体概貌、品种特征、饲养方式等。

视频格式：每个视频时长不超过 5min，尽量在 3min 以内（大小不超过 80MB）。视频格式应为 MP4 格式。

9. 以上内容对应表 5–19–4。

幼虫

蚕茧

蚕蛹

蚕蛾

图 5-19-1　家蚕影像材料示例

扫码看彩图

表 5-19-1　家蚕遗传资源概况表

省级普查机构：＿＿＿＿＿＿＿＿＿＿＿＿

品种名称		其他名称	
品种类型	□地方品种　　□培育品种　　□引入品种		
经济类型	□资源型； □实用型：　□多丝量　　　□中丝量　　　□少丝量 　　　　　□抗病/逆　　□彩色茧　　　□斑纹限性		
地理系统	□中国系统　　□日本系统　　□欧洲系统　　□热带系统		
品种来源及形成历史			
保存单位			
化性	□一化　　　□二化　　　□有滞育多化　　□无滞育多化		
眠性	□三眠　　　□四眠　　　□五眠　　　□其他：＿＿＿＿		
适应生态区域	□长江流域　　□黄河流域　　□珠江流域　　□其他：＿＿＿＿		
适宜饲养季节	□春季　　　□夏季　　　□秋季　　　□春秋兼用		
中心饲养区	□无　　□长江流域　　□黄河流域　　□珠江流域　　□其他：＿＿＿		
资源评价	遗传特点：□常规　　　□三眠蚕　　□致死突变　　□隐性遗传 　　　　□限性遗传　□特殊斑纹：＿＿＿＿　　□彩色蚕茧：＿＿ 优异特性：□高茧层率　□长丝长　　□粗纤度　　□细纤度 　　　　□高产　　□丝质优　□抗 BmNPV　□抗高温高湿　□其他：＿＿ 利用方向：□优质基因　　□育种素材　　□基因功能解析 　　　　□生物医学模型　□其他：＿＿＿＿		
开发利用情况	饲养区域：□无　　□1个省份　　□2个省份　　□3个省份以上 组配的品种数量：□无　　□1对　　□2对　　□3对以上		

注：此表由该品种分布地的省级普查机构组织有关专家填写。野桑蚕参照家蚕统计。

填表人（签字）：＿＿＿＿＿＿＿　电话：＿＿＿＿＿＿＿　日期：＿＿＿年＿＿月＿＿日

表 5-19-2 家蚕体型外貌登记表

场名：_____ 联系人：_____ 联系方式：_____ 品种名称：_____

卵形	□椭圆 □纺锤 □肾形 □长形 □特大 □其他：_____
卵色	□绿色 □灰绿色 □灰色 □灰紫色 □紫色 □淡黄色 □其他：_____
蚁蚕体色	□赤色 □黑褐色 □淡黄色 □其他：_____
卵壳色	□白色 □乳白色 □淡黄色 □黄色 □其他：_____
稚蚕趋性	□无趋光性 □趋光性 □趋密性 □背光性 □逸散性
食桑习性	□踏叶 □不踏叶
壮蚕体色	□青白 □青赤 □黄色 □灰黑色 □油蚕 □斑点油蚕 □其他：_____
壮蚕体型	□细长 □普通 □粗壮 □有瘤状突起 □其他：_____
壮蚕斑纹	□素斑 □普通斑 □暗色斑 □黑色蚕 □黑缟 □鹑斑 □虎斑 □褐圆斑 □多星纹 □斑点蚕 □皋蚕 □无半月纹 □其他：_____
体液色	□淡黄色 □黄色 □雌蚕黄色、雄蚕淡黄色
老熟整齐度	□齐涌 □较齐 □不齐
营茧特性	□多上层茧 □多中层茧 □多底层茧
茧衣量	□少 □中 □多
茧色	□白色 □竹色 □金黄 □土黄 □稻草黄 □橘红色 □桃红色 □绿色 □其他：_____
茧形	□椭圆形 □球形 □束腰 □纺锤形 □长筒形 □锥形 □薄头茧 □薄腰茧 □缢痕 □其他：_____
缩皱	□细 □中 □粗 □绵茧
蛹体色	□棕色 □褐色 □黑色
蛹体态	□正常蛹 □鳌虾蛹 □黑翅蛹 □白翅蛹 □小翅蛹 □雏翅蛹 □皱翅蛹 □痕迹翅蛹 □无翅蛹 □其他：_____
蛾体色	雌：□正常 □灰褐 □暗红 □其他：___ 雄：□正常 □灰褐 □暗红 □其他：___
蛾体型	雌：□正常 □瘦小 □肥大 雄：□正常 □瘦小 □肥大
蛾体态	□正常蛾 □小翅蛾 □雏翅蛾 □皱翅蛾 □痕迹翅蛾 □无翅蛾 □其他：___
蛾眼色	□白 □红 □黄 □黑
蛾翅	□有花纹斑 □无花纹斑 □无鳞毛（透明翅）
蛾行动	雌：□正常 □活泼 □文静 雄：□正常 □活泼 □文静

注：该表为群体实测表，由承担测定任务的保存单位和有关专家填写。每个调查项目在对应的"□"内画"√"，或填写数据。

填表人（签字）：_____ 电话：_____ 日期：____年___月___日

表5-19-3　家蚕生产性能登记表

场名：＿＿＿＿＿　联系人：＿＿＿＿＿　联系方式：＿＿＿＿＿　品种名称：＿＿＿＿＿＿＿

发育与生命力性状			
催青经过（日：时）		五龄经过（日：时）	
幼虫期经过（日：时）		蛰中经过（日：时）	
蚕卵孵化情况	□齐（≥90%）　　□较齐（80%～90%）　　□不齐（<80%）		
眠起整齐度	□齐　　　　　□较齐　　　　　□不齐		
四龄起蚕结茧率（%）		死笼率（%）	
四龄起蚕虫蛹率（%）			
茧、丝品质			
茧长（cm）		茧幅（cm）	
茧层状态	□紧实　　　　　□多层　　　　　□绵茧		
普通茧质量百分率（%）		全茧量（g）	
茧层量（g）		茧层率（%）	
茧丝长（m）		解舒丝长（m）	
解舒率（%）		茧丝量（g）	
茧丝纤度（dtex）		洁净（分）	
繁育性能			
羽化习性	□雌雄同步　□雌先　□雄先　□发蛾齐涌　□发蛾不齐		
交尾性能	□良好　　□一般　　□难交　　□易散对　　□不易散对		
产卵快慢	□快　　　□中等　　□慢		
卵胶着性	□好　　　□差　　　□无胶着性		
产附平整性	□平整　　□不平整　□少数叠卵　□叠卵多		
单蛾产卵粒数（粒）		良卵率（%）	
不受精卵率（%）		生种	□有　　□无

注：该表为群体实测表，由承担测定任务的保存单位和有关专家填写。每个调查项目在对应的"□"内画"√"，或填写数据。

填表人（签字）：＿＿＿＿＿　电话：＿＿＿＿＿　日期：＿＿＿年＿＿月＿＿日

表 5-19-4　家蚕遗传资源影像材料

场名：_____　联系人：_____　联系方式：_____

品种名称：	
蚕卵照片 （2 卵圈）	蚁蚕照片 （仅蚁色特殊时拍照，1 卵圈）
壮蚕照片 （2 头，斑纹限性 1 雌 +1 雄）	蚕茧照片 （2 颗茧）
蚕蛹照片 （复眼开始着色，1 雌 +1 雄）	成虫照片 （1 雌 1 雄交尾状，1 对）
视频资料 1	视频资料 2

拍照人（签字）：_____　电话：_____　日期：____年___月___日

二十、柞蚕遗传资源系统调查

（一）柞蚕遗传资源概况

1. 品种名称　遗传资源的原名，培育品种审定或登记时的名称。

2. 其他名称　填写该遗传资源的俗名、曾用名。

3. 品种类型　分为地方品种、引入品种、培育品种。具体为列入《中国柞蚕品种志》的地方品种、引入品种（从国外引进）；国家和省级审定通过的品种（纯种）；经合法渠道引进的柞蚕品种。

4. 经济类型　分为特殊资源型和实用型。特殊资源型：携带有特殊遗传基因或部分性状表现特殊的柞蚕种质资源。实用型：综合经济性状优良并在生产实际中应用的实用品种。多丝型：茧层率 12% 以上或单位重量鲜茧的纤维总量比标准对照品种（二化性品种标准对照品种为青 6 号，一化性品种标准对照品种为三三，以下同。）高 10% 以上的品种。抗病型：幼虫对 1 种或多种病原的感染抵抗性较标准对照品种高 2 倍或 2 倍以上的品种，鉴定方法见附件 5-20-1 和附件 5-20-2。异色茧型：茧色明显有别于正常茧的品种。高饲料效率型：茧重转化率质量分数比标准对照品种高 15% 以上的品种。早熟型：幼虫全龄经过较标准对照品种短 3d 或 3d 以上的品种。大型茧型：千粒茧重较标准对照品种相对重 10% 以上的品种。可多选。

5. 品种来源及形成历史　系统中已有品种来源，直接调用具体内容。系统中无此数据时，说明品种的形成历史，包括亲本、选育方法、选育（引育）的起始时间及完成时间、育成单位、第 1 ～ 3 完成人、组织鉴定审定部门等。

6. 保存单位　目前保存品种的单位。

7. 血统　按柞蚕 5 龄幼虫体背色分为青黄蚕血统、黄蚕血统、蓝蚕血统、白蚕血统。

8. 化性　调查并查阅资源保存记录，确认其化性。化性分为一化性和二化性，春季放养滞育率大于或等于 95% 的为一化性，小于或等于 5% 的为二化性。

9. 眠性　柞蚕分为 4 眠和其他。

10. 适应生态区　有利于保持原品种形态学特征、生物学特性和经济学性状的化性区域。主要分为一化性蚕区、二化性蚕区和二化一放蚕区。可多选。

11. 适宜饲养季节　适宜柞蚕遗传资源生长发育、遗传继代并发挥其优良经济性状的季节。

12. 中心饲养区　按省份划分柞蚕遗传资源集中饲养的区域。

13. 资源评价　根据柞蚕遗传资源的遗传特点填写特殊幼虫体色、特殊成虫斑纹、白色茧、致死突变、隐性遗传或其他。根据遗传资源的优异特性，开发利用的主要方向及在生产实际中的应用类型或品种审定、鉴定时品种定义的类型填写表中包括的优异特性和利用方向。

14. 开发利用情况 包括柞蚕饲养范围和柞蚕杂交种数量。饲养范围：指应用柞蚕遗传资源的省（区）数量。生产实用品种一般是包括 1 个省区、2 个省区和 3 个省区以上；特殊遗传资源或没在生产中应用的品种填写无。杂交种数量：按柞蚕遗传资源在生产实际应用中组配的杂交组合数填写 1 对、2 对或 3 对以上，特殊遗传资源等未在生产实际中应用，未组配成杂交种的填写无。

15. 以上内容对应表 5-20-1。

（二）柞蚕体型外貌登记

1. 卵色 在自然光线下，肉眼观察柞蚕卵色，可分为白色、浅褐色、深褐色。

2. 蚁蚕体色 在自然光线下，肉眼观察柞蚕蚁蚕体色，可分为红色、红褐色、黑色和其他。

3. 壮蚕体背色、壮蚕体侧色和壮蚕气门上线色 在自然野外饲养条件下，随机抽取 5 龄盛食期蚕 20 头，在自然光线下以肉眼直接观察确定壮蚕体背、体侧、气门上线色。体背、体侧色可分为白色、淡黄色、黄色、淡绿色、绿色、青绿色、蓝色和红色；气门上线色可分为乳白色、淡黄色、黄色和淡棕色。

4. 茧形、茧色 在自然光线下，肉眼直接观察化蛹 7d 后的柞蚕茧形状及颜色。茧形可分为椭圆、长椭圆、短椭圆、球形和其他；茧色可分为白色、淡黄色、淡褐色和赤褐色。

5. 茧长、茧幅 随机从 5 个饲育区中分别抽取雌茧和雄茧各 10 粒，准确测量其茧长、茧幅，计算单粒茧的平均数，精确到 0.1mm。

6. 蛹体色 随机从 5 个饲育区中分别抽取雌茧和雄茧各 10 粒剖开，取出蚕蛹，在自然光线下，以肉眼直接观察蛹体颜色，可分为黄色、黄褐色、黑褐色和黑色。

7. 蛾体色 在自然光线下，以肉眼观察充分展翅的柞蚕雌蛾和雄蛾的体背及蛾翅整体颜色。

8. 蛾体长、体幅、翅展 随机调查中批羽化健康雌蛾和雄蛾各 10 只，准确测量，计算雌蛾和雄蛾的平均体长、体幅和翅展，精确到 0.1mm。

9. 蛾翅形态 常规条件下暖茧羽化，蛾翅完全展开后，肉眼直接观察蛾翅形态类型。蛾体无异常变态，蛾翅能充分展开，翅缘整齐为正常；蛾的翅缘仅及同类型正常蛾的 70% 为短翅；蛾的翅缘不整齐有缺口的为裂翅；蛾翅不发达，展翅不良的为皱翅；不属于以上类型的为其他。

10. 以上内容对应表 5-20-2。

（三）柞蚕生产性能登记

1. 卵期孵化积温 随机抽取 100 粒卵，在相对湿度 75% 左右的室内，从 15℃起暖卵，每天升温 1～2℃，到 20℃平温，逐日记录温度，至孵化盛期时为卵期发育终止日期，以 10℃为发育起点温度计算有效积温。精确到 1℃。

2. 五龄经过　随机取 10 只种蛾正常室外单蛾收蚁，记载各区自四眠起齐至 90% 蚕营茧所经过的时间，并计算平均日、时数。精确到 1h。

3. 全龄经过　随机取 10 只种蛾正常室外单蛾收蚁，记载各区自孵化至营茧 90% 所经过的平均日、时数。精确到 1h。

4. 蛹期羽化积温　随机抽取 100 粒茧，在相对湿度 75% 左右的室内，从 11℃ 起暖茧，每天升温 1～2℃，到 20℃平温，逐日记录温度，至羽化盛期时为蛹期发育终止日期，以 10℃为发育起点温度计算有效积温。精确到 1℃。

5. 雌、雄蛾寿命　在温度 20℃、湿度 75%～85% 条件下，随机取雌雄蛾各 10 只，调查从羽化到死亡的时间，并计算平均日、时数。精确到 1h。

6. 食性　指小蚕的食叶强度。不择叶，食去主、侧叶脉者为强；择叶，食后叶脉呈网状者为弱；介于二者之间的为中。

7. 眠起整齐度　在自然生态条件下，随机调查野外常规饲养的 10 个单蛾区，平均四眠起蚕 10%～80% 时所需要的时间。二化性秋蚕用时 72h 为齐，72～96h 为较齐，96h 以上为不齐。一化性春蚕用时 24h 为齐，24～48h 为较齐，48h 以上为不齐。

8. 营茧整齐度　在自然生态条件下，随机调查常规饲养的 10 个单蛾区，平均营茧 10%～80% 时所需要的时间。二化性秋蚕用时 96h 为齐、96～120h 为较齐，120h 以上为不齐。一化性春蚕用时 24h 为齐，24～48h 为较齐，48h 以上为不齐。

9. 全茧量、茧层量和茧层率　化蛹 7d 后随机调查 5 个区，每区随机取雌雄茧各 10 粒，分别称取并计算出雌茧和雄茧的全茧量、茧层量后，再求雌雄茧的平均全茧量、茧层量，精确到 0.01g。然后计算平均茧层率（茧层量 / 全茧量 ×100%）。精确到 0.01%。

10. 茧丝长　从 5～7 个试验区中，随机等量抽取优茧充分混合后，百粒缫再随机抽取 3 组试样，每样 105 粒（含备用茧 5 粒），单粒缫随机取试样 23 粒（含备用茧 3 粒），并对各试样称重、记录。按常规缫丝试验方法，缫得计算茧丝的平均长度。精确到 1m。

11. 解舒率　解舒丝长占茧丝长的百分率。精确到 0.01%。

12. 回收率　生丝总重量占总纤维量（生丝量 + 大挽手 + 二挽手 + 蛹衬量）的百分率。精确到 0.01%。

13. 鲜茧出丝率　茧丝总量（干量）占供试鲜茧重量的百分率。精确到 0.01%。

14. 茧丝纤度　茧丝的粗细程度（茧丝总量 / 茧丝总长 $\times 10^4$），单位为分特克斯（dtex）。精确到 0.01dtex。

15. 羽化习性　随机抽取 10 个单蛾区的茧，常规暖茧加温，观察其雌雄蛾的羽化情况。96h 内发蛾 80% 为发蛾齐涌；96h 以后发蛾 80% 为发蛾不齐。

16. 交尾性能　随机抽取 10 个单蛾区的茧，常规暖茧加温，观察其羽化后雌雄蛾相遇时的交尾速度及开对情况。30min 以内交尾者为良好，60min 以后交尾者为难交，介于二者之间的为一般。

17. 产卵速度　在温度 20℃，湿度 75%～85% 条件下，随机调查 10 个雌蛾的平均产卵速度，12h 产出卵率 80% 的为快，24h 以后产出卵率 80% 的为慢。

18. 克卵数　在室温 20℃、相对湿度 75%～85% 条件下，按常规法随机抽取 10 只蛾调查单蛾产卵数、产卵量，计算 1g 产出卵的平均卵粒数。精确到 1 粒 /g。

19. 单蛾产卵数　在室温 20～22℃ 条件下，单蛾袋中产卵 48h 后，常规法保护 2～3d，再随机抽取 10 只蛾调查单蛾产卵数，求其平均数。精确到 1 粒。

20. 实用孵化率　随机调查 10 只种蛾的单蛾产卵数后正常单蛾收蚁，第 3 日晨将各蛾区的卵袋扎口收回继续任其孵化，5d 后分别调查迟出蚁蚕数和逐粒解剖未孵化卵鉴别记录不受精卵数、死胚卵数，计算平均实用孵化率 [（单蛾产卵数 - 不受精卵数 - 死胚卵数 - 迟出蚁蚕数）/（单蛾产卵数 - 不受精卵数）×100%]。精确到 0.01%。

21. 受精率　以第 20 条中的记录数据计算受精率 [（单蛾产卵数 - 不受精卵数）/ 单蛾产卵数 ×100%]。精确到 0.01%。

22. 收蚁结茧率　随机抽取调查 10 个单蛾区的平均收茧数占平均实用收蚁蚕头数的百分率。精确到 0.01%。

23. 优茧率　随机抽取调查 10 个单蛾区的平均优茧数占平均总收茧数的百分率。精确到 0.01%。

24. 千粒茧重　化蛹 7d 后，随机从 5 个区中各取 100 粒（不足者全取）优茧，分别称取总重量，计算平均千粒茧重。精确到 0.01kg。

25. 千克卵产茧量　化蛹 7d 后，随机分别称量 10 个区的收茧总重量，计算平均千克卵产茧量（平均区收茧重量 / 平均区投种量）。精确到 0.01kg。

26. 其他　填写资源或性状需要特殊说明的内容，若没有则填"无"。

27. 以上内容对应表 5-20-3。

(四) 柞蚕遗传资源影像材料

1. 背景与像素　蚕期照片背景为实际养蚕场景，其他照片背景为蓝色；像素 800 万以上，水平方向置 1 标尺。实物垂直投影边缘与标尺最近距离约 2cm。垂直拍摄，照片长宽比为 4：3，大小不低于 2MB，参见图 5-20-1。

2. 蚕卵照片　拍摄 1 个单蛾产出卵呈圆形排列的照片。

3. 5 龄幼虫照片　拍摄 1 条 5 龄盛食期蚕的全身特写。

4. 蚕茧照片　拍摄 2 只雌茧 3 只雄茧排列成呈"五星状"的照片，雌雄茧间隔分开（雄上雌下），茧蒂（长 1cm）朝外均匀排列。

5. 蚕蛹照片　拍摄 2 只雌蛹 3 只雄蛹排列成呈"五星状"的照片，雌雄蛹间隔分开（雄上雌下），蛹尾朝外均匀排列。

6. 雌蛾照片　拍摄 1 只雌蛾背部充分展翅的照片（尾部朝向标尺）。

7. 雄蛾照片　拍摄 1 只雄蛾背部充分展翅的照片（尾部朝向标尺）。

8. 视频资料要能反映品种所处的自然生态环境、群体概貌、品种特征、饲养方式等。主要拍摄时期在制种期和野外放养期。

视频格式：每个视频时长不超过 5min，尽量在 3min 以内（大小不超过 80MB）。视频格式应为 MP4 格式。

9. 以上内容对应表 5-20-4。

蚕卵

幼虫

蚕茧

蚕蛹

♀蚕蛾

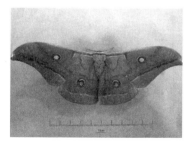

♂蚕蛾

图 5-20-1　柞蚕影像材料示例

附件 5-20-1

A. 柞蚕种质资源对柞蚕核型多角体病毒（ApNPV）的抗性鉴定

A.1 范围
本附录适用于柞蚕种质资源对 ApNPV 的抗性鉴定。

A.2 仪器设备
显微镜，旋涡混合器，离心机，血细胞计数板。

A.3 鉴定步骤

A.3.1 接种液制备
用微量注射器将鲜纯的 ApNPV 的游离态病毒注入健蛹体内后，置于 25℃恒温条件下培养，待蛹体组织细胞溃烂破裂时，镜检选择无杂菌污染的体液研磨过滤，再加无菌水以 3 000r/min 反复离心，去游离态病毒与杂物，配制成浓度为（1～3）×10^9 P/mL 多角体新毒悬浊液，置 4℃冰箱保存备用。添毒前按 10 倍系列稀释成 10^8、10^7、10^6、10^5、10^4 5 种分别装入三角瓶待用。

A.3.2 接种与饲养方法
取鉴定种质材料及对照青 6 号的无毒样卵各 6 份（1.5g/ 份），于孵化前 1d，将其中 5 份分别放入 5 种浓度病毒液中，另 1 份放入无菌水（处理对照）中，浸泡 2min 后取出，分别装入无菌袋中。蚁蚕孵出后，鉴定种质与青 6 号的不同浓度处理及对照分别取 15 头蚕收蚁于罐头瓶中，重复 3 次，次日选食叶健康蚕定头（10 头）。每日喂叶 1 次，同时除沙，调查感染 ApNPV 而发病蚕数至 2 眠起结束。饲养温度 25～26℃，相对湿度 70%～75%。

A.4 计算方法
按 Reed-Muench 法计算 LC_{50}，公式（A.1）为：
$$LC_{50}=Antilg\ (A+B \cdot C) \tag{A.1}$$

式中：

LC_{50}——半致死浓度，单位为每毫升病毒数（p/mL）；

$Antilg$——反对数；

A——死亡率高于 50% 的稀释度的对数；

B——稀释因子的对数；

C——比距（高于 50% 的死亡率 － 50%）/（高于 50% 的死亡率 － 低于 50% 的死亡率）。

A.5 评价标准
以鉴定种质材料的 LC_{50} 较对照的倍数（x）来评价其对 ApNPV 抗性。评价标准见下表。

柞蚕种质资源对 *Ap*NPV 抗性鉴定评价标准

抗病倍数（x）	抗病级别
$x \geqslant 3$	抗
$1 \leqslant x < 3$	中抗
$x < 1$	感

B. 柞蚕种质资源对柞蚕链球菌（*Streptococcus pernyi* sp. *nov.*）的抗性鉴定

B.1 范围

柞蚕种质资源对柞蚕链球菌的抗性鉴定。

B.2 仪器设备

显微镜，旋涡混合器，离心机，血细胞计数板。

B.3 鉴定步骤

B.3.1 菌悬液制备

将斜面培养的柞蚕链球菌以无菌水稀释、匀浆后，血球计数板计数。配制成浓度为（5～8）×10^8 P/mL 新毒悬浊液，置4℃冰箱保存备用。添毒前按2倍系列稀释成 2^{-1}、2^{-2}、2^{-3}、2^{-4}、2^{-5} 5 种分别装入三角瓶待用。

B.3.2 接种与饲养方法

将鉴定种质材料及对照青6号的无毒样卵各6份（1.5g/份）分别装入无菌袋中，待蚁蚕孵出当日晨，将5种浓度的菌悬液分别均匀地涂于柞叶叶面，阴干后分别收蚁，对照区以无菌水涂叶喂蚕。不同浓度处理分别取15头蚕收蚁于罐头瓶中，重复3次，48h后选食叶健康蚕定头（10头）并换鲜叶饲养。每日喂叶1次，同时除沙，调查感染柞蚕链球菌而发病蚕数至2眠起结束。饲养温度25～26℃，相对湿度70%～75%。

B.4 计算方法

同附件 5–20–1 A.4。

B.5 评价方法

以鉴定种质材料的 LC_{50} 较对照的倍数（x）来评价其对柞蚕链球菌的抗性。评价标准见下表。

柞蚕种质资源对柞蚕链球菌的抗性评价标准

抗病倍数（x）	抗病级别
$x \geqslant 2$	抗
$1 \leqslant x < 2$	中抗
$x < 1$	感

表 5-20-1 柞蚕遗传资源概况表

省级普查机构：_____

品种名称		其他名称	
品种类型	□地方品种　□培育品种　□引入品种		
经济类型	□特殊资源型； □实用型：□普通实用型　□多丝型　□抗病（逆）型　□异色茧型 　　　　　□高饲料效率型□早熟型　□大型茧型		
品种来源及 形成历史			
保存单位			
血　统	□青黄蚕　□黄蚕　□蓝蚕　□白蚕		
化　性	□一化性　□二化性		
眠　性	□四眠　□其他：_____		
适应生态区	□无　□二化性蚕区　□一化性蚕区　□二化一放蚕区　□其他：_____		
适宜饲养季节	□春季　　□夏秋季　　□秋季　　□春秋兼用		
中心饲养区	□黑龙江省　□内蒙古自治区　□吉林省　□辽宁省　□山东省 □河南省　□湖北省　□四川省　□贵州省　□其他：_____		
资源评价	遗传特点：□特殊幼虫体色　□特殊成虫斑纹　□白色茧　□致死突变 　　　　　□隐性遗传　□其他：_____ 优异特性：□大型茧　□高饲料效率　□多丝量　□高产　□优质 　　　　　□抗病　□抗逆　□早熟　□其他：_____ 开发利用的方向：□生产实用　□育种素材　□优质基因　□基因功能解析		
开发利用情况	饲养范围：□无　□1个省份　□2个省份　□3个省份以上 组配的杂交种数量：□无　□1对　□2对　□3对以上		

注：此表由该品种分布地的省级普查机构组织有关专家填写。蓖麻蚕、天蚕、栗蚕、琥珀蚕及其他野蚕资源参照柞蚕统计。

填表人（签字）：_____　电话：_____　日期：_____年___月___日

表 5-20-2 柞蚕体型外貌登记表

保存单位：_____ 联系人：_____ 联系方式：_____ 品种名称：_____

卵色	□白色 □浅褐色 □深褐色			
蚁蚕体色	□红色 □红褐色 □黑色 □其他：____			
壮蚕体背色	□白色 □淡黄色 □黄色 □淡绿色 □绿色 □青绿色 □蓝色 □红色			
壮蚕体侧色	□白色 □淡黄色 □黄色 □淡绿色 □绿色 □青绿色 □蓝色 □红色			
壮蚕气门上线色	□乳白色 □淡黄色 □黄色 □淡棕色			
茧　形	□椭圆 □长椭圆 □短椭圆 □球形 □其他：____			
茧　色	□白色 □淡黄色 □淡褐色 □赤褐色			
茧长（mm）		茧幅（mm）		
蛹体色	□黄色 □黄褐色 □黑褐色 □黑色			
雌蛾体色	□白色 □浅棕色 □棕黄色 □棕绿色 □棕褐色 □黑色	雄蛾体色	□白色 □浅棕色 □棕黄色 □棕绿色 □棕褐色 □黑色	
雌蛾体长（mm）		雄蛾体长（mm）		
雌蛾体幅（mm）		雄蛾体幅（mm）		
雌蛾翅展（mm）		雄蛾翅展（mm）		
蛾翅形态	□正常 □短翅 □裂翅 □皱翅 □其他：_____			

注：该表为群体实测表，由承担测定任务的保存单位和有关专家填写。每个调查项目在对应的
"□"内画"√"，或填写数据。

填表人（签字）：_____ 电话：_____ 日期：____年___月___日

表 5-20-3　柞蚕生产性能登记表

保存单位：_____　联系人：_____　联系方式：_____　品种名称：_____

发育性状					
卵期孵化积温（℃）		五龄经过（日：时）		全龄经过（日：时）	
蛹期羽化积温（℃）		雌蛾寿命（日：时）		雄蛾寿命（日：时）	
食　性	□强		□中	□弱	
眠起整齐度	□齐		□较齐	□不齐	
营茧整齐度	□齐		□较齐	□不齐	
其他					

茧质、缫丝性能					
全茧量（g）		茧层量（g）		茧层率（%）	
茧丝长（m）		解舒率（%）		回收率（%）	
鲜茧出丝率（%）		茧丝纤度（dtex）			
其他					

繁育性能					
羽化习性	□雌雄同步	□雌先	□雄先	□发蛾齐涌	□发蛾不齐
交尾性能	□良好	□一般	□难交	□易开对	□不易开对
产卵速度	□快	□慢			
克卵数（粒/g）		单蛾产卵数（粒）		受精率（%）	
实用孵化率（%）		死笼率（%）		收蚁结茧率（%）	
千粒茧重（kg）		优茧率（%）		千克卵产茧量（kg）	
其他					

注：该表为群体实测表，由承担测定任务的保存单位和有关专家填写。每个调查项目在对应的"□"内画"√"，或填写数据。

填表人（签字）：_____　电话：_____　日期：____年__月__日

表 5-20-4 柞蚕遗传资源影像材料

场名：_____　　联系人：_____　　联系方式：_____

品种名称：	
蚕卵照片	5 龄幼虫照片
蚕茧照片	蚕蛹照片
雌蛾照片	雄蛾照片
视频资料 1	视频资料 2

拍照人（签字）：_____　　电话：_____　　日期：_____年____月____日

第六部分

附　录

●●● 附 录 1 ●●●

《国家畜禽遗传资源品种名录（2021 年版）》统计表

附表 1-1 地方品种

序号	省份	数量	畜禽遗传资源名称
1	北京	3	五指山猪、北京油鸡、北京鸭
2	河北	15	冀南牛、太行牛、深县猪、小尾寒羊、大尾寒羊、湖羊、德州驴、太行鸡、坝上长尾鸡、北京鸭、乌苏里貉、承德无角山羊、太行山羊、阳原驴、太行驴
3	山西	11	马身猪、晋南牛、平陆山地牛、太行山羊、晋中绵羊、广灵大尾羊、吕梁黑山羊、广灵驴、晋南驴、临县驴、边鸡
4	内蒙古	24	河套大耳猪、香猪、蒙古牛、内蒙古绒山羊、湖羊、苏尼特羊、乌珠穆沁羊、乌冉克羊、乌珠穆沁羊、沁白山羊、蒙古马、阿巴嘎黑马、鄂伦春马、锡尼河马、德州河马、呼伦贝尔羊、蒙古羊、呼伦贝尔马、阿拉善双峰驼、库伦驴、苏尼特双峰驼、边鸡、敖鲁古雅驯鹿、东北马鹿
5	辽宁	7	民猪、复州牛、辽宁绒山羊、大骨鸡、乌苏里貉、豁眼鹅、东北马鹿
6	吉林	5	延边牛、吉林梅花鹿、东北马鹿、中国山鸡、乌苏里貉
7	黑龙江	7	民猪、鄂伦春马、林甸鸡、籽鹅、乌苏里貉、东北马鹿、敖鲁古雅驯鹿
8	上海	8	梅山猪、浦东白猪、沙乌头猪、枫泾猪、浦东鸡、长江三角洲白山羊、湖羊、上海水牛
9	江苏	27	二花脸猪、梅山猪、米猪、沙乌头猪、姜曲海猪、淮猪（淮北猪）、淮猪（山猪）、淮猪（灶猪）、枫泾猪、东串猪、海子水牛、盱眙山区水牛、徐州牛、长江三角洲白山羊、湖羊、黄淮山羊、苏北毛驴、狼山鸡、鹿苑鸡、如皋黄鸡、太湖鸡、高邮鸭、润州凤头白鸭、娄门鸭、太湖鹅、太湖点子鸽

（续）

序号	省份	数量	畜禽遗传资源名称
10	浙江	24	金华猪、嘉兴黑猪、岔路花猪、碧湖猪、嵊县花猪、兰溪花猪、仙居花猪、舟山花猪、温岭高峰牛、温州水牛、舟山牛、湖羊、长江三角洲白山羊、小尾寒羊、白耳黄鸡、仙居鸡、萧山鸡、江山乌骨鸡、灵昆鸡、绍兴鸭、绍兴麻鸭、浙东白鹅、太湖鹅、永康灰鹅、巢湖灰鸡、中国山鸡
11	安徽	25	安庆六白猪、淮猪（定远猪）、淮猪（皖北猪）、皖南黑猪、圩猪、大别山牛、皖南花猪、皖东牛、东流水牛、江淮水牛、小尾寒羊、黄淮山羊、淮北灰驴、淮南麻鸡、皖北斗鸡、皖南三黄鸡、黄山黑鸡、五华三黄鸡、天长三黄鸡、皖西白鹅、雁鹅、枞阳媒鸭、皖西黑鸡、巢湖鸭、中国番鸭
12	福建	29	莆田猪、槐猪、闽北花猪、武夷黑猪、福安水牛、官庄花猪、福清山羊、戴云山羊、晋江马、福建黄兔、闽西南黑兔、闽西山羊、河田鸡、闽清毛脚鸡、德化黑鸡、金湖乌凤鸡、闽东斗鸡、漳州斗鸡、闽南火鸡、象洞鸡、丝羽乌骨鸡、莆田黑鸭、连城白鸭、龙岩山麻鸭、中国番鸭（福建番鸭）、金定鸭、长乐灰鹅、闽北白鹅、莲花白鹅
13	江西	31	乐平猪、华中两头乌（赣西两头乌）、赣中南花猪、杭猪、滨湖黑猪、里岔黑猪、藏猪（西藏藏猪）、王江猪、锦江牛、吉安牛、广丰牛、鄱阳湖水牛、峡江水牛、信丰山地牛、赣西山羊、广丰山羊、万载兔、白耳黄鸡、崇仁麻鸡、宁都黄鸡、丝羽乌骨鸡、东乡绿壳蛋鸡、安义瓦灰鸡、吉安红毛鸭、余干乌骨鸡、康乐鸡、大余麻鸭、兴国灰鹅、广丰白翎鹅、丰城灰鹅、广西白翎鹅
14	山东	33	莱芜黑猪、里岔黑猪、大蒲莲猪、五莲黑猪、烟台黑猪、沂蒙黑猪、枣庄黑盖猪、沂蒙山羊、五连山羊、牙山白山羊、牙山黑山羊、汶上芦花鸡、济宁青山羊、鲁北白山羊、渤海黑牛、鲁西牛、鲁中山地绵羊、莱芜黑山羊、大尾寒羊、鲁西黑头羊、小尾寒羊、泗水裘皮羊、蒙山羊、德州驴、济宁青、琅琊鸡、寿光鸡、济南斗鸡、微山麻鸭、文登黑鸭、马踏湖鹅、百子鹅、莱芜黑兔、豁眼鹅
15	河南	22	淮猪（淮猪）、确山黑猪、南阳黑猪、南阳猪、太行裘皮羊、小尾寒羊、大尾寒羊、郏县红牛、信阳水牛、伏牛白山羊、尧山白山羊、大行山羊、黄淮山羊、豫西脂尾羊、泌阳驴、长垣驴、郾城猪、固始鸡、正阳三黄鸡、浙川乌骨鸡、河南斗鸡、淮南麻鸭、卢氏鸡
16	湖北	28	华中两头乌猪（通城猪）、华中两头乌猪、清平猪、湖川山地猪（监利猪）、恩施黑猪、阳新猪、大别山地猪（恩施黑猪）、阳新猪、巴山牛、巫山牛、恩施山地牛、江汉水牛、利川马、夷陵牛、枣北牛、宜昌白山羊、马头山羊、麻城黑山羊、洪山鸡、双莲鸡、景阳鸡、郧阳白羽乌鸡、郧阳大鸡、麻城绿壳蛋鸡、恩施麻鸭、荆门黑羽绿壳蛋鸡、荆江麻鸭、中国番鸭（阳新番鸭）

（续）

序号	省份	数量	畜禽遗传资源名称
17	湖南	23	宁乡猪、大围子猪、湘西黑猪、华中两头乌猪（沙子岭猪）、湘东黑山羊、黔邵花猪（东山猪）、华中两头乌猪、马头山羊、九疑山兔、巫陵水牛、滨湖水牛、黎平牛、吉安牛、湘潮黑鹅、溆浦鹅、酃县白鹅、武冈铜鹅、道州灰鹅、临武鸭、黄郎鸡、东安鸡、桃源鸡、雪峰乌骨鸡
18	广东	17	大花白猪、蓝塘猪、两广小花猪（广东小耳花猪）、粤东黑猪、雷州山羊、怀乡鸡、杏花鸡、中山沙栏鸡、阳山鸡、狮头鹅、乌鬃鹅、惠阳胡须鸡、清远麻鸡、马冈鹅、阳江鹅、石岐鸽
19	广西	30	香猪（环江香猪）、巴马香猪、两广小花猪（陆川猪）、华中两头乌猪（东山猪）、隆林猪、德保猪、桂中花猪、西林水牛、富钟水牛、涠洲牛、南丹牛、黎平牛、隆林山羊、都安山羊、龙胜凤鸡、广西三黄鸡、霞烟鸡、瑶鸡、广西麻鸡、靖西大麻鸭、广西小麻鸭、龙胜翠鸭、融水香鸭、台江鹅、狮头鹅、天峨六画山鸡、阳江鹅、石岐鸽
20	海南	9	五指山猪、海南猪、两广小花猪（墚头猪）、雷琼牛、兴隆水牛、雷州山羊、文昌鸡、中国番鸭（嘉积鸭）、定安鹅
21	重庆	14	荣昌猪、湖川山地猪（盆周山地猪）、合川黑猪、罗盘山猪、渠溪猪、涪陵水牛、巴山牛、川南山地牛、酉州乌羊、大足黑山羊、川东白山羊、板角山羊、坡口山地牛、大宁河鸡、麻旺鸭、川南山地牛、川南白鹅、四川白鹅
22	四川	54	内江猪、藏猪（四川藏猪）、成华猪、雅南猪、湖川山地猪、川南山地牛、丫杈猪、荣昌猪、乌金猪（凉山猪）、九龙牦牛、三江牛、峨边花牛、巴山牛、平武牛、德昌水牛、麦洼牦牛、川中黑山羊、甘孜藏牛、凉山牛、木里牦牛、昌台牦牛、宜宾水牛、西藏羊、西藏山羊、成都麻羊、古蔺马、川南黑山羊、建昌马、金川牦牛、北川白山羊、建昌黑山羊、板角山羊、山羊、白玉黑山羊、欧拉羊、甘孜羊、河曲马、川驴、四川白兔、藏鸡、建昌鸭、彭县黄鸡、米易黄鸡、石棉草科鸡、四川山地乌骨鸡、峨眉黑鸡、沪宁鸡、凉山崖鹰鸡、旧院黑鸡、金阳丝毛鸡、四川白鹅、四川麻鸭、钢鹅、建昌鸭、四川白鹅
23	贵州	32	香猪、乌金猪（柯乐猪）、关岭猪、白洗猪、黔东花猪、江口萝卜猪、黔北黑猪、务川黑牛、关岭牛、威宁牛、黎平牛、贵州水牛、贵州白山羊、黔北麻羊、贵州山羊、威宁绵羊、竹乡鸡、贵州绿壳蛋鸡、矮脚鸡、高脚鸡、黔东南小香鸡、乌蒙乌骨鸡、三穗鸡、三穗鸭、贵州长顺绿壳蛋鸡、贵州马、兴义鸭、中国番鸭、平坝灰鹅、天柱番鸭、织金白鹅、瑶鸡

（续）

序号	省份	数量	畜禽遗传资源名称
24	云南	64	滇南小耳猪、乌金猪（大河猪）、撒坝猪、藏猪（迪庆藏猪）、明光小耳猪、丽江猪、保山猪、高黎贡山猪、乌金猪（昭通猪）、独龙牛、槟榔江水牛、迪庆牛、滇中牛、文山牛、中甸牦牛、德宏高峰牛、云南高峰牛、昭通牛、盐津水牛、龙陵黄山羊、圭山山羊、云岭山羊、马关无角山羊、弥勒红骨山羊、宁蒗黑头山羊、威信白山羊、凤庆无角黑山羊、罗平无角黑山羊、昭通绵羊、迪庆绵羊、腾冲绵羊、石屏青绵羊、兰坪乌骨绵羊、宁蒗黑绵羊、乌蒙马、永宁马、中甸马、云南驴、腾冲马、大理马、云南马、文山马、盐津乌骨鸡、独龙鸡、兰坪绒毛鸡、腾冲雪鸡、无量山乌骨鸡、腾冲长毛鸡、大围山微型鸡、云龙矮脚鸡、武定鸡、茶花鸡、瓢鸡、尼西鸡、西双版纳斗鸡、云南花兔、他留乌骨鸡、宁蒗高原鸡、云南麻鸭、建水黄褐鸭、云南鹌鹑、中国番鸭（文山番鸭）
25	西藏	15	藏猪（西藏藏猪）、阿沛甲咂牛、日喀则驼咂牛、西藏牛、樟木牛、帕里牦牛、斯布牦牛、娘亚牦牛、类乌齐牦牛、西藏高山牦牛、西藏山羊、西藏绵羊、西藏驴、西藏鸡、藏鸡
26	陕西	16	汉江黑猪、八眉猪、秦川牛、陕南水牛、巴山牛、汉中绵羊、同羊、宁强马、关中驴、佳米驴、陕北毛驴、略阳鸡、太白鸡、汉中麻鸭、子午岭黑山羊、陕南白山羊
27	甘肃	17	八眉猪、藏猪（合作猪）、甘南牦牛、天祝白牦牛、秦川牛、早胜牛、欧拉羊、西藏羊、滩羊、兰州大尾羊、岷县黑裘皮羊、河西绒山羊、子午岭黑山羊、庆阳驴、凉州驴、岔口驿马、河曲马、静宁鸡、静原鸡
28	青海	20	八眉猪、青海高原牦牛、环湖牦牛、雪多牦牛、玉树牦牛、柴达木牛、欧拉羊、西藏羊、小尾寒羊、蒙古羊、贵德黑裘皮羊、扎什加羊、柴达木山羊、中卫山羊、大通马、玉树马、河曲马、青海毛驴、青海骆驼、柴达木双峰驼、海东鸡
29	宁夏	5	八眉猪、滩羊、中卫山羊、西吉驴、静原鸡
30	新疆	34	哈萨克牛、蒙古牛、阿勒泰白头牛、巴州牦牛、巴里坤牛、多浪羊、和田羊、巴音布克羊、巴什拜羊、阿勒泰羊、柯尔克孜羊、塔什库尔干羊、吐鲁番黑羊、叶城羊、巴尔楚克羊、哈萨克羊、新疆细毛羊、罗布羊、策勒黑羊、哈萨克克孜勒羊、新疆山羊、和田青驴、吐鲁番驴、岳普湖驴、新疆驴、新疆和田驴、新疆塔里木双峰驼、新疆准噶尔双峰驼、拜城油鸡、拜城斗鸡、和田黑鸡、吐鲁番斗鸡、伊犁鹅、塔里木鸽、焉耆马、巴里坤马、哈萨克马、柯尔克孜马、伊犁马、塔里木马、于田麻鸭

注：各地应重点对本表列出的地方品种进行普查测定，在此基础上根据当地畜禽遗传资源实有情况，组织开展普查测定。

附表 1－2　培育品种及配套系

畜种	序号	名称	培育单位	主要分布区域
猪	1	新淮猪	江苏省农业科学院、南京农学院(今南京农业大学)、江苏省农业厅	江苏等地
	2	上海白猪	上海农业科学院畜牧兽医研究所、上海县(现闵行区)种畜场、宝山县(现宝山区)种畜场	上海等地
	3	北京黑猪	北京市国营农场管理局	全国
	4	伊犁白猪	新疆生产建设兵团农四师	新疆等地
	5	汉中白猪	陕西省汉中地区种猪场	陕西等地
	6	山西白猪	山西农业大学、大同市种猪场、原平种猪场	山西等地
	7	三江白猪	黑龙江省农垦总局绥滨兴隆分局、东北农业大学	黑龙江等地
	8	湖北白猪	湖北省农业科学院、华中农业大学	华中、华北、华南等地
	9	浙江中白猪	浙江省农业科学院畜牧兽医研究所	浙江、江苏、江西、山西等地
	10	苏太猪	江苏省苏州市太湖猪育种中心	江苏等地
	11	南昌白猪	江西省农业厅畜牧兽医局、江西省南昌市畜牧兽医站、江西省新建县畜牧良种场、江西省进贤县畜牧良种场、江西省安义县畜牧良种场、江西省南昌县畜牧良种场、江西省临川市畜牧良种场	江西、广东、福建等地
	12	军牧 1 号白猪	中国人民解放军农牧大学	吉林、黑龙江、内蒙古、江苏等地
	13	大河乌猪	云南省曲靖市畜牧局、云南省曲靖市富源县畜牧局、云南省曲靖市富源县大河猪场	云南等地
	14	鲁莱黑猪	山东省莱芜市畜牧办公室、山东省莱芜市种畜繁育场、莱芜市畜牧兽医技术推广中心、莱芜市畜牧兽医科学研究所	山东、河南、福建、广东等地

（续）

畜种	序号	名称	培育单位	主要分布区域
猪	15	鲁烟白猪	山东省农业科学院畜牧兽医研究所、莱州市畜牧兽医站	山东、辽宁
	16	豫南黑猪	河南省畜禽改良站、河南农业大学、固始县淮南猪原种场	河南等地
	17	滇陆猪	云南省陆良县种猪试验场、云南省畜牧兽医科学院、云南陆良县畜牧兽医局	云南、贵州等地
	18	松辽黑猪	吉林省农业科学院	吉林、辽宁、内蒙古、黑龙江、山西等地
	19	苏淮猪	淮安市淮阴种猪场	江苏等地
	20	湘村黑猪	湘村高科农业股份有限公司	湖南等地
	21	苏姜猪	江苏农牧科技职业学院	江苏等地
	22	晋汾白猪	山西农业大学	山西等地
	23	吉神黑猪	吉林精气神有机农业股份有限公司	吉林等地
	24	苏山猪	江苏省农业科学院	江苏等地
	25	宣和猪	宣威市畜牧兽医局	云南等地
	26	光明猪配套系	深圳光明畜牧合营有限公司	广东等地
	27	深农猪配套系	深圳市农牧实业公司	广东等地
	28	冀合白猪配套系	河北省畜牧兽医研究所、河北农业大学、保定市畜牧水产局、保定市种猪场、固营汉沽农场	河北等地
	29	中育猪配套系	北京养猪育种中心、中国农业大学	北京等地
	30	华农温氏Ⅰ号猪配套系	广东华农温氏畜牧股份有限公司、华南农业大学	广东等地

（续）

畜种	序号	名称	培育单位	主要分布区域
猪	31	滇撒猪配套系	云南农业大学动物科学技术学院、云南省楚雄彝族自治州种猪种鸡场、云南省南华县畜牧兽医站、云南省禄丰县种猪场、云南省牟定县畜牧局、云南省华南华县坝塘猪扩繁场、北京华都种猪繁育有限责任公司	云南等地
	32	鲁农Ⅰ号猪配套系	山东省农业科学院畜牧兽医研究所、莱州市畜牧办公室、山东农业大学、得利斯集团有限责任公司	山东等地
	33	渝荣Ⅰ号猪配套系	重庆市畜牧科学院	重庆等地
	34	天府肉猪	四川铁骑力士牧业科技有限公司	四川等地
	35	龙宝1号猪	广西扬翔股份有限公司	广西等地
	36	川藏黑猪	四川省畜牧科学研究院	四川等地
	37	江泉白猪配套系	山东华盛江泉农牧产业发展有限公司	山东等地
	38	温氏WS501猪配套系	广东温氏食品集团股份有限公司	广东等地
	39	湘沙猪	湘潭市家畜育种站	湖南等地
普通牛	1	中国荷斯坦牛	中国奶牛协会、北京市奶牛协会、上海市奶牛协会、黑龙江奶牛协会等单位	全国
	2	中国西门塔尔牛	中国农业科学院北京畜牧兽医研究所、通辽市家畜繁育指导站等	内蒙古、河北、吉林、新疆等全国大部分地区
	3	三河牛	内蒙古自治区家畜改良站等	内蒙古等地
	4	新疆褐牛	新疆维吾尔自治区畜牧厅、新疆畜牧科学院、新疆自治区畜禽繁育改良总站、乌鲁木齐种牛场、塔城地区种牛场、昭苏种马场、新疆农业大学等	新疆等地

（续）

畜种	序号	名称	培育单位	主要分布区域
普通牛	5	中国草原红牛	吉林省农业科学院畜牧研究所、内蒙古家畜改良站、赤峰市家畜改良站、河北省张家口市畜牧兽医站等	吉林、内蒙古、河北等地
	6	夏南牛	河南省家畜改良站、河南省泌阳县畜牧局	河南等地
	7	延黄牛	延边朝鲜族自治州牧业管理局、延边朝鲜族自治州畜牧开发总公司、延边大学农学院、延边朝鲜族自治州家畜繁育改良工作总站、延边朝鲜族自治州种牛场、吉林省农业科学院、延边朝鲜族自治州农业科学院、吉林大学	吉林等地
	8	辽育白牛	昌图县畜牧技术推广站、黑山县畜牧技术推广站、开原市畜牧技术推广站、凤城市畜牧技术推广站、宽甸县畜牧技术推广站	辽宁等地
	9	蜀宣花牛	四川省畜牧科学研究院、四川省宣汉县畜牧食品局	四川等地
	10	云岭牛	云南省草地动物科学研究院	云南等地
牦牛	1	大通牦牛	中国农业科学院兰州畜牧与兽药研究所、青海省大通种牛场	青海等地
	2	阿什旦牦牛	中国农业科学院兰州畜牧与兽药研究所、青海省大通种牛场	青海等地
绵羊	1	新疆细毛羊	巩乃斯种羊场等	新疆、青海、甘肃、内蒙古、辽宁、吉林、黑龙江等地
	2	东北细毛羊	东北三省农业科研单位、大专院校和辽宁小东种羊场、吉林双辽种羊场、黑龙江银浪种羊场	黑龙江、吉林、辽宁等地
	3	内蒙古细毛羊		内蒙古等地
	4	甘肃高山细毛羊		甘肃等地
	5	敖汉细毛羊		内蒙古等地

（续）

畜种	序号	名称	培育单位	主要分布区域
绵羊	6	中国美利奴羊		新疆、内蒙古、黑龙江、吉林、辽宁等地
	7	中国卡拉库尔羊		新疆、内蒙古等地
	8	云南半细毛羊	云南省畜牧兽医科学研究所、云南省昭通地区畜牧局、云南省昭通地区巧家县农牧局、云南省昭通地区畜牧兽医站	云南等地
	9	新吉细毛羊	新疆畜牧科学院、吉林省农业科学院	新疆、吉林、甘肃、辽宁、黑龙江等地
	10	巴美肉羊	内蒙古自治区巴彦淖尔市畜牧业局	内蒙古等地
	11	彭波半细毛羊	西藏自治区农业科学院畜牧兽医研究所、西藏拉萨市林周县家畜良种繁育推广中心	西藏等地
	12	凉山半细毛羊	凉山彝族自治州畜牧局、四川农业大学、四川省畜牧科学研究院、凉山彝族自治州畜牧兽医科学研究院	四川等地
	13	青海毛肉兼用细毛羊	青海省三角城种羊场等	青海等地
	14	青海高原毛肉兼用半细毛羊		青海等地
	15	鄂尔多斯细毛羊	内蒙古自治区家畜改良工作站、鄂尔多斯市家畜改良工作站等	内蒙古等地
	16	呼伦贝尔细毛羊		内蒙古等地
	17	科尔沁细毛羊		内蒙古等地
	18	乌兰察布细毛羊		内蒙古等地
	19	兴安毛肉兼用细毛羊		内蒙古等地

（续）

畜种	序号	名称	培育单位	主要分布区域
	20	内蒙古半细毛羊		内蒙古等地
	21	陕北细毛羊		陕西等地
	22	昭乌达肉羊	赤峰市农牧业局	内蒙古等地
	23	察哈尔羊	锡林郭勒盟农牧业局	内蒙古等地
	24	苏博美利奴羊	新疆畜牧科学院、新疆农垦科学院、青岛农业大学、吉林省农业科学院、新疆巩乃斯种羊场、新疆西部牧业股份有限公司紫泥泉种羊场、新疆科创畜牧繁育中心、内蒙古自治区赤峰市敖汉种羊场、吉林省前郭县查干花种畜场	新疆、吉林、内蒙古等地
	25	高山美利奴羊	中国农业科学院兰州畜牧与兽药研究所、甘肃省绵羊繁育技术推广站	甘肃等地
	26	象雄半细毛羊	西藏阿里地区良种场、西藏阿里地区农牧局	西藏等地
绵羊	27	鲁西黑头羊	山东省农业科学院畜牧兽医研究所、山东省畜牧总站、中国农业科学院北京畜牧兽医研究所、青岛农业大学、新疆农垦科学院	山东等地
	28	乾华肉用美利奴羊	乾安志华种羊繁育有限公司、吉林农业大学、吉林省松原市畜牧业委员会、吉林省畜牧总站、乾安县农业和畜牧业	吉林等地
	29	戈壁短尾羊	内蒙古蒙顺肉羊种业（集团）有限公司	内蒙古等地
	30	鲁中肉羊	济南市莱芜嬴泰农牧科技有限公司、中国农业科学院北京畜牧兽医研究所、山东省畜牧总站、济南市农业农村局	山东等地
	31	草原短尾羊	呼伦贝尔市畜牧工作站、鄂温克族自治旗畜牧工作站	内蒙古等地
	32	黄淮肉羊	河南牧业经济学院、安徽农业大学、中国农业科学院北京畜牧兽医研究所、凌县鑫森牧业有限公司、河南绿源肉羊发展有限公司	河南、安徽、内蒙古等地

（续）

畜种	序号	名称	培育单位	主要分布区域
山羊	1	关中奶山羊	西北农林科技大学等	陕西等地
	2	崂山奶山羊	青岛市崂山区农牧局、山东农业大学	山东等地
	3	南江黄羊	四川省南江县畜牧局	四川、贵州等地
	4	陕北白绒山羊	陕西省畜牧兽医总站、榆林市畜牧局、延安市畜牧兽医管理局、延安市畜牧兽医研究所等	
	5	文登奶山羊	文登市畜牧兽医技术服务中心	山东等地
	6	柴达木绒山羊	青海省畜牧兽医科学院	青海等地
	7	雅安奶山羊	四川农业大学、雅安市西城区畜牧局	四川等地
	8	罕山白绒山羊		内蒙古等地
	9	晋岚绒山羊	山西省畜牧兽医工作站	山西等地
	10	简州大耳羊	简阳市畜牧食品局、西南民族大学、四川省畜牧科学研究院	四川等地
	11	云上黑山羊	云南省畜牧兽医科学院、石林生龙生态农业有限公司、云南省种羊繁育推广中心、云南立新羊业有限公司、云南祥鸿农牧业有限公司、曲靖市沾益区天茂林牧有限公司、昆明易兴倍畜牧科技有限责任公司	云南等地
	12	疆南绒山羊	阿克苏地区畜牧技术推广中心	新疆等地
马	1	三河马		内蒙古等地
	2	金州马		辽宁等地
	3	铁岭挽马	辽宁省铁岭县铁岭种畜场	辽宁等地
	4	吉林马	吉林省农业科学院	吉林等地

（续）

畜种	序号	名称	培育单位	主要分布区域
马	5	关中马	柳林滩种马场	陕西等地
	6	渤海马	山东省马匹育种协作组	山东等地
	7	山丹马	甘肃中牧山丹马场	甘肃等地
	8	伊吾马		新疆等地
	9	锡林郭勒马		内蒙古等地
	10	科尔沁马		内蒙古等地
	11	张北马		河北等地
	12	新丽江马	丽江市丽江纳西族自治县	云南等地
	13	伊犁马		新疆等地
兔	1	中系安哥拉兔		江苏、浙江、上海等地
	2	浙系长毛兔	嵊州市畜产品有限公司	浙江等地
	3	皖系长毛兔	安徽省农业科学院畜牧兽医研究所	安徽等地
	4	苏系长毛兔	江苏省农业科学院畜牧兽医研究所	江苏等地
	5	西平长毛兔	河南省西平县畜牧局、河南省畜禽良站、河南科技大学	河南等地
	6	吉戎兔	解放军军需大学军事兽医系、四平市种兔场	吉林等地
	7	哈尔滨大白兔	中国农业科学院哈尔滨兽医研究所	黑龙江等地
	8	塞北兔	河北省北方学院动物科技学院	河北等地
	9	豫丰黄兔	河南省清丰县科学技术委员会、河南省农业科学院畜牧兽医研究所	河南等地
	10	川白獭兔	四川省草原科学研究院	四川等地

（续）

畜种	序号	名称	培育单位	主要分布区域
兔	11	康大1号肉兔	青岛康大兔业发展有限公司，山东农业大学	山东等地
	12	康大2号肉兔	青岛康大兔业发展有限公司，山东农业大学	山东等地
	13	康大3号肉兔	青岛康大兔业发展有限公司，山东农业大学	山东等地
	14	蜀兴1号肉兔	四川省畜牧科学研究院	四川等地
鸡	1	新狼山鸡	江苏省家禽科学研究所，华东农业科学院	江苏等地
	2	新浦东鸡	上海农业科学院畜牧兽医研究所	上海等地
	3	新扬州鸡	扬州大学动物科学与技术学院	江苏等地
	4	京海黄鸡	江苏京海禽业集团有限公司，扬州大学，江苏省畜牧总站	江苏等地
	5	雪域白鸡	西藏自治区农牧科学院畜牧兽医研究所	西藏自治区等地
	6	京白939		河北等地
	7	康达尔黄鸡128配套系	深圳康达尔（集团）有限公司家禽育种中心	广东等地
	8	新扬褐壳蛋鸡配套系	上海新杨家禽育种中心、国家禽工程技术研究中心、上海新杨种畜场	上海等地
	9	江村黄鸡JH-2号配套系	广州市江丰实业有限公司	广东等地
	10	江村黄鸡JH-3号配套系	广州市江丰实业有限公司	广东等地
	11	新兴黄鸡Ⅱ号配套系	广东温氏食品集团有限公司	广东等地
	12	新兴矮脚黄鸡配套系	广东温氏食品集团有限公司	广东等地
	13	岭南黄鸡Ⅰ号配套系	广东省农业科学院畜牧研究所	广东等地
	14	岭南黄鸡Ⅱ号配套系	广东省农业科学院畜牧研究所	广东等地

（续）

畜种	序号	名称	培育单位	主要分布区域
鸡	15	京星黄鸡 100 配套系	中国农业科学院北京畜牧兽医研究所、上海市农业科学院畜牧兽医研究所	上海等地
	16	京星黄鸡 102 配套系	中国农业科学院北京畜牧兽医研究所、上海市农业科学院畜牧兽医研究所	上海等地
	17	农大 3 号小型蛋鸡配套系	中国农业大学动物科学技术学院、北京北农大种禽有限责任公司	北京等地
	18	邵伯鸡配套系	江苏省家禽科学研究所、江苏省扬州市畜牧兽医站、江苏省省牧兽医职业技术学院	江苏、湖南等地
	19	鲁禽 1 号麻鸡配套系	山东省农业科学院家禽研究所、山东省畜牧兽医总站、淄博明发种禽有限公司	山东等地
	20	鲁禽 3 号麻鸡配套系	山东省农业科学院家禽研究所、山东省畜牧兽医总站、淄博明发种禽有限公司	山东等地
	21	新兴竹丝鸡 3 号配套系	广东温氏南方家禽育种有限公司	广东等地
	22	新兴麻鸡 4 号配套系	广东温氏南方家禽育种有限公司	广东等地
	23	粤禽皇 2 号鸡配套系	广东粤禽育种有限公司	广东等地
	24	粤禽皇 3 号鸡配套系	广东粤禽育种有限公司	广东等地
	25	京红 1 号蛋鸡配套系	北京市华都峪口禽业有限责任公司、北京华都集团有限责任公司良种基地	北京等地
	26	京粉 1 号蛋鸡配套系	北京市华都峪口禽业有限责任公司、北京华都集团有限责任公司良种基地	北京、黑龙江等地
	27	良凤花鸡配套系	广西南宁市良凤农牧有限公司	广西等地
	28	墟岗黄鸡 1 号配套系	广东省鹤山市墟岗黄畜牧有限公司	广东等地
	29	皖南黄鸡配套系	安徽华大生态农业科技有限公司	安徽等地
	30	皖南青脚鸡配套系	安徽华大生态农业科技有限公司	安徽等地

（续）

畜种	序号	名称	培育单位	主要分布区域
鸡	31	皖江黄鸡配套系	安徽华卫集团禽业有限公司	安徽等地
	32	皖江麻鸡配套系	安徽华卫集团禽业有限公司	安徽等地
	33	雪山鸡配套系	江苏省常州市立华畜禽有限公司	江苏等地
	34	苏禽黄鸡2号配套系	江苏省家禽科学研究所、扬州市翔龙禽业发展有限公司	江苏等地
	35	金陵麻鸡配套系	广西金陵鸡养殖有限公司	广西等地
	36	金陵黄鸡配套系	广西金陵鸡养殖有限公司	广西等地
	37	岭南黄鸡3号配套系	广东智威农业科技股份有限公司、开平金鸡王禽业有限公司、广东智成食品股份有限公司	广东等地
	38	金钱麻鸡1号配套系	广州宏基种禽有限公司	广东等地
	39	南海黄麻鸡1号	佛山市南海种禽有限公司	广东等地
	40	弘香鸡	佛山市南海种禽有限公司	广东等地
	41	新广铁脚麻鸡	佛山市高明区新广农牧有限公司	广东等地
	42	新广黄鸡K996	佛山市高明区新广农牧有限公司	广东等地
	43	大恒699肉鸡配套系	四川大恒家禽育种有限公司	四川等地
	44	新杨白壳蛋鸡配套系	上海家禽育种有限公司、中国农业大学、国家家禽工程技术研究中心	上海等地
	45	新杨绿壳蛋鸡配套系	上海家禽育种有限公司、中国农业大学、国家家禽工程技术研究中心	上海等地
	46	凤翔青脚麻鸡	广西凤翔集团畜禽食品有限公司	广西等地
	47	凤翔乌鸡	广西凤翔集团畜禽食品有限公司	广西等地
	48	五星黄鸡	安徽五星食品股份有限公司、安徽农业大学、中国农业科学院北京畜牧兽医研究所	安徽等地

（续）

畜种	序号	名称	培育单位	主要分布区域
	49	金种麻黄鸡	惠州市金种家禽发展有限公司	江苏等地
	50	振宁黄鸡配套系	宁波市振宁牧业有限公司、宁海县畜牧兽医技术服务中心	浙江等地
	51	潭牛鸡配套系	海南（潭牛）文昌鸡股份有限公司	海南等地
	52	三高青脚黄鸡3号	河南三高农牧股份有限公司	海南等地
	53	京粉2号蛋鸡	北京市华都峪口禽业有限责任公司	北京等地
	54	大午粉1号蛋鸡	河北大午农牧集团禽业有限公司、中国农业大学	河北等地
	55	苏禽绿壳蛋鸡	江苏省家禽科学研究所、扬州市翔龙禽业发展有限公司	江苏等地
	56	天露黄鸡	广东温氏食品集团股份有限公司	广东等地
	57	天露黑鸡	广东温氏食品集团股份有限公司	广东等地
鸡	58	光大梅黄1号肉鸡	浙江光大梅禽业有限公司	浙江等地
	59	粤禽皇5号蛋鸡	广东粤禽育种有限公司、广东粤禽种育有限公司	广东等地
	60	桂凤二号黄鸡	广西春茂农牧集团有限公司、广西壮族自治区畜牧研究所	广西等地
	61	天农麻鸡配套系	广东天农食品有限公司	广东等地
	62	新杨黑羽蛋鸡配套系	上海家禽育种有限公司	上海等地
	63	豫粉1号蛋鸡配套系	河南农业大学、河南三高农牧股份有限公司、河南省畜牧总站	河南等地
	64	温氏青脚麻鸡2号配套系	广东温氏食品集团股份有限公司	广东等地
	65	农大5号小型蛋鸡配套系	北京中农榜样蛋鸡育种有限责任公司、中国农业大学	北京等地
	66	科朗麻黄鸡配套系	台山市科朗现代农业有限公司	广东等地

（续）

畜种	序号	名称	培育单位	主要分布区域
鸡	67	金陵花鸡配套系	广西金陵农牧集团有限公司、广西金陵家禽育种有限公司	广西等地
	68	大午金凤蛋鸡配套系	河北大午农牧集团种禽有限公司	河北等地
	69	京白1号蛋鸡配套系	北京市华都裕口禽业有限责任公司	北京等地
	70	京星黄鸡103配套系	中国农业科学院北京畜牧兽医研究所、北京百年栗园生态农业有限公司	北京等地
	71	栗园油鸡蛋鸡配套系	中国农业科学院北京畜牧兽医研究所、北京百年栗园生态农业有限公司、北京百年栗园油鸡繁育有限公司	北京等地
	72	黎村黄鸡配套系	广西祝氏农牧有限责任公司	广西等地
	73	凤达1号蛋鸡配套系	荣达禽业股份有限公司、安徽农业大学	安徽等地
	74	欣华2号蛋鸡配套系	湖北欣华生态畜禽开发有限公司、华中农业大学	湖北等地
	75	鸿光黑鸡配套系	广西鸿光牧业有限公司	广西等地
	76	参皇鸡1号配套系	广西参皇养殖集团有限公司、广西壮族自治区畜牧研究所	广西等地
	77	鸿光麻鸡配套系	广西鸿光牧业有限公司	广西等地
	78	天府肉鸡配套系	四川农业大学、四川邦禾农业科技有限公司	四川等地
	79	海扬黄鸡配套系	江苏京海禽业集团有限公司、扬州大学、中国农业大学	江苏等地
	80	肉鸡WOD168配套系	北京市华都裕口禽业有限责任公司、中国农业大学	北京等地
	81	京粉6号蛋鸡配套系	北京市华都裕口禽业有限责任公司、中国农业大学	北京等地
	82	金陵黑凤鸡配套系	广西金陵农牧集团有限公司、中国农业科学院北京畜牧兽医研究所	广西等地
	83	大桓799肉鸡	四川大桓家禽育种有限公司	四川等地
	84	神丹6号绿壳蛋鸡	湖北神丹健康食品有限公司、浙江省农业科学院	湖北等地
	85	大午褐蛋鸡	河北大午农牧集团种禽有限公司	河北等地

（续）

畜种	序号	名称	培育单位	主要分布区域
鸭	1	三水白鸭配套系	广东省三水市联科畜禽良种繁育场、北京北农大种禽育有限责任公司	广东、北京等地
	2	仙湖肉鸭配套系	广东省佛山市佛山科学技术学院	广东等地
	3	南口1号北京鸭配套系	北京金星鸭业中心	北京等地
	4	Z型北京鸭配套系	中国农业科学院畜牧研究所	北京等地
	5	苏邮1号蛋鸭	江苏省高邮鸭集团、江苏省家禽科学研究所	江苏等地
	6	国绍1号蛋鸭配套系	诸暨市国伟禽业发展有限公司、浙江省农业科学院	浙江等地
	7	中畜草原白羽肉鸭配套系	中国农业科学院北京畜牧兽医研究所、赤峰振兴鸭业科技育种有限公司	北京、内蒙古等地
	8	中新白羽肉鸭配套系	中国农业科学院北京畜牧兽医研究所、山东省新希望六和集团有限公司	北京、山东等地
	9	神丹2号蛋鸭	湖北神丹健康食品有限公司、浙江省农业科学院	湖北、浙江等地
	10	强英鸭	黄山强英鸭业有限公司、安徽农业大学	安徽等地
鹅	1	扬州鹅	扬州大学	江苏等地
	2	天府肉鹅	四川农业大学	四川等地
	3	江南白鹅配套系	江苏立华牧业股份有限公司	江苏等地
鸽	1	天翔1号肉鸽配套系	深圳市天翔达鸽业股份有限公司	广东、北京、河北、广西等地
	2	苏威1号肉鸽	江苏威特凯鸽业有限公司	江苏等地
鹌鹑	1	神丹1号鹌鹑	湖北省农业科学院畜牧兽医研究所、湖北神丹健康食品有限公司	北京、湖北等地
梅花鹿	1	四平梅花鹿	吉林省四平市种鹿场、中国农业科学院特产研究所	吉林、辽宁、黑龙江等地
	2	敖东梅花鹿	吉林敖东药业股份有限公司、中国农业科学院特产研究所	吉林等地
	3	东丰梅花鹿	吉林省东丰药业股份有限公司、吉林省东丰县鹿业有限公司、吉林省东丰县横道河鹿场吉林省东丰县大阳鹿场、吉林省东丰县小四平鹿场	吉林等地

（续）

畜种	序号	名称	培育单位	主要分布区域
梅花鹿	4	兴凯湖梅花鹿	黑龙江省兴凯湖农场、黑龙江省农垦科学院哈尔滨特产研究所、黑龙江省农垦总局牡丹江分局	黑龙江、吉林等地
	5	双阳梅花鹿	吉林省双阳县国营第三鹿场	吉林、黑龙江、辽宁、山西、陕西、湖南、湖北、江苏、安徽、内蒙古、四川、云南、北京、河南等地
	6	西丰梅花鹿	辽宁省西丰县农垦办公室、辽宁省国营西丰育才鹿场	辽宁、吉林、黑龙江等地
	7	东大梅花鹿	长春市东大鹿业有限公司、中国农业科学院特产研究所、吉林农业大学饲料研究所	吉林等地
马鹿	1	清原马鹿	中国农业科学院特产研究所、辽宁省清原满族自治县参茸场、辽宁省清原满族自治县城郊林场、黑龙江省农垦科学院哈尔滨特产研究所、辽宁省清原满族自治县大孤家林场、辽宁省抚顺市农业科学研究院试验鹿场、辽宁省清原满族自治县科技开发中心	辽宁、吉林、内蒙古、山西、河北等地
	2	伊河马鹿		新疆、甘肃、内蒙古、东北等地
	3	塔河马鹿	新疆建设兵团农二师33团、库尔勒万通鹿业科技责任有限公司	新疆、甘肃、内蒙古、东北等地
雉鸡	1	申鸿七彩雉	上海欣灏珍禽育种有限公司、中国农业科学院特产研究所、上海市动物疫病预防控制中心	上海等地
	2	左家雉鸡	中国农业科学院特产研究所	西藏以外
番鸭	1	温氏白羽番鸭1号	温氏食品集团股份有限公司、华南农业大学、广东温氏南方家禽育种有限公司	广东等地

（续）

畜种	序号	名称	培育单位	主要分布区域
貂	1	吉林白水貂	中国农业科学院特产研究所	吉林、辽宁、山东、河北、内蒙古、黑龙江等地
	2	金州黑色十字水貂	辽宁省畜产进出口公司金州水貂场、辽宁大学	辽宁等地
	3	山东黑褐色标准水貂	烟台水貂育种场	山东、河北、江苏、河南、天津等地
	4	东北黑褐色标准水貂	黑龙江省横道河子野生养殖场、辽宁省东北水貂场、黑龙江省大康野生饲养场、黑龙江省密山市野生饲养场	黑龙江、吉林、辽宁、山东、河北、山西、内蒙古等地
	5	米黄色水貂	中国农业科学院特产研究所	吉林、辽宁、河北、黑龙江、山东等地
	6	金州黑色标准水貂	辽宁华曦集团金州珍贵毛皮动物公司	辽宁、山东、河北、黑龙江、山西、内蒙古等地
	7	明华黑色水貂	大连明华经济动物有限公司	辽宁等地
	8	名威银蓝水貂	中国农业科学院特产研究所、大连名威貂业有限公司、中国农业科学院饲料研究所	辽宁等地
貉	1	吉林白貉	中国农业科学院特产研究所	吉林等地

注：表中未列出培育单位的，由该品种主要分布地的省级种业管理部门指定有关单位协助基层开展普查工作。

附表 1-3　引入品种及配套系

序号	畜种	畜禽遗传资源名称
1	猪	大白猪、长白猪、杜洛克猪、皮特兰猪、汉普夏猪、巴克夏猪、斯格猪、皮埃西猪
2	牛	荷斯坦牛、西门塔尔牛、夏洛来牛、利木赞牛、安格斯牛、娟姗牛、德国黄牛、南德文牛、皮埃蒙特牛、短角牛、海福特牛、和牛、比利时蓝牛、瑞士褐牛、挪威红牛、婆罗门牛、摩拉水牛、尼里-拉菲水牛、地中海水牛
3	羊	夏洛来羊、考力代羊、澳洲美利奴羊、德国肉用美利奴羊、萨福克羊、无角陶赛特羊、特克赛尔羊、白萨福克羊、杜泊羊、南非肉用美利奴羊、澳洲白羊、东佛里生羊、南丘羊、波尔山羊、安哥拉山羊、萨能奶山羊、努比亚奶山羊、阿尔卑斯山羊、吐根堡奶山羊
4	马	纯血马、阿哈捷金马、顿河马、卡巴金马、奥尔洛夫快步马、阿拉伯马、新吉尔吉斯马、温血马（荷斯坦马、荷兰温血马、丹麦温血马、汉诺威马、奥登堡马）、塞拉-法兰西马、设特兰马、夸特马、法国速步马、弗里斯兰马、美国标准马、贝尔修伦马、夏尔马
5	兔	德系安哥拉兔、法系安哥拉兔、青紫蓝兔、比利时兔、新西兰兔、加利福尼亚兔、力克斯兔、德国花巨兔、伊拉肉兔、日本大耳白兔、伊普吕肉兔、齐卡肉兔、伊拉乐肉兔
6	鸡	隐性白羽鸡、矮小黄鸡、来航鸡、青岛红鸡、洛岛红鸡、白洛克鸡、贵妃鸡、哥伦比亚洛克鸡、横斑洛克鸡、雪佛蛋鸡、罗曼（罗曼褐、罗曼粉、罗曼灰、罗曼白 LSL）蛋鸡、澳洲黑鸡、巴宝娜蛋鸡、巴布考克 B380 蛋鸡、宝万蛋鸡、迪卡蛋鸡、罗斯蛋鸡、罗曼尼亚蛋鸡、尼克蛋鸡、伊莎（伊莎褐、伊莎粉）蛋鸡、海兰（海兰 W36、海兰 W80、海兰白 W36、海兰银鸟）蛋鸡、海赛克斯蛋鸡、爱拔益加、安卡、迪高肉鸡、哈伯德、金慧星、红宝肉鸡、罗斯（罗斯 308、罗斯 708）肉鸡、明星肉鸡、尼克肉鸡、皮尔奇肉鸡、海波罗、海佩克、罗曼肉鸡、科宝 500 肉鸡、印第安河肉鸡、诺珍褐蛋鸡、萨索肉鸡
7	鸭	咔叽·康贝尔鸭、奥白星鸭、狄高鸭、枫叶鸭、海加德鸭、南特鸭、丽佳鸭、匈牙利樱桃鸭、樱桃谷鸭
8	鹅	莱茵鹅、朗德鹅、罗曼鹅、匈牙利利灰鹅、霍尔多巴吉鹅
9	鸽	美国王鸽、卡奴鸽、银王鸽、欧洲肉鸽
10	鹌鹑	朝鲜鹌鹑、迪法克 FM 系肉用鹌鹑
11	特种畜禽	新西兰赤鹿、羊驼、尼古拉斯火鸡、青铜火鸡、BUT 火鸡、贝蒂纳火鸡、珍珠鸡、美国七彩山鸡、鸸鹋、番鸭、绿头鸭、非洲黑鸵鸟、蓝颈鸵鸟、红颈鸵鸟、鹧鸪、银蓝色水貂、短毛黑色水貂、北美赤狐、银黑狐、北极狐、克里莫番鸭

●●● 附 录 2 ●●●
蜂遗传资源统计表

	序号	品种名称	中心产区、分布或培育品种的培育单位
地方品种	1	北方中蜂	山东、山西、河北、河南、陕西、宁夏、北京、天津、四川等
	2	华南中蜂	广东、广西、福建、浙江、台湾、安徽、云南等
	3	华中中蜂	湖南、湖北、安徽、江西、江苏、浙江、贵州、广东、广西、重庆、四川等
	4	云贵高原中蜂	贵州、云南和四川等
	5	长白山中蜂	吉林、辽宁等
	6	海南中蜂	海南等
	7	阿坝中蜂	四川、青海、甘肃等
	8	滇南中蜂	云南等
	9	西藏中蜂	西藏、云南等
	10	浙江浆蜂	全国
	11	东北黑蜂	黑龙江等
	12	新疆黑蜂	阿尔泰山山脉和天山山脉及伊犁河谷地区等
	13	珲春黑蜂	吉林等
	14	西域黑蜂	新疆等
培育品种	15	喀(阡)黑环系蜜蜂品系	吉林省养蜂科学研究所
	16	浙农大1号意蜂品系	原浙江农业大学

（续）

	序号	品种名称	中心产区、分布或培育品种的培育单位
培育 品种	17	白山 5 号蜜蜂配套系	吉林省养蜂科学研究所
	18	国蜂 213 配套系	中国农业科学院蜜蜂研究所
	19	国蜂 414 配套系	中国农业科学院蜜蜂研究所
	20	松丹蜜蜂配套系	吉林省养蜂科学研究所
	21	晋蜂 3 号配套系	山西省晋中种蜂场
	22	中蜜一号蜜蜂配套系	中国农业科学院蜜蜂研究所
引入 品种	23	意大利蜂	全国
	24	美国意大利蜂	除海南省以外的全国各地
	25	澳大利亚意大利蜂	除海南省以外的全国各地
	26	卡尼鄂拉蜂	全国
	27	高加索蜂	全国
	28	安纳托利亚蜂	全国
	29	喀尔巴阡蜂	全国
	30	塞浦路斯蜂	生产中已不存在
其他 蜜蜂 遗传 资源	31	大蜜蜂	云南、广西、海南、台湾等
	32	小蜜蜂	云南和广西等
	33	黑大蜜蜂	喜马拉雅山南麓、西藏及云南横断山脉的怒江、澜沧江、金沙江、红河流域
	34	黑小蜜蜂	云南等
	35	熊蜂	全国
	36	无刺蜂	云南、海南和台湾等
	37	切叶蜂	全国
	38	壁蜂	山东、河北、内蒙古、辽宁、江苏、浙江、陕西、甘肃、北京、安徽、四川和福建等

●●● 附录 3 ●●●
蚕遗传资源统计表

序号	分类	品种类型	资源名称	备注
1	家蚕	地方品种（199）	邯郸种、临城种、山东三眠、农二、农十二、甘肃种、延吉种、太和1、青阳笔丝、玫瑰红茧、铜山24、松花蚕姬、浒关、中二〇（青）、华圆、金光、三五七、三〇四、吴江、邪县3、沛县1、涠洪15、盱眙1、中十一、中二〇（锡）、中二十一（育）、塘栖三眠、二、九〇〇八、C17（诸吴）、珠桂、新沂20、中十四（诸吴）、中六十六、分水1、太湖玉蚕、又乌10、下木村、小石丸、中五十一、大如来、大茧、乌龙三〇〇、文昌阁、太湖玉蚕、白皮龙角蚕、白皮黄茧、石灰、小白圆、大圆头、乌龙、兰溪2、萧山、孝丰17、余杭11、余杭24、龙角（浙）、龙皇堂、宁海20、安吉7、拟子、临安、余杭（杭）、拓蚕（湖）、奉化7、金不换、罗汉头、拱二、辑里丝、新昌12、新昌长、框子、嘉兴诸桂、桂圆、桑蚕（湖）、诸暨、温州种、富圆、华玉（D）、余杭、黑蚕、余杭2、余杭7、黄脚蚕、嵊橙、澄潭、二化性诸桂、大白龙、太湖、玉蚕、绍兴、绍沙、黑蚕、临海20、璀市、黄脚蚕、余杭二化、余夏、青皮、青黄、红卯大茧、朝阳、泥蚕、兰溪10、余杭多化、修水2、汉口、洞阳蚕、德清1、德清2、五眠、攸县种、常德金黄、土白、湖1、二毛、十眠蚕、土一肉黄圆、金黄、浅黄茧、大毛、三月黄、小绿茧、滁浦种、土白、湖204、二毛、红种、米桂、茄子蚕、土七、土八、土土虎斑、草白、歪沟子、中江种、白豚蚕、达县种、灰蚕、棉花团、棉花茧、酥酥蚕、金龟种、金黄（川）、潼川草白、川二十五、巴陵黄、黄圆齐头种、笔尖种、紫花、黔三眠、遵义1、嘉定种、潼川种、潼川草白1、正安1、龙角（N）、正安5、沿河1、琼山海南、容大造、大造、遵义2、大09、大造、解放1、农42、轮月、高花、通笽、301、琼山海南、眠、防1、防3、防4、饮金	依据《中国家蚕品种志》

（续）

序号	分类	品种类型	资源名称	备注
1	家蚕	培育品种（179）	菁松、皓月、苏5、苏6、芙蓉、湘晖、122、226、795、796、秋丰、白玉、苏春、春蕾、镇丰、明珠、75新、871、872、829、827、7910、8214、932、锡昉、东43、8810、8711、荧光、春玉、0223V1、CB391、JN891、898W、丰9、春5、湘A、研7、川山、蜀水、秋丰N、白玉N、苏秀、春丰、锦7、绫14、317、318、蜀绣、渝春、857、平76、C9K、云竹K、秋湘NK、秋白月BK、航诱7、菁松N、皓月N	国家审定（61）
			781、782、734、7532（朝霞）、丰一、54A、129、797、241、798、夏芳、秋白、薪航、白云、华新、晖玉、261、8701、8702、57B、锦6、云蚕8、2065、8535、8536、华明、平30、28、1505、1507、1514、1518、春日、C101、N101、C101、Y101、M中、M日、125M、锦6B、绫4、野A、野B、784、84Y2、黄茧一号、黄茧二号、9801、9802、953、芙53、7543白、湘43白、NC99R、NC9C、NJ7、NJZ、泰圆、1501CK、7522K、1504K、雌29、卵36、ZHG、春54、秋54、574、576、7521、S1A、7522、2064白、野AN、野BN、784J、84Y2J、CN、日10N、野3AN、野3BN、银784N、白84Y2N、金秋、初日、123RA、9404、中广04、洋绿、湖、州、521B、523B、524、526、苏N、明N、S6、S7、S8、S9、秋劳、壮、锦、丽、辉、煌、9805D、J1D	省级审定（118）
		引入品种（60）	中一〇九、日一一二〇、日一一二（A）、日一一二〇、日一二〇（A）、日一五八、钓丝一、钓丝二、乌斯1、巴格达、苏联1、爱子1、爱子2、萨尼斯11、萨尼斯15、萨尼斯22、萨尼斯24、43（新）、47（新）、日本白罗、伟罗A、苏S8、苏罗42、罗尼3、罗尼6、罗尼7、罗尼9、罗本地红、罗束腰黄、317、410、法一〇〇、法一六一、法五〇A、法五口B、罗德斯、匈牙利、波兰七六五、保黄、意十六、欧十二五、欧十六（吴）、欧十九（吴）、欧洲、白皮浅、白眉蚕、白连洲、加木王、滇金黄、清化种、越5、卵1、卵2、平1、平2	依据《中国家蚕品种志》

（续）

序号	分类	品种类型	资源名称	备注
2	柞蚕	地方品种（120）	小杏黄、小白蚕、青黄1号、鲁红、胶蓝、青6号、河41、33、39、小黄皮、101、鲁松、镇青、信阳野柞蚕、豫早1号、125、128、130、133、一化黄、台湾野柞蚕、7108、7182、客岭庄、黄安东、宽青、青皮、扎兰1号、德化5号、柞早1号、四青、三里丝、苦黄一化、白茧1号、华白1号、抗病2号、云白、H8701、102、103、104、6406、78-3、79-4、M、豫早2号、豫5号、741、豫7号、松黄、豫早3号、豫杂1号、豫杂2号、豫杂3号、豫杂4号、青安东（黄安东）、豫短1号、红毛、鲁黄、杏黄、金黄、C66、781、789、651、731、小翘、豫黄（黄安东）、白茧8711、白茧7819、白茧7882、882、克青、川黄、701、74-1、8201、青辽、白茧8344、白茧、白翘、白二化、蓝二化、黑2号、858、B、德化1号、德化6号、8216A、扎兰3号、青迁、多丝3号、多丝4号、多丝78-6、方山黄、海青、辽青、白茧8712、白茧2号（825）、清河1号、双青、水青、扎兰2号、黑号、蛾、青绿	依据《中国柞蚕品种志》
		培育品种（32）	404、405	国家审定（2）
			抗大、选大4号、9906、吉青、吉柞889、特大、辽蚕582、豫大1号、8821、选大1号、永青、龙蚕1号、早418、883、高油1号、龙蚕2号、选大2号、8822、选大3号、吉柞88-2、932、吉黄2号、川柞2号、L7698H、黑蛾2号、青白1号、选大5号、早熟5号、多丝5号	省级审定（30）
		引入品种（2）	64、定州1号	依据《中国柞蚕品种志》

●●● 附表 4 ●●●

全国畜禽遗传资源普查信息登记系列表格

附表 4–1　畜禽和蜂资源普查信息入户登记表

省（自治区、直辖市）＿＿＿＿　市（州、盟）＿＿＿＿　县（区、旗）＿＿＿＿　乡（镇）＿＿＿＿　村＿＿＿＿

普查员（签字）：＿＿＿＿　联系电话：＿＿＿＿　普查日期：＿＿＿＿

有无资源：有□　无□

序号	户主姓名	品种名称	品种类群	群体数量	其中：		饲养方式
					种公畜	能繁母畜	
1		品种 1					畜禽：□散养　□集中饲养 蜂：□定地　□转地
2		品种 2					畜禽：□散养　□集中饲养 蜂：□定地　□转地
3		品种 3					畜禽：□散养　□集中饲养 蜂：□定地　□转地
4		……					

注：1. 本表用于普查人员进村入户调查和登记，不需在系统里填报，纸质表格签字后留存 3 年，以备核查；2. 本次普查实行零报告制度，普查员根据实际情况在有无资源处打"√"；3. 本表用于普查种畜禽、特种畜禽和蜂的普查信息登记；4. 品种名称应与《国家畜禽遗传资源品种名录（2021 年版）》和《中国畜禽遗传资源志》中名称一致，如该品种有在临高猪、屯昌猪、文昌猪四个类群，则在"品种类群"中标注；5. 群体数量均为某一品种纯种的数量，对于猪、羊、牛等畜种，还需填报群体中种公畜和能繁母畜数量，单位为头、只、羽、匹、峰、箱，蜂直接填箱数，不分公母；6. 饲养方式，畜禽选择散养或集中饲养，蜂选定地或转地。

附表4-2　畜禽和蜂资源普查信息登记表

省（自治区、直辖市）_____　市_____　县_____　乡（镇）_____　填报人签字：_____　联系电话：_____　日期：_____

序号	行政村名称	品种名称	品种类群	群体数量	其中：		饲养方式及数量
					种公畜	能繁母畜	
1	村1	品种1					畜禽：□散养_____；□集中饲养_____ 蜂：□定地_____；□转地_____
		品种2					畜禽：□散养_____；□集中饲养_____ 蜂：□定地_____；□转地_____
		……					
2	村2	品种1					畜禽：□散养_____；□集中饲养_____ 蜂：□定地_____；□转地_____
		品种2					畜禽：□散养_____；□集中饲养_____ 蜂：□定地_____；□转地_____
		……					
3	……						……

注：1. 本表按村分品种汇总，需要同时进行系统填报和纸质填写，纸质表格保留3年，以备核查；2. 本表适用于传统畜禽、特种畜禽和蜂的普查信息登记；3. 品种名称应与《国家畜禽遗传资源品种名录（2021年版）》和《中国畜禽遗传资源志》中名称一致，如该品种存在不同类群的，如海南猪有临高猪、屯昌猪、文昌猪和定安猪四个类群，则在"品种类群"中标注；4. 群体数量均为某一品种纯种的数量，对于猪、羊、牛等畜种填报群体中种公畜和能繁母畜的数量，单位为头、只、羽、匹、峰、箱，蜂直接填箱数，不分公母；5. 饲养方式及数量，定地或转地，定地数量或转地数量，蜂选定地或转地，集中饲养数量＋转地数量＝群体数量；畜禽选散养或集中饲养，散养数量＋集中饲养数量＝群体数量。

___省（自治区、直辖市）　　___市　　___县　　填报人签字：___　　联系电话：___　　日期：___

附表4-3　县级畜禽和蜂资源普查信息汇总表

序号	所属目录	品种名称	品种类群	群体数量	其中：种公畜	能繁母畜	县域内分布区域	饲养方式及数量	保种场保护区	保种场保护区级别
1		品种1					＊＊＊乡（镇）＊＊＊村、＊＊＊……；＊＊＊乡（镇）＊＊＊村、＊＊＊……；＊＊＊村、＊＊＊……；……	畜禽：□散养 □集中饲养 □定地 □转地； 蜂：□散养 □集中饲养 □定地 □转地；	□有 □无	□县级 □市级 □省级 □国家级
2		品种2					＊＊＊乡（镇）＊＊＊村、＊＊＊……；＊＊＊乡（镇）＊＊＊村、＊＊＊……；＊＊＊村、＊＊＊……；……	畜禽：□散养 □集中饲养 □定地 □转地； 蜂：□散养 □集中饲养 □定地 □转地；	□有 □无	□县级 □市级 □省级 □国家级
3	……						……			

注：1. 本表适用于传统畜禽、特种畜禽和蜂的普查信息登记；2. 畜禽所属目录从《国家畜禽遗传资源目录》中选择，蜂所属目录从《国家蜂遗传资源目录》中选择，蜂直接填写蜂；3. 群体数量和能繁母畜数量均为某一品种纯种的数量，对于猪、羊、牛等畜种还需填报群体中种公畜和能繁母畜数量，单位为头、只、羽、峰、匹、峰，蜂直接填箱数，不分公母，不分母畜；4. 如某一品种存在不同的类群，如海南猪有临高猪、屯昌猪、文昌猪等不同的类群，则在"品种类群"中标注；5. 饲养方式及数量，畜禽选散养或集中饲养，蜂选定地或转地，散养数量＋集中饲养数量＝群体数量，定地数量＋转地数量＝群体数量；6. 保种场保护区选"无"或"有"，则需在保种场保护区级别里选择相应的级别。

附表 4－4　市级畜禽和蜂资源普查信息汇总表

省（自治区、直辖市）_____　市（州、盟）_____

填报人签字：_____　联系电话：_____　日期：_____

序号	所属目录	品种名称	品种类群	群体数量	其中：种公畜	其中：能繁母畜	市域内分布区域	饲养方式及数量	保种场保护区	保种场保护区级别
1		品种 1					＊＊＊县（区、旗）； ＊＊＊县（区、旗）； ……	畜禽：□散养 □集中饲养 ____； □定地 ____； □转地 ____ ； 蜂：____； 	□有 □无	□县级 □市级 □省级 □国家级
2		品种 2					＊＊＊县（区、旗）； ＊＊＊县（区、旗）； ……	畜禽：□散养 □集中饲养 ____； □定地 ____； □转地 ____ ； 蜂：____； 	□有 □无	□县级 □市级 □省级 □国家级
3		……					……			

注：1. 本表适用于传统畜禽、特种畜禽和蜂的普查信息登记；2. 畜禽所属目录从《国家畜禽遗传资源目录》中选择，蜂所属目录填猜蜂；3. 群体数量均为某一品种纯种的数量，对于猪、羊、牛等畜种还需填报群体中种公畜和种公母畜数量，单位为头、只、羽、峰、匹、箱，蜂直接填箱数，不分公母；4. 如该品种存在不同的类群，如海南猪有临高猪、屯昌猪、文昌猪和定安猪四个类群，则在"品种类群"中标注；5. 饲养方式及数量，蜂选定地或转地，定地或转地、定地数量＋转地数量＝群体数量；6. 保种场保护区选"无"，或"有"，则需在保种场或保护区选择集中饲养或散养数量＋集中饲养＋集中保种场保护区级别里选择相应的级别。

附表 4-5　省级畜禽和蜂资源普查信息汇总表

____省（自治区、直辖市）　　填报人签字：____　　联系电话：____　　日期：____

序号	所属目录	品种名称	品种类群	群体数量	其中：种公畜	其中：能繁母畜	省域内分布区域	饲养方式及数量	保种场保护区	保种场保护区级别
1		品种1					****市***县（区、旗）； **市***县（区、旗）； ……	畜禽：□散养 □集中饲养 □定地 □转地 ____； 蜂：□散养 □集中饲养 □定地 □转地 ____；	□有 □无	□县级 □市级 □省级 □国家级
2		品种2					**市***县（区、旗）； **市***县（区、旗）； ……	畜禽：□散养 □集中饲养 □定地 □转地 ____； 蜂：□散养 □集中饲养 □定地 □转地 ____；	□有 □无	□县级 □市级 □省级 □国家级
3		……								

注：1. 本表适用于传统畜禽、特种畜禽和蜂的普查信息登记；2. 畜禽所属目录从《国家畜禽遗传资源目录》中选择，蜂所属目录填写；3. 群体数量均为该品种纯种的数量，对于猪、羊、牛等畜种还需填报群体中种公畜和能繁母畜数量，单位为头、只、羽、匹、峰、箱，蜂直接填箱数，不分公母；4. 如该品种存在不同的类群，如海南猪有临高猪、屯昌猪、文昌猪和定安猪四个类群，则在"品种类群"中标注；5. 饲养方式及数量，中标注；5. 饲养方式及数量，蜂选定地或转地，畜禽选散养或集中饲养或保种场保护区；6. 保种场保护区选"有"或"无"，选"有"则需在保种场保护区级别里选择相应的级别。

附表 4-6　蚕资源普查信息登记表

省（自治区、直辖市）＿＿＿＿＿＿

填报人签字：＿＿＿＿＿　　联系电话：＿＿＿＿＿　　日期：＿＿＿＿＿

序号	分类	品种名称	保存单位名称	保存地址	备注

注：1. "分类"填写"家蚕（地方品种）、家蚕（培育品种）、家蚕（引入品种）、柞蚕（地方品种）、柞蚕（培育品种）、柞蚕（引入品种）、蓖麻蚕、天蚕、琥珀蚕等"；2. 品种名称填某一分类各自某一分类下的具体品种；3. 品种名称不在《蚕遗传资源统计表》中的品种，须在备注中写明品种依据（《中国家蚕品种志》《中国柞蚕品种志》，国家审定、省级审定、部级进口审批依据）或品种来源［农家收集、野外采集、国外引入、（国内）××单位引入、××单位育成］；4. 有具体保存保存单位的填写保存单位名称和保存地址，无明确保存单位的只填写保存地址，细化到村。

附表4-7 新发现资源信息登记表

省(自治区、直辖市)_____ 县_____ 市_____ 乡(镇)_____ 填报人签字:_____ 联系电话:_____ 日期:_____

序号	资源名称	所属目录	行政村名称	群体数量	其中:		饲养方式	区别于已有资源的特征特性
					种公畜	能繁母畜		
1	新资源1		村1				畜禽:□散养 □定地 □集中饲养 □转地 蜂:□定地 □转地	
			村2				畜禽:□散养 □定地 □集中饲养 □转地 蜂:□定地 □转地	
			……				畜禽:□散养 □定地 □集中饲养 □转地 蜂:□定地 □转地	
2	新资源2		村1				畜禽:□散养 □定地 □集中饲养 □转地 蜂:□定地 □转地	
			村2				畜禽:□散养 □定地 □集中饲养 □转地 蜂:□定地 □转地	
			……				畜禽:□散养 □定地 □集中饲养 □转地 蜂:□定地 □转地	
3	……		村1				畜禽:□散养 □定地 □集中饲养 □转地 蜂:□定地 □转地	
			村2				畜禽:□散养 □定地 □集中饲养 □转地 蜂:□定地 □转地	

注:1.资源名称填写新资源当地的暂定名;2.畜禽所属目录从《国家畜禽遗传资源目录》中选择,蜂所属目录直接填写蜂种;3.群体数量均为某一品种纯种的数量,对于猪、羊、牛等畜种还需填报群体中种公畜和能繁母畜数量,单位为头、只、羽、峰、匹、箱,蜂数填箱数,不分公母;4.本表细化到行政村,留存至新资源鉴定结果出来;5.饲养方式,畜禽选择散养或集中饲养,蜂选定地或集中饲养,如果两者均有,全部打"√"。散养指该品种在散养户中饲养,集中饲养指该品种集中在一个单位或养殖场饲养;6.重点描述新资源区别于已有资源的特征特性,可以上传反映新资源特征特性的典型照片,最多3张。

附表 4－8　县级新发现资源信息汇总表

___省（自治区、直辖市）___市___县　填报人签字：_____　联系电话：_____　日期：_____

序号	资源名称	所属目录	县域内分布区域	群体数量	其中：种公畜	能繁母畜	饲养方式	区别于已有资源的特征特性
1	新资源 1		***乡（镇）***村、***村、……； ***乡（镇）***村、***村、……； ……				畜禽：□散养 □集中饲养 □定地 □转地 蜂：□定地 □转地	
2	新资源 2		***乡（镇）***村、***村、……； ***乡（镇）***村、***村、……； ……				畜禽：□散养 □集中饲养 □定地 □转地 蜂：□定地 □转地	
3	……	……	……					

注：1. 资源名称填写新资源当地的暂定名；2. 畜禽所属目录从《国家畜禽遗传资源目录》中选择，蜂所属目录填写；3. 群体数量均为某一品种纯种种的数量，单位为头、只、羽、峰、匹、箱，蜂直接填箱数，不分公母；4. 饲养方式、畜禽选散养或集中饲养，蜂选定地或转地，如果两者均有，全部打"√"。散养指该品种在散养户中饲养，集中饲养指品种集中在一个单位或养殖场殖饲养。

附表 4－9　市级新发现资源信息汇总表

省（自治区、直辖市）_____　市（州、盟）_____　填报人签字：_____　联系电话：_____　日期：_____

序号	资源名称	所属目录	市内分布区域	群体数量	其中：		饲养方式	区别于已有资源的特征特性
					种公畜	能繁母畜		
1	新资源1		***县（区、旗）； ***县（区、旗）； ……				畜禽：□散养　□集中饲养 　　　□定地　□转地 蜂：	
2	新资源2		***县（区、旗）； ***县（区、旗）； ……				畜禽：□散养　□集中饲养 　　　□定地　□转地 蜂：	
3	……							

注：1. 资源名称填写新资源当地的暂定名；2. 畜禽所属目录从《国家畜禽遗传资源目录》中选择，蜂所属目录蜂；3. 群体数量均为某一品种纯种种的数量，对于猪、羊、牛等畜种还需填报群体中种公畜和能繁母畜数量，单位为头、只、羽、峰、匹，蜂直接填箱数，不分公母；4. 饲养方式，散养指该品种在散养户中饲养，集中饲养指该品种集中在一个单位或养殖场饲养。散养或集中饲养，蜂选定地或转地，如果两者均有，全部打"√"。

附表 4－10　省级新发现资源信息汇总表

省（自治区、直辖市）_____

填报人签字：_____　　联系电话：_____　　日期：_____

序号	资源名称	所属目录	省内分布区域	群体数量	其中：		饲养方式	区别于已有资源的特征特性
					种公畜	能繁母畜		
1	新资源 1		＊＊＊市＊＊＊县（区、旗）； ＊＊＊市＊＊＊县（区、旗）； ……				畜禽：□散养　□集中饲养 　　　□定地　□转地 蜂：	
2	新资源 2		＊＊＊市＊＊＊县（区、旗）； ＊＊＊市＊＊＊县（区、旗）； ……				畜禽：□散养　□集中饲养 　　　□定地　□转地 蜂：	
3	……		……					

注：1. 资源名称填写新资源当地的暂定名；2. 畜禽所属目录需填写群体中种公畜和能繁母畜数量，单位为头、只、羽、峰、匹、箱，蜂直接填箱数，不分公母；3. 群体数量均为某一品种纯种的数量，对于猪、羊、牛等畜种还需填报群体中种公畜和能繁母畜数量，单位为头、只、羽、峰、匹、箱，蜂直接填箱数，不分公母；4. 饲养方式、畜禽选散养或集中饲养，蜂选定地或转地，如果两者均有，全部打"√"。散养指该品种集中在散养户中在散养，集中饲养指该品种集中在一个单位或养殖场饲养。